国家出版基金项目
NATIONAL PUBLICATION FOUNDATION

"十三五"国家重点出版物出版规划项目

光电子科学与技术前沿丛书

红外光电子

褚君浩　沈　宏/编著

科学出版社
北京

内 容 简 介

本书主要介绍红外光电子物理研究的基本原理和技术,论述红外功能物质系统中光电转换、电光转换、光光转换过程及其规律和控制方法的研究,讨论人们对自然界物质运动形态转换过程的认识,这既是器件研制的基础,又是红外功能材料设计与制备的指导。人们在研究红外功能物质材料及其异质结、低维系统光电子物理过程的微观机制的基础上,深入研究光电激发和转换、电光激发和转换、光光激发和转换,包括现象、效应、规律以及各类器件应用。由于物质中每一种光电间相互转换都可能对应着光电器件及其应用,对这些红外光电器件物理的研究,以及器件的设计、制备、性能提高及其应用,构成红外光电子物理和技术科学体系。书中对于当前人们关注的重要器件及其应用,如大规模红外焦平面、中红外波段激光器、红外非线性器件、红外单光子探测器、太赫兹器件等都有论述。

本书可供高等院校师生、科技工作者以及相关的企业界人士与管理人员参考。

图书在版编目(CIP)数据

红外光电子 / 褚君浩,沈宏编著. —北京:科学出版社,2020.11

(光电子科学与技术前沿丛书)

"十三五"国家重点出版物出版规划项目　国家出版基金项目

ISBN 978 - 7 - 03 - 066697 - 0

Ⅰ.①红…　Ⅱ.①褚…　②沈…　Ⅲ.①红外技术—光电子技术　Ⅳ.①TN2

中国版本图书馆 CIP 数据核字(2020)第 215377 号

责任编辑:许　健 / 责任校对:谭宏宇
责任印制:黄晓鸣 / 封面设计:黄华斌

科 学 出 版 社 出版

北京东黄城根北街 16 号
邮政编码:100717
http://www.sciencep.com

南京展望文化发展有限公司排版

苏州市越洋印刷有限公司印刷

科学出版社发行　各地新华书店经销

*

2020 年 11 月第　一　版　开本:B5(720×1000)
2020 年 11 月第一次印刷　印张:15 1/4
字数:305 000

定价:120.00元

(如有印装质量问题,我社负责调换)

"光电子科学与技术前沿丛书"编委会

丛书序

　　光电子科学与技术涉及化学、物理、材料科学、信息科学、生命科学和工程技术等多学科的交叉与融合,涉及半导体材料在光电子领域的应用,是能源、通信、健康、环境等领域现代技术的基础。光电子科学与技术对传统产业的技术改造、新兴产业的发展、产业结构的调整优化,以及对我国加快创新型国家建设和建成科技强国将起到巨大的促进作用。

　　中国经过几十年的发展,光电子科学与技术水平有了很大程度的提高,半导体光电子材料、光电子器件和各种相关应用已发展到一定高度,逐步在若干方面赶上了世界水平,并在一些领域实现了超越。系统而全面地梳理光电子科学与技术各前沿方向的科学理论、最新研究进展、存在问题和发展前景,将为科研人员以及刚进入该领域的学生提供多学科交叉、实用、前沿、系统化的知识,将启迪青年学者与学子的思维,推动和引领这一科学技术领域的发展。为此,我们适时成立了“光电子科学与技术前沿丛书”编委会,在丛书编委会和科学出版社的组织下,邀请国内光电子科学与技术领域杰出的科学家,将各自相关领域的基础理论和最新科研成果进行总结梳理并出版。

　　“光电子科学与技术前沿丛书”以高质量、科学性、系统性、前瞻性和实用性为目标,内容既包括光电转换基本理论、有机自旋光电子学、有机光电材料理论等基础科学理论,也涵盖了太阳能电池材料、有机光电材料、硅基光电材料、微纳光子材料、非线性光学材料和导电聚合物等先进的光电功能材料,以及有机／聚合物光电子器件和集成光电子器件等光电子器件,还包括光电子激光技术、飞秒光谱技术、太赫兹技术、半导体激光技术、印刷显示技术和荧光传感技术等先进的光电子技术及其应用,将涵盖光电子科学与技术的重要领域。希望业内同行和读者不吝赐教,帮助我们共同打造这套丛书。

在丛书编委会和科学出版社的共同努力下,"光电子科学与技术前沿丛书"获得2018年度国家出版基金支持并入选了"十三五"国家重点出版物出版规划项目。

我们期待能为广大读者提供一套高质量、高水平的光电子科学与技术前沿著作,希望丛书的出版有助于光电子科学与技术研究的深入,促进学科理论体系的建设,激发科学发现,推动我国光电子科学与技术产业的发展。

最后,感谢为丛书付出辛勤劳动的各位作者和出版社的同仁们!

"光电子科学与技术前沿丛书"编委会

2018 年 8 月

前　言

　　红外光指波长在 0.76~1 000 μm 的电磁波。任何温度高于绝对零度的物体都会向外辐射红外光,这是物质的普遍特性,由普朗克黑体辐射规律描写。自从 1800年 Herschel 发现红外线以来,人们在红外辐射与物质相互作用研究、红外敏感材料和元器件、红外探测系统以及空天海地红外光谱特性研究等方面都取得重要进展。

　　红外光电子技术在航天航空遥感、深空探测、环境监测、快速安检、医疗成像、物质鉴定、通信、国防军事等领域有非常重要的应用。例如,红外测温被广泛应用于 2003 年抗击 SARS 病毒疫情、2020 年抗击新型冠状病毒肺炎(COVID－19)疫情中,用于无接触、快速测量人体温度,红外热像仪也在工业和安防部门得到广泛应用。我国风云四号气象卫星利用红外通道能获得不同地点不同高度大气温度和湿度的三维数据,这已经成为全球天气预报的重要数据来源;嫦娥四号卫星成功实现人类探测器月球背面软着陆,并基于红外成像光谱仪,实现月球背面光谱探测,获得月球背面地表光谱信息。在基础研究前沿,2019 年 4 月"事件视界望远镜"(EHT)采用 1.3 mm 波长遥感探测获得黑洞照片,现在科学家们又开始了在 800 μm红外波长的遥感探测研究工作。

　　红外探测器是红外技术的核心。人们基于红外辐射与物质相互作用研究的新发现,不断发展各类红外探测器。光热效应和光电效应是实现红外探测的基本物理基础。1800 年 Herschel 采用水银温度计发现红外辐射的存在,这是最原始的热敏型红外探测器。1821 年 Seeback 发现温差电效应,制成一种以半金属铋和锑为温差电偶的热敏红外探测器。1833 年 Melloni 利用锑化铋作为热电堆材料,发展了热电堆红外探测器。1880 年 Langley 采用两条细长的铂条作为惠斯通电桥的两个桥腿,成功研制出首个测微热辐射计(bolometer),其灵敏度比热电堆探测器约高 30 倍。20 世纪初,科学家基于光电效应发展了更为灵敏、响应速度快的光子型红外探测器。1917 年 Case 利用光电导效应研制成功 Tl2S 红外探测器。1933 年 Kutzscher 制成了 PbS 薄膜型光电导探测器。在第二次世界大战后,红外探测器迅速从 PbS 发展到 PbTe 和 PbSe 探测器,在液氮温度下最长响应波长能到 7 μm。20 世纪 50 年代,半导体物理学的迅速发展使光电型红外探测器得到新的发展。Burstein 在 1953 年和 1954 年分别首次实现非本征半导体 Si∶X、Ge∶X 的杂质光电导红外探测器;同时,Ⅲ-Ⅴ 和 Ⅱ-Ⅵ 材料也被用于红外探测,如 InSb 红外探测器(Mitchell et al.,1955),InGaAs 红外探测器(Woolley et al.,1957),HgCdTe(MCT)红外探测器(Lawson et al.,1959)。其中,HgCdTe 三元半导体材料的成功制备是红外技术史上的一个重要里程碑,通过调节 Hg 的组分可以实现材料带隙在 0~0.8 eV 连续可调,因此能覆盖非常宽的探测波长范围。1983 年,Chiu 等实现了基于"能带工程"和"波函数工程"的量子阱红外光电探测器(QWIP),这种探测器利用能级间电子跃迁的原理进行红外探测,其探测波长可覆盖 6~20 μm,但由于量子阱子能带间量子吸收的选择定则,对垂直于探测器表面入射的红外光是不能吸收的,需要光栅耦合进行工作。二类超晶格红外光电探测器(Type Ⅱ IP)(Smith et al.,1987)对红外辐射的吸收是基于重空穴子带至电子子带的跃迁,即带间子带跃迁,探测器无需光栅耦合就能工作,降低器件制备的难度,又提高了探测器的量子效率,同时其响应波长范围可覆盖 3~20 μm。此后,量子点红外光电探测器(QDIP)(Phillips et al.,1998)开始研究,也成为热点之一。

当前,在各类探测器中,以碲镉汞为代表的窄禁带半导体探测器仍然是最重要的红外探测器。在我国,汤定元于 1964 年就开始对 HgCdTe 探测器进行深入研究。中科院上海技术物理研究所在窄禁带半导体物理、材料和器件及其空间应用等方面都取得了系统的研究成果。获得窄禁带半导体碲镉汞的带间光跃迁、能带参数、杂质缺陷、晶格振动、二维电子气特性等方面的规律,建立吸收系数、禁带宽度等重要物理量的函数关系,实现高性能碲镉汞红外焦平面器件制备,实现在航天航空遥感和深空探测等方面的重要应用。

正是红外探测器技术的发展和进步,推动了红外技术的广泛应用。以红外天文学为例,20 世纪 60 年代通过 PbS 探测器红外巡天新发现约 2 万颗红外光源。

1983 年 IRAS（Infrared Astronomical Satellite）项目绘制了 96% 的天空,在 12 μm、25 μm、60 μm 和 100 μm 红外波长处探测到超过 25 万个的红外天体辐射源。1995 年欧洲航天局（European Space Agency, ESA）发射成功的红外空间天文台（Infrared Space Observatory, ISO）项目,发现 3 万个红外天体辐射源。2003 年美国国家航空航天局（National Aeronautics and Space Administration, NASA）发射成功的 Spitzer 太空望远镜,首次对宇宙起源、星系演化进行观察研究。2003 年 NASA 发射成功的广域红外探测器（Wide-field Infrared Survey Explorer, WISE）,发现宇宙中最亮的星系。2005 年发射的 UKIDSS（UKIRT Infrared Deep Sky Survey）红外深空巡天覆盖 7 500 平方度的北半球天空,包括银河和河外星系目标探测。2006 年日本宇宙航空研究开发机构（Japan Aerospace Exploration Agency, JAXA）和欧洲、韩国合作发射成功的红外成像卫星 AKARI,在近、中、远红外范围内观察整个天空。2009 年,ESA 发射成功的 Herschel 项目,对太阳系、银河系、数十亿光年外物体进行观测。人们还在计划用红外技术研究暗能量、系外行星、红外天体物理学领域中的基本问题。在我国,红外技术在对地遥感和深空探测方面的研究工作也在深入发展,风云系列卫星、天宫一号、嫦娥四号、天问一号等航天工程都有功能强大的红外系统。

红外技术发展很重要的一方面是受应用需求的驱动。红外应用的需求对红外探测器提出系统集成化的更高要求,形成了第一代、第二代和第三代红外探测器。1958 年起第一代红外探测成像系统（线列扫描）,采用红外线列探测器通过机械推扫方式实现系统成像,但具有成像速度慢、视场小等局限。随着微电子集成技术的发展,在 1974 年红外焦平面阵列（focal plane array, FPA）探测器芯片和 CMOS 集成电路信号处理芯片相结合,第二代红外探测成像系统发展飞跃至红外焦平面凝视系统（FPA+ROIC,全帧系统）,它具有中等规格红外焦平面探测芯片（像元数约 10^6）,集成电子学面阵读出电路（ROIC）,通过电路扫描读出方式,实现快速、实时、大视场成像等功能。1999 年起,随着红外应用需求的增广以及对红外探测器不断增长和提高的性能需求,促进了第三代红外焦平面探测器技术的发展。根据 Reago 等提出以红外探测器及后续信号处理为技术特征的第三代红外探测器的概念,第三代红外探测成像系统技术（FPA+ROIC+多色+片上信号处理）已经趋向大规格、小像素、高帧频、高灵敏度、双色/多色化以及片上信号处理集成化等方面,包括高性能、高分辨率、多波段的制冷型红外焦平面探测器,发展大规模非制冷红外焦平面探测器,以及研制高性价比的微型非制冷红外焦平面探测器。

红外技术的发展另外一个重要方面是受基础研究新发现的驱动。红外探测材料器件研制中暴露的问题,需要通过基础研究发现规律,并通过技术的极致掌握运用来解决。当前尤其需要进一步提高器件的灵敏度、扩大器件的响应波长范围、提高器件工作温度、提高器件的光谱分辨率和空间分辨率、提高器件的响应速度,并希望优良性能能够尽可能多地集成在单个器件上。当前,在中红外(2.5~25 μm)和远红外(25~1 000 μm)光谱范围,传统方法采用深低温制冷方式,并且缺少宽光谱高性能的器件,制约了多方面应用需求。同时,第三代大规格的红外焦平面器件需要解决光衍射波长与小像元尺寸之间不匹配的物理矛盾。传统的以强度和波长为探测维度的红外探测灵敏度也已趋近极限。由于受到现有红外探测原理与技术的限制,中远红外遥感探测的方法还需要从探测原理上寻找新的出路。为解决未来新一代中远红外探测中的重大瓶颈问题,仍然需要从基础研究的角度,深入探索红外探测新原理、研究新结构、研制新型器件,并发展新型红外光电探测及多维信息的获取方法,实现对复杂环境条件与空间目标的更高灵敏度探测。这也是红外技术诸多应用的需求,包括了红外科学与技术的前沿基础研究,如地球辐射探测、全球冰云探测、临近空间目标遥感探测、深空低温目标高灵敏探测等领域的重大应用需求。

红外光电子是一门交叉科学,涉及物理学、材料学、电子学、信息学、数学、工程学、智能科学,还和各类应用领域的科学技术相关,它在基础研究的基础上生长,在应用科学的驱动下发展。随着对该学科探索的不断深入,未来一定会有越来越多的新发现新进展,帮助人们更好地利用红外波段去观察世界、改造世界。

褚君浩

2020 年 7 月于上海

目　录

第 *1* 章

红外光电子概论

在我的余生里,我将致力于回答光是什么。

阿尔伯特·爱因斯坦,1917

如果说 20 世纪是电子的时代,那么 21 世纪人类正在快速步入光子的时代。人们对于"光"的认识更为深入,对物质形态的认识及控制能力也在不断增强。科技的发展不断促进光电子物理及其应用的蓬勃发展,在红外领域,新材料新技术的涌现也正推动红外光电子的研究在深度和广度上不断拓展。现代红外光电子已经成为一个独立的技术发展领域,综合了基本理论、材料生长、器件应用等多个方面。

当代红外光电子研究存在若干重要问题。由于工艺技术的突飞猛进,基础性规律研究与高技术应用的间距越来越短,高技术应用对于基础性规律研究也提出越来越迫切的需求。日益增加的应用需求是红外光电子学科发展的主要驱动力。从学科发展来看,新世纪红外光电子物理要深入研究红外辐射在物质中的激发、传输及接收,特别是要进一步研究物质中红外光到电的转换过程、电到红外光的转换过程,以及红外光之间、红外光与可见光之间的相互转换及其微观机制。当前人们对物质形态的认识大大深化,特别是对物质形态的控制能力大大增强,物质中光电、电光、光光转换过程呈现出越来越丰富的内容,提供给人类越来越方便的应用。人们对物质中红外辐射与其他运动形态的转换的研究,不仅会增加人类的知识积累,而且将极大地推动高技术应用。

本书首先阐明一些光电子学的基本概念,这些概念在红外波段都同样适用,具有普遍的参考和探讨的意义。

1.1 红外线的发现

1800 年,英国物理学家赫歇尔(F. W. Herschel)从热的观点来研究各种颜色的

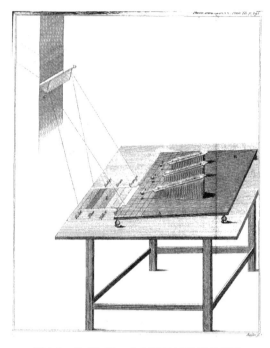

图 1.1 F. W. Herschel 发现红外线的实验
装置示意图(Herschel, 1800)

光时,发现了红外线。他在研究各种色光的热量时,有意地把暗室的唯一的窗户用暗板堵住,并在板上开了一个矩形孔,孔内装一个分光棱镜,当太阳光通过棱镜时,便被分解为彩色光带,此时利用温度计去测量光带中不同颜色所含的热量,如图 1.1 所示(Herschel, 1800)。研究中赫歇尔发现一个奇怪的现象:放在彩色光带红光外的一支温度计,比室内其他温度计的指示数值高。经过反复试验,这个所谓热量最多的高温区,总是位于光带最边缘处红光之外。于是他宣布太阳光发出的辐射中除可见光外,还有一种人眼看不见的"热线",这种看不见的"热线"位于红色光外侧,所以叫做红外线。

红外线的发现是人类对自然认识的一次飞跃,为研究、利用和发展红外技术领域开辟了一条全新的广阔道路。红外物理学运用物理学的理论和方法,研究和分析红外辐射的产生、传输及探测过程中的现象、机制、特征和规律,从而为红外辐射的技术应用,探索新的原理、新的材料、新型器件和开拓新的波谱区,提供理论基础和实验依据。

1.2 红外线的本质

红外线本身是一种电磁波,具有与无线电波及可见光一样的本质,具有与可见光相似的特性,如反射、折射、干涉、衍射和偏振,同时又具有粒子性,即它可以以光量子的形式发射和吸收。红外线的波长在 0.76~1 000 μm,按波长不同又可以分为多个波段,按照不同的技术应用领域,有不同的划分,有的时候仅根据波段名称也容易产生混淆。

在本书中,由于我们探讨的主要是与光电相互作用以及探测相关的内容,我们将沿用与探测器相关的分类方法,将红外光谱按波长的范围分为近红外、短波红外、中波红外、长波红外、甚长波红外、远红外以及亚毫米波红外,如表 1.1 所示。这其中有一些分类依据也许已经发生了变化,我们将在讨论到器件时作更详细的说明。

表 1.1　红外光谱的分类

红外波段	英文及缩写	波长范围/μm	真空频率/THz	光子能量/meV	作为中心波长对应的黑体温度/K	对应的生活现象
近红外	near infrared（NIR）	0.76~1.4	214~395	885.6~1 631	2 068.5~3 818.0	氧炔焰：乙炔(俗称电石气)在空气中燃烧产生的火焰,火柴点燃的瞬间
短波红外	short wavelength IR（SWIR）	1.4~3	100~214	413.3~885.6	966.6~2 068.5	钢水、熔融金属、煤气灯/酒精喷灯
中波红外	medium wavelength IR（MWIR）	3~8	37.5~100	155.0~413.3	362.5~966.6	火柴棍燃烧、纸张、炉灶
长波红外	long wavelength IR（LWIR）	8~15	20.0~37.5	82.66~155.0	193.3~362.5	地球环境、人体、动物等
甚长波红外	very long wavelength IR（VLWIR）	15~30	10~20	41.33~82.66	96.66~193.3	行星、彗星等
远红外	far infrared（FIR）	30~100	3~10	12.40~41.33	29.0~96.66	液氮、液氧、星际尘埃
亚毫米波红外	submillimeter（SubMM）	100~1 000	0.3~3.0	1.240~12.40	2.9~29.0	液氦、宇宙微波背景辐射

随着毫米波与太赫兹技术的发展,红外线的内涵不断向更长波的方向延展,从测量和传输的角度来说,可以适用光学方式处理的、波长长于可见光的电磁波都可以归入红外线的范畴来进行研究。毫米波与太赫兹波段是光与无线电波的中间区域,既可以用光学方法研究,也可以用电子学的方法进行处理,是新兴的学科领域,具有广泛的应用潜力。

红外光在电磁波连续频谱中的位置是处于无线电波与可见光之间的区域,如图 1.2 所示。红外辐射是自然界存在的一种最为广泛的电磁波辐射,一切温度高于绝对零度的有生命和无生命的物体时时刻刻都在不停地辐射红外线。红外辐射是基于任何物体在常规环境下都会产生自身的分子和原子无规则的运动,并不停地辐射出红外能量,分子和原子的运动越剧烈,辐射的能量越大,反之辐射的能量越小。

红外光与可见光存在的最显著的区别,显然是基于人眼的视觉而言的。从红外线发现的历史以及红外光电子的发展历程来说,探索红外波段的信息,也是对人眼探测能力的拓展。在地球环境中,我们习惯了白天和黑夜的区别,在夜间,需要

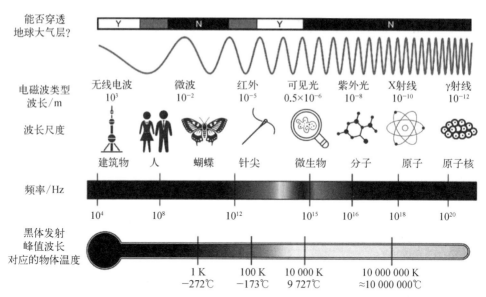

图 1.2　红外光谱在整个电磁波谱范围示意图

用人工可见光源照明,我们才可以看到物体的反光。在红外波段则不同,所有物体都在主动发出红外辐射,同时也有对于周围物体红外辐射的反射或折射等现象的参与。可以说,在红外波段的探测能力,使得我们所能感受到的世界更加丰富。

1.3　红外技术发展历程

红外物理学是现代物理学的一个分支,它以电磁波谱中的红外辐射为特定研究对象,研究红外辐射与物质之间的相互作用。自 1800 年 Herschel 发现红外线以来,经过两百多年的发展,红外技术日益成熟,表 1.2 所示为红外科学技术自发现红外线以来的发展历程(Vollmer et al., 2018; Caniou, 1999)。

表 1.2　红外科学技术的发展历程

时间/年	人　　物	事　　件
1800	威廉·赫歇尔	发现可见光外的热辐射现象
1821	托马斯·约翰·塞贝克	利用锑-铜金属对发现了热电效应
1830	莱奥波尔多·诺比利	发明了用于热辐射测量的热敏元件
1833	莱奥波尔多·诺比利	与马切多尼奥·梅洛尼制造出由 10 个 Sb – Bi 电偶串联形成的热电堆
1834	让·查尔斯·帕尔帖	在两种不同导体对中发现了帕尔帖效应
1835	安德烈-马里·安培	提出假设:光与电磁辐射的本质是一致的

时间/年	人 物	事 件
1839	马切多尼奥·梅洛尼	太阳光在大气层中的吸收光谱与水蒸气的作用
1840	约翰·赫歇尔	研究发现了三个大气窗口
1857	威廉·汤姆森,第 1 代开尔文男爵	SEEBECK、PELTIER、THOMSON 热电三效应
1859	古斯塔夫·基尔霍夫	发现了光吸收与发射之间的关系
1864	詹姆斯·克拉克·麦克斯韦	提出电磁辐射理论
1873	威洛比·史密斯	硒中发现了光电导效应
1876	威廉·格雷尔斯·亚当斯;理查德·埃文斯·德	硒光电堆中发现了光伏效应
1879	约瑟夫·斯特凡	发现了黑体的辐射强度与温度的经验关系
1880	塞缪尔·皮尔庞特·兰利	通过 Pt 测辐射热计测量大气吸收特性
1883	马切多尼奥·梅洛尼	研究红外透过材料的透过特性
1884	马切多尼奥·梅洛尼	斯蒂芬定律的热力学推导
1887	海因里希·赫兹	观察了紫外光的光电效应
1890	朱利叶斯·埃尔斯特;汉斯·弗里德里希·盖特尔	构建出由碱金属阴极组成的光电探测器
1894;1900	约翰·斯特拉特,第 3 代瑞利男爵;威廉·维因	推导出了黑体辐射波长关系
1900	马克斯·普朗克	发现了光的量子特性
1903	威廉·韦伯·科布伦茨	使用红外辐射法和光谱法测量恒星和行星的温度
1905	阿尔伯特·爱因斯坦	建立了光电学理论
1914	/	制造出可远程探测人员和飞机的辐射计(200 m 的人,1 000 m 飞机)
1917	T. W. 凯斯	开发出铊-硫化合物红外光光敏电阻
1923	华特·赫尔曼·肖特基	构建出整流器理论
1925~1933	弗拉基米尔·科斯马·佐利金	制作了电视图像管(显像管)以及第一台转换管辅助的电子摄像机(光电摄像管)
1928	G. 霍尔斯特;J. H. 德布尔;M. C. 特维斯;C. F. 威尼曼	提出关于光电转换器(包括多级转换器)的构想
1929	L. R. 科勒	构建了应用于近红外波段的光电阴极(Ag/O/Cs)敏感转换管
1930	/	开发出军用(GUDDEN,GÖRLICH 和 KUTSCHER)波长范围 1.5~3 μm 的 PbS 红外成像仪;第二次世界大战对舰艇的探测增加到 30 km,坦克增加到 7 km(3~5 μm)

时间/年	人　　物	事　　　件
1934	/	开发出第一支红外转换器
1939	/	美国开发第一台红外显示单元（Sniperscope，Snooperscope）
1941	R. S. 奥尔	观察到硅 pn 结中的光电效应
1942	G. 伊斯曼（柯达）	第一次制备出对红外光敏感的薄膜
1947	马塞尔·儒勒·埃都瓦·高莱	气动高检测性辐射探测器成功研制
1954	/	第一台基于热电堆的成像相机（曝光时间为每张图像 20 min）和辐射热计（4 min）
1955	/	美国大量生产红外制导导弹（PbS 和 PbSe 探测器，后来的 Sidewinder 火箭 InSb 探测器）
1957	W. D. 劳森；S. 纳尔逊；A. S. 扬	发现 HgCdTe 三元合金红外探测器材料
1961	/	非本征掺杂的 Ge：Hg 材料及其第一个应用于长波红外傅里叶转换系统的器件（线性阵列）
1965	/	瑞典开始批量生产民用红外摄像机（带有机电扫描仪的单元传感器：AGA Thermografiesystem 660）
1970	W. S. 博伊尔；G. E. 斯密斯	研发出电耦合设备（CCD）
1975	/	研发出微型制冷机（所谓一代系统）、通用模块（CM）、英国热成像通用模块（TICM）以及法国系统模块（SMT）集成的多元件红外高分辨率空间观测系统
1975	/	第一个 In 柱互连焦平面器件
1977	G. A. 赛哈拉斯；R. 津市，L. 江崎	发现 InAs/GaSb 超晶格
1980	J. C. 坎贝尔；A. G. 丹泰；T. P. 李；C. A. 布鲁斯	研发生产出第二代系统[互连的 HgCdTe（InSb）/Si（读出焦平面摄像机）]，首次制备出双色背靠背的 GaInAsP 短波红外探测器
1985	/	研究及批量生产肖特基型二极管（铂硅化物）焦平面阵列的相机
1990	/	研发及生产出量子阱红外光电导（QWIP）互连二代系统
1995	/	开始生产非制冷的红外焦平面摄像机（焦平面阵列，基于微电子热效应和热电效应）
2000	/	研发生产三代红外成像系统
2020	/	研发生产四代红外成像系统，更高像素，更高灵敏度

1.4 红外光电子

1.4.1 红外物理规律

红外光电子物理研究的核心,就是对红外功能物质系统中光电转换、电光转换、光光转换过程及其规律和控制方法的研究。它提供了对自然界物质运动形态转换过程的认识。这种认识既是器件研制的基础,又是红外功能材料设计与制备的指导。在深入研究红外功能物质材料及其异质结、低维系统光电子物理过程的微观机制的基础上,人们努力研究光电激发和转换、电光激发和转换、光光激发和转换,这是研究这些转换的现象、效应、规律以及建立各类器件应用的重要基础。物质中每一种光电间相互转换都可能对应着光电器件的研制和应用,红外探测、红外光发射、非线性光学元件、红外传输是四大类典型的应用。对这些红外光电器件物理的研究,以及器件的设计、制备、性能提高及其应用,构成红外物理和技术研究的重要内容,也是红外物理走向高技术应用的重要桥梁。当前,人们对各类器件,如大规模红外焦平面、中红外波段激光器、红外非线性器件、红外单光子探测器等需求日益增加。这种需求对红外光电转换研究提出越来越高的要求。

在光电转换方面,人们努力寻求光电转换过程与能带结构、杂质缺陷以及晶格振动的关系,获得清晰的物理图像和模型。过去人们对于三维系统中光电子过程的研究较为深入,当前还需要研究表面界面二维电子气以及杂质缺陷量子团簇对器件的影响。对于在二维系统中光电子过程的研究,要探索新方法以补偿响应带宽、光电耦合、量子效率等方面的缺点。

在电光转换方面,同步辐射光源和自由电子激光器是大型的电光转换器,它覆盖了宽阔的光谱范围,包括整个红外波段,是当前国际上重要的研究主题。半导体低维系统的电光转换过程是重要的研究热点。高速光开关、电光调制器、中红外激光器以及太赫兹光源及其成像技术等的应用需求是这方面研究的主要驱动力。人们努力去发现高速电光调制物理过程,以及中红外波段光激射物理过程,这方面的研究工作主要集中在半导体低维结构、量子阱、量子线、量子点。镓铝砷(GaAlAs)系列低维结构的电光调制,铟镓砷(InGaAs)系列的量子点光激射,铟砷锑(InAsSb)系列低维系统的级联激光发射,都已取得重要进展。

在光光转换方面,人们主要研究红外光在介质中的传输规律、发射、透射以及红外非线性光学性质。研究集中在对新材料光光转换现象的规律的研究,以及对固体低维结构非线性光学元件的探索。传统的光光转换材料,如红外辐射材料、红外透光材料、红外薄膜材料,仍然是该领域研究和应用探索的热点。

为了研究光电相互之间转换的完整物理图像与模型,对红外功能材料及其异质结、低维结构的基本物理性质的研究始终是重要基础,各种新型光电测试方法的探索是获得新现象、新效应、新规律的重要保证,这两方面的研究工作在世界各地经久不衰。

1.4.2 红外材料平台

具有特定结构的物质系统是红外辐射与其他运动形态转换的平台。这些物质系统既包括天然物质材料(如半导体、氧化物、聚合物材料等),也包括人工设计的物质材料(如纳米材料、薄膜、半导体低维结构、异质结、量子阱、量子线、量子点),无论是天然材料,还是人工物质材料,它们的设计、控制、制备以及表征和特性研究,都成为红外光电子物理研究的最重要的基础。窄禁带半导体碲镉汞(HgCdTe)、锑化铟(InSb)、锑化铅(PbTe)、InAsSb、铅铒碲(PbEuTe),III - V族半导体量子阱、量子线、量子点,氧化物铁电薄膜,锆钛酸铅(PZT)、钽酸钛锶(SBT)、钛酸锶钡(BST),以及红外窗口材料、红外辐射材料、红外镀膜材料,都是具有红外功能的物质系统。

红外功能材料制备是最根本的问题。当代最主要的红外辐射探测材料仍然是以HgCdTe为代表的窄禁带半导体。目前人们对HgCdTe材料生长及物理的研究日益深入。HgCdTe体材料晶体生长、薄膜材料的液相外延生长、分子束外延生长以及金属有机化合物气相淀积生长都取得了良好进展。特别是液相外延HgCdTe和分子束外延HgCdTe受到人们特别重视。为了符合大规模红外焦平面阵列研究的需求,人们已经能够生长大面积均匀和性能良好的薄膜材料。当前的重要问题是碲镉汞高性能pn结的制备和特性控制,特别是希望在薄膜生长过程中就完成pn结制备。同时关注Si基碲镉汞材料制备以便于实现探测器芯片与Si基读出电路单片集成。HgCdTe材料的各种非破坏无接触表征方法研究,材料中杂质缺陷规律研究及其生长中控制的研究,HgCdTe材料表面界面的研究及其控制,HgCdTe系列低维结构的制备及其物理特性研究,HgCdTe中载流子的激发、传输和隧穿规律性研究,以及相关的许多基础物理问题的研究,是这一领域的研究热点。HgCdTe以外的其他窄禁带半导体材料,如InSb、InSbAs、PbTe、PbEuTe等,由于红外探测或红外光发射的需要,也是人们关注的材料。

铁电薄膜材料是近年来人们非常重视的材料。它除了可以用来研制非挥发存储器及压电驱动器等之外,还可以用来研制室温工作的焦平面阵列红外探测器,目前人们重视的是PZT、BST等铁电薄膜,一般采用溶胶-凝胶法、溅射法、激光等离子体沉积,以及金属有机化合物气相沉积等方法来制备,关于铁电薄膜材料的物理研究,特别是与红外探测器相关的物理特性、自发极化的微观机制等近年来正在国际学术界和工业界的热门研究之中。

半导体低维结构是重要的红外光电功能材料,III - V族半导体量子阱、量子线、量子点结构可用于制备红外探测器及焦平面阵列,特别是制备多色器件和长波器件。同时由于量子阱子带间光跃迁较窄的光谱响应特征,更有利于研制光发射器件。在中红外波段缺乏光发射器件,因而对半导体低维结构制备提出重要需求,目前 III - V 族半导体量子阱在中红外波段光发射已经实现。半导体低维结构用于红外非线性元件也是重要的研究方向。关于半导体低维结构的制备、控制及表征是这一方向重要需求的基础,是今后红外物理新发展的重要方面。

1.4.3　红外功能器件

红外量子器件光电子物理是器件应用的科学基础。红外量子器件是各类红外应用中最重要的方面,主要包括大规模红外焦平面阵列、红外单光子探测器和中红外激光器等。

大规模红外焦平面阵列是当代最先进的第三代红外传感器,它通过红外辐射在固体二维敏感元阵列中激发光生载流子获取信息,并经信号处理,可以以凝视方式直接获取目标物体清晰的红外图像及光谱。它包括在低温下工作的窄禁带半导体红外焦平面和半导体量子阱红外焦平面,也包括在室温下工作的铁电薄膜红外焦平面。焦平面阵列器件的使用不仅能大大简化红外系统的结构,提高红外系统的可靠性,又可显著提高探测性能。根据获取的目标物体的红外图像及光谱,可进而对目标物进行识别、定量分析及监控,既可用于宏观对象(如地面、水域、气象),也可用于微小物体(如生物细胞);既可用于静止目标,也可用于运动物体。尽管在国际上红外焦平面阵列的研究已经取得一定的发展,但是,关于焦平面阵列的基本物理问题并没有研究清楚。特别是关于焦平面材料中光电子跃迁物理过程、光激发载流子及其动力学输运过程的微观机制和物理图像,包括 HgCdTe 中杂质缺陷、表面界面、异质结及低维结构中电子输运、器件物理模型等许多重大问题,还有待形成更清晰和完整的认识。目前的器件研制工作,还有待建立更为符合实际器件结构的物理模型。红外焦平面阵列研究涉及焦平面阵列薄膜材料生长、光电激发动力学研究、焦平面阵列器件物理模型、焦平面阵列关键技术基础,包括器件设计及技术规范、信号读出与处理等,是当前红外光电子技术的最重要前沿问题。室温下工作的红外焦平面阵列在 21 世纪将会有突破性进展。

红外单光子探测器是信息技术领域重要的量子器件。在信息技术进一步发展的背景下,已经提出对工作在 1.3 μm 和 1.55 μm 波段红外单光子探测器的需求。InGaAs 系列雪崩光电二极管是研制红外单光子探测器的重要方面,已经有重要进展。窄禁带半导体 HgCdTe 和 HgMnTe 其自旋轨道裂开带和禁带宽度的匹配很有利于在 1.3 μm 和 1.8 μm 波段范围发生"共振碰撞电离"现象,可以用来研制高增益低噪声雪崩光电二极管。按照适当的组分比例,四元系汞镉锰碲(HgCdMnTe)将可以用于制备 1.55 μm 波段的雪崩光电二极管。因此,研究窄禁带半导体导带、价带、自旋轨道裂开带之间的跃迁复合过程及雪崩电离过程的实验和理论,研制高灵敏 HgCdTe、汞锰镉(HgMnTe)、InGaAs 雪崩光电二极管,探索窄禁带半导体单光子探测器是当前的又一个重要前沿问题。

中红外波段的激光器是 20 世纪末开始的重要研究课题,目前人们已经开始用 III－V 族半导体量子阱结构制备中红外级联激光器,这一工作在 21 世纪还将深入发展。量子点红外激光器、量子点红外探测器,以及不用读出电路的红外焦平面器件的尝试都将在 21 世纪蓬勃开展。

1.4.4 红外技术应用

红外光电子物理应用研究的一个重要内容是凝聚态红外光谱与信息获取处理。红外探测器除了它的夜视和热像功能外,获取目标对象的光谱特征是它的另一个重要功能,也是红外技术用于各类环境目标、各类物质系统的监察控制基础。根据已知物质红外光谱特征从信息获取所得的光谱来判断分析物质成分是一种传统的红外光谱技术。随着高新技术的应用和扩展,特别是航空航天遥感技术的发展,人们需要对地物景观的光谱进行分析,来判断农作物的产量、环境污染物成分、地面矿藏资源、监控高技术产品的生产过程等。随着学科交叉研究的发展,人们更希望通过生命物质或有机物质的光谱来判断生物学过程、化学过程等丰富的物质过程。

目标对象光谱特征与标定是红外应用的一个基础问题。通过各种遥感手段或在线测量获取目标物体的光谱后,重要的任务是进行识别控制,控制的基础是监察识别。监察识别的基础在于对凝聚态物质的特征光谱进行前期研究,研究定标曲线,然后用于监察识别或实时监控。凝聚态物质的光谱研究范围,包括矿物资源、污染物、各类农作物、环境目标、生命物质等复杂物质系统,也包括半导体材料、金属、非金属等简单物质系统。凝聚态光谱种类包括反射、透射、吸收、辐射、偏振特性,也包括荧光、拉曼、磁光等特性。对各类凝聚态物质光谱特征的研究在于发现其可用于识别的特征光谱,并加以定量标定,建立定标曲线,用于红外探测信号获取处理中的监控和实时控制,这方面研究是研制各类专用红外监控系统的重要基础,也是红外物理基础研究联系高技术实际应用及产业化广阔天地的重要途径。

因此,对于红外功能材料制备及其特性研究,红外光电激发转换和光光转换规律性研究,大规模红外焦平面阵列、单光子红外探测器和中红外激光器等各类红外器件制备及其物理研究,以及用于各类新型红外光电系统信息识别的凝聚态红外光谱研究等,是当代红外光电子物理和应用研究的主要问题。红外光电子发展的主要驱动力是应用需求和学科自身发展的需求。这两种需求和谐地促进着现代红外光电子物理的发展。

第 2 章

红 外 物 理

    当代红外光电子物理就其研究内容来看,仍然是主要研究光辐射在物质中的激发、传输及接收,研究物质中光到电的转换过程、电到光的转换过程,以及光与光之间的相互转换。随着人们对物质形态特别是对人工结构材料认识的大大深化,同时对材料结构的人为控制能力大大增强,物质中光电、电光、光光转换过程呈现出越来越丰富的内容,提供给人类越来越方便应用的可能性。人们对物质中光辐射与其他运动形态的转换的研究,不仅增加了人类的知识积累,而且已成为高技术应用的重要基础。在当代工艺技术的发展突飞猛进的情况下,基础性规律研究与高技术应用的距离变得越来越短,高技术应用对于基础性规律研究的依赖性也变得越来越强,并提出越来越迫切的需求。光电子物理研究与光电子材料器件研究更加紧密相连、互相依存。为了解红外光电子的发展,有必要首先从基本的红外物理开始,从物理内涵以及理论模型的建立开始,对该领域一些具有共性的概念和现象进行阐述,从而帮助读者更快地获得红外光电子中的基础知识。

2.1　光学基础

    人眼能感觉的光,实质上是电磁波的一种。电磁波也称电磁辐射,其重要的特征参数是波长(或频率)。光有不同的颜色,实质上是波长不同的光在人眼中所引起的不同感觉,紫光的波长最短,红光的波长最长,人眼能感觉到的光,其波长约为$0.40 \sim 0.76\ \mu m$,波长为$0.76 \sim 1\ 000\ \mu m$属于红外辐射,是一种"不可见的光",必须借助红外探测器件才能察觉。红外辐射又可按波长,根据不同应用领域,划分为多个波段,如表 1.1 所示。而在红外辐射之外,再向长波方向数去,即为毫米波、微波、无线电波,甚低频的无线电波的波长最长可达$10^5\ m$。

    波长为$0.000\ 1 \sim 0.40\ \mu m$的电磁波称为紫外辐射,这也是一种"看不见的光",其中$0.000\ 1 \sim 0.18\ \mu m$波段又称真空紫外。再向短波方向数去就是 X 射线、γ 射线,其最短波长可达到$10^{-17}\ m$。

整个电磁波谱按波长排列,包括 22 个数量级。电磁波谱之所以划分成许多不同名称的波段,主要是由于各波段的电磁波的产生、传输及检测等技术各不相同,研究方法不同,自然地形成了不同的科学技术领域。紫外、可见及红外辐射所用的研究方法大体相同,因而总称为"光学波段"。

按照最通用的字典上的注解,光是能引起视感的电磁波。为了严格起见,我们把"不可见的光"称为"辐射",如红外辐射、紫外辐射,有时省去"辐射"二字。"光"字则专指可见光,但是一些复合名词,如"光学""光子""激光"等保持不变,其中"光"字泛指整个光学波段的辐射,像"光子"一词甚至可用于整个电磁波谱。

2.1.1 光的特性

光是最早得到科学研究的自然现象之一,它的一些特性早就被人们所认识。主要有以下几点。

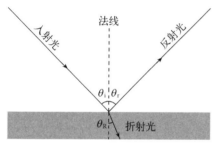

图 2.1 光的折射与反射

(1) 光按直线前进,有一定的速度,真空中的光速 $c = 2.997\,9 \times 10^8$ m/s。

(2) 光在传播中碰到两种媒质的交界面时会发生反射(图 2.1),入射光线和反射光线在同一平面内,入射角与反射角相等。

(3) 光线从第一媒质进入第二媒质时,前进方向将发生改变。入射角与折射角的关系服从"折射定律":

$$n_1 \sin \theta_i = n_2 \sin \theta_R \tag{2.1}$$

式中,n_1、n_2 别为第一和第二媒质的"折射率"(光在真空中的传播速度与在该种媒质中的传播速度的比值)。在一般实验中,第一媒质是大气,$n \approx 1$,与真空的相近。

(4) 符合一定条件的两束光相遇时,可以发生强度增加或减小的现象,称为光的"干涉"。

(5) 光在前进过程中遇到极小的障碍物时,也能绕过去,称为光的"衍射"或者"绕射"。

(6) 在与光束传播方向相垂直的平面内,如果有办法检测的话,则可以发现一般光束是各向同性的。但是当光束以一定的角度入射到玻璃片或其他媒质时,反射光和透射光在垂直平面内将不再是各向同性的,这种现象称为偏振。

2.1.2 光的本质

在 17 世纪末及 18 世纪初,对光的本质有两种看法:一种认为光由微粒组成;

另一种认为光是波动。前者是由牛顿提出,几乎统治了整个 18 世纪。在这个时期内,光的特性,包括干涉、衍射和偏振现象先后被发现,但微粒论难以解释这些特性,而波动论的解释却很自然。因而到 19 世纪初,波动论取得胜利,建立了完整的理论。后来的实验也证明了光是电磁波,其主要特征参数为波长 λ 或频率 ν,两者的关系为

$$\lambda \nu = c \qquad (2.2)$$

式中,c 是光速。当时的这一系列实验与理论的发展,由英国物理学家詹姆斯·麦克斯韦在 19 世纪 60 年代用一组 4 个偏微分方程进行了描述,分别是描述电荷如何产生电场的高斯定律、表明磁单极子不存在的高斯磁定律、解释时变磁场如何产生电场的法拉第感应定律,以及说明电流和时变电场怎样产生磁场的麦克斯韦-安培定律。这组偏微分方程后来就被命名为麦克斯韦方程组。

从麦克斯韦方程组可以推断出光波是电磁波。光是横电磁波,其电场和磁场的振动方向相互垂直,且又都与光的传播方向相垂直,电场和磁场的振幅之间有一定的关系。光对电子的作用主要取决于电场,磁场的作用可忽略不计。因此通常讨论光对电子的作用时,只需考虑光波中的电场振动。光在传播过程中,光能密度和功率都与电场振幅的平方成正比。如果电场振动不再是各向同性,这就是"偏振光"。若仅在一个方向上有电场振动,则称为线偏振光。

但是在 19 世纪末期,研究光与实物相互作用时,发现很多实验事实无法用光的波动性来解释。因此 1900 年普朗克提出了一个革命性的假设:光只能以一定能量单元的整数倍被吸收或被发射。这一能量单元 E 与光的频率成正比,即

$$E = h\nu \qquad (2.3)$$

式中,$h = 6.625\ 6 \times 10^{-34}$ J·s,称为普朗克常数。这个能量单元就叫做量子,光的量子又称光子。量子论在解释经典物理学无法解释的实验事实方面取得了极大的成功,从而开创了 20 世纪的近代物理学。

按照量子论的假设,光以一定的能量分量 $h\nu$ 起作用。这个分量虽小但不是无限小,与光的波动具有连续能量是两个迥然不同的概念。因此光子具有粒子的性质。那么"光"究竟是粒子还是波?这个问题曾使物理学家迷惑了一段时间。但按照辩证唯物主义的观点,任何自然现象的性质,不管其矛盾性和复杂性如何,只要它确实存在,就必须包括在物质的概念之内。光既然在某些实验中表现出波的性质,而在另一些实验中表现出粒子的性质,那么,光就应同时具有波的性质和粒子的性质。而从整体来说,它既不是经典物理学中的波,也不是经典物理学中的粒子,更不是这样或那样的混合物。

大量的实验事实表明:电磁波的波长越短,其粒子的性质表现得越明显;波长越长,波的性质表现得越明显。例如,γ 射线是波长极短的电磁波,在处理它的问

题时,往往完全可以把它当作粒子看待,不必考虑它的波动性质。无线电波是波长很长的电磁波,我们完全可以把它当作波看待,用波动方程处理它,无需考虑它的粒子性。

对于本书所涉及的光学波段,粒子性和波动性都表现得很明显。因此,在处理问题时,可以根据问题的性质,或者把它当作粒子,或者把它当作波。

2.1.3 光的产生

光是从实物中发射出来的。因为实物是由大量的各种带电粒子组成的,粒子在不断进行运动。当它们的运动受到干扰时就可能发射出电磁波。

我们用比较简单的孤立原子来说明这个问题。原子内有若干电子围绕原子核不断进行运动,其运动有多种可能状态,都是稳定的、有一定的能量。我们用"能

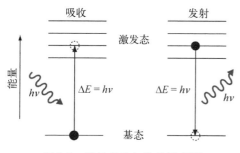

图 2.2　光的吸收与发射示意图

级"来代表它的运动状态。在原子内,这些能级的能量不是连续的,或者说是一系列分立的能级。在正常情况下,电子总是处在能量最低的运动状态,称作"基态"。图 2.2 代表其中的两种运动状态,E_0 为电子的基态。如果有外来的激励,把合适的能量传递给电子,电子就可能进入激发态 E_1。 这个过程是瞬时完成的,所以用"跃迁"一词来称呼它。电子在激发态的运动只能维持很短的一段时间,很快就要回到基态去,在这个"向下"跃迁的过程中必须把多余的能量 $(E_1 - E_0)$ 释放出来。在大多数情况下,这多余的能量是以光的形式发射出来的。光子的频率为

$$\nu = \frac{E_1 - E_0}{h} \tag{2.4}$$

因为原子中有很多可能的能级,因而原子受激励后能发射出多种频率的光。这些频率是分立的,用适当的仪器可以把它们显示出来。分立的线状光谱,称为"原子光谱",其中每一条谱线代表一个频率的光。

任何一块很小的物体都包含大量的原子,采用适当的激励,使小块物体先升华成蒸气,气态中的原子都是互不相关的,可以看成是许多孤立的原子。受激励的每个原子都可能发射出光子,大量光子的总和即为肉眼所能看到或仪器所能测量到的电磁辐射。各个原子发射光子的过程基本上是互相独立的,即使是完全相同的两个能级之间的跃迁,光子发射的时间也有先有后。原子在发射光子时取向也有各种可能,因而光子可向各个方向发射,其电场的振动方向也有各种可能。因此,这小块物体受激励后发射出来的光没有统一的发射方向。用透镜等使其变为平行

光后,其电场的振动虽垂直于发射方向,但各个方位都具有同等机会。位相也是混乱的,这样的光就是非相干的"自然光"。

在固体中,情况就更复杂,固体包含着大量互相联系着的原子。原子与原子之间的相互作用使能级发生迁移。对孤立原子中的某一能级来说,有 N 个原子就有 N 个这样的能级。当 N 个原子聚集成固体时,原子间的相互作用使这 N 个能级弥散开,成为能量各不相等的 N 个能级。由于 N 是个极大的数值,而弥散的程度不大,因而实质上固体中电子的能级是一片能量连续的"能带"。电子在两个能量连续的能带之间的跃迁,其跃迁能量也必然是连续的。所以固体在受激励后发射出来的光是连续的光谱,而不是分立的谱线。同样,固体发射出来的光也都是非相干的自然光。

使气体或固体得到激励的方法有很多,如施加电场、辐射照射、加热等等,其中物体受热所发射的辐射称为"热辐射"。鉴于本书讨论的范围,这里对热辐射作较详细地介绍。

2.1.4　热辐射

热辐射是一种能达到平衡状态的辐射,达到热平衡时的辐射就是"黑体辐射"。考虑图 2.3(a)所示的密闭空腔,不管腔壁是什么材料,如果加热使它保持在恒定温度 T_0,那么腔内壁上任一面元 A 发射出来的辐射,总是落在腔壁的另一部分。落在那里的辐射,有一部分被吸收,其余部分又被反射到腔壁的其他部分。因此,不管是从腔壁哪一部分发射出来的辐射,最后总是进入腔壁。在热平衡条件下,任何一面元发射出来的辐射,在频率与强度等方面,总是等于它所吸收的辐射,否则就不是热平衡了。在热平衡条件下,空腔内所有的辐射就必定具有稳定不变的性质,它与腔壁材料的性质无关,仅与腔壁的平衡温度有关。

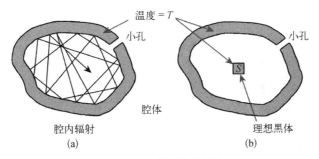

图 2.3　空腔辐射示意图

如果空腔内有一个小物体 S[图 2.3(b)],不管它是什么材料,在热平衡条件下,物体 S 表面所发射的辐射,在频率与强度等各方面,都必定与它所吸收的辐射相等。如果投射到它表面的"辐射照度"为 $E(\mathrm{W/cm}^2)$,物体对辐射的吸收比为 α,它的"辐射出射度"为 $M(\mathrm{W/cm}^2)$,则热平衡条件为

$$M = \alpha E \qquad (2.5)$$

式中，α 为吸收比，一般都小于 1，最大只能等于 1。上式表明：一个物体对辐射的吸收比越大，它的辐射出射度也就越大。能把投射来的辐射全部吸收的物体，即 $\alpha = 1$ 的物体，它的辐射出射度也就达到最大。具有这样性质的物体就叫做"黑体"，它所发射出来的辐射就叫做"黑体辐射"。在式 (2.5) 中，若 $\alpha = 1$，则 M 就是黑体的辐射出射度，用 M_b 来代表。那么，该小物体所受到的辐射照度在数值上就等于黑体的辐射出射度，$E = M_b$。换句话说，热平衡的空腔内的辐射就是黑体辐射。

对于一般物体，$\alpha < 1$，我们得到

$$\frac{M}{\alpha} = M_b \qquad (2.6)$$

这就是说，不管什么物体，吸收比越大，它所发射的辐射出射度也就越大。辐射出射度与吸收比的比值不变，等于同一温度的黑体的辐射出射度。

如果在图 2.3(a) 的空腔壁上开一个小孔。当小孔的面积远小于腔壁的面积时，从小孔发射出来的辐射量小到足够可以被忽略，那么这并不会影响腔内的热平衡。此时，从小孔发射出来的辐射，就代表腔内的辐射。这样我们就能测量、研究黑体辐射。

黑体辐射是 19 世纪末物理学中研究得最多的问题之一。大量测量表明：黑体辐射的功率按波长或频率的分布确实是稳定的，仅与腔体的平衡温度有关，与制造腔体的材料性质无关。图 2.4 为几个平衡温度时的辐射出射度按波长的分布。每个温度的分布曲线都有一个极大值，极大值所在的波长 λ_{max} 随温度的升高而向短波方向移动。

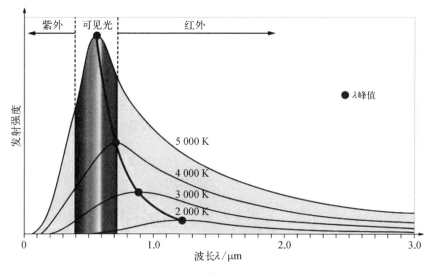

图 2.4　黑体辐射功率谱

从当时的实验中得到了两条极有用的经验规律：

（1）维恩位移定律（Wien's displacement law）：若波长用 μm 为单位，温度以绝对温度 K 计，则

$$\lambda_{\max} T = 2\,898 \approx 3\,000 \ \mu m \cdot K \tag{2.7}$$

（2）斯特藩-玻尔兹曼定律（Stefan-Boltzmann law）：单位面积的黑体发射的辐射，即黑体的辐射出射度（包括各种波长的总功率）与温度的四次方成正比，可表示为

$$M_b = \sigma T^4 \tag{2.8}$$

比例常数 σ 叫做斯特藩常数，$\sigma = 5.670 \times 10^{-12} \ W/(cm^2 \cdot K^4)$。

显然，这两条定律应包含在图 2.4 所示的黑体辐射谱内。对于这样的辐射谱，当时流行的光的波动论是无法解释的。正是在这个问题上，普朗克在 1900 年引进了量子概念，成功地解释了这些实验曲线。普朗克导出的公式，如以频率为变数，可写成

$$M_b(T, \nu) = \frac{2\pi h}{c^2} \frac{\nu^3}{e^{\frac{h\nu}{kT}} - 1} \tag{2.9}$$

如以波长为变量，则可以写成

$$M_b(T, \lambda) = \frac{2\pi hc^2}{\lambda^5} \frac{1}{e^{\frac{ch}{\lambda kT}} - 1} \tag{2.10}$$

式中，c 为光速；k 为玻尔兹曼常数。这两个式子看上去很复杂，却能精确地解释已有的一切实验数据。在辐射测量中，黑体是标准辐射源，其辐射功率必须用普朗克公式计算。20 世纪 50 年代起，红外技术的发展，使普朗克公式变成常用的公式，因而常常把它计算成数值表，成为一种工程手册。对式（2.10）求极大值，就可得到式（2.7）。用式（2.9）对频率积分，或用式（2.10）对波长积分，都可得到式（2.8），即 $\int_0^\infty M_b(T, \nu)d\nu = \int_0^\infty M_b(T, \lambda)d\lambda = M_b = \sigma T^4$，而且可以得到以物理学的基本常数来表示的斯特藩常数：

$$\sigma = \frac{2\pi^5 k^4}{15c^2 h^3} \tag{2.11}$$

对于所有物体，温度都不能是绝对零度 0 K，物体总是在不断地发射出热辐射。如果是固体，发射的辐射就是连续谱。如果以波长为变量，相当于式（2.10）的辐射出射度可以写成

$$M_b(T, \lambda) = \frac{2\pi hc^2}{\lambda^5} \frac{\epsilon(\lambda, T)}{e^{\frac{ch}{\lambda kT}} - 1} \tag{2.12}$$

式中，$\epsilon(\lambda, T) < 1$。ϵ 的值不仅依赖波长和温度，有时甚至依赖发射的角度。但是对于大多数常见物体，ϵ 与发射角度的依赖关系基本上可忽略，与波长和温度的依赖关系也很微弱。在常用的波长范围内，为了实用方便，常把 ϵ 作为常数。因此，对一般物体，与式(2.8)相当的关系为

$$M = \epsilon \sigma T^4 = \epsilon M_b \qquad (2.13)$$

式中，$\epsilon < 1$。可见一切物体的热辐射都要小于黑体辐射，ϵ 是它们的比值，故称为"比辐射率"，也可称为热辐射效率，或发射率。

式(2.13)与式(2.6)相比，即得

$$\alpha = \epsilon \qquad (2.14)$$

这是一个很重要的关系，任何物体的比辐射率总是等于它的吸收比。对于黑体，也就是完美吸收体，两者都等于 1。

2.1.5　激光

普朗克推导式(2.9)或式(2.10)所用的方法仍然是经典物理的方法，只是引进了量子概念。1916 年爱因斯坦重新考虑黑体辐射公式的推导时，他承认这一公式是精确的，想完全用量子论概念推导出来。

考虑任意两个能级 m、n，当入射辐射的频率正好是 $\nu = (E_m - E_n)/h$ 时，n 态的电子就能吸收光子的能量跃迁到能级 m，这个过程称为吸收。在 m 态中运动的电子只能维持很短一段时间，就自然地回到 n 态，同时发射出一个光子，这个过程称为自发辐射。爱因斯坦发现要运用热平衡条件推导出普朗克公式来，还必须有另一种发射过程存在，即当频率为 $\nu = (E_m - E_n)/h$ 的入射光子存在时，原来在 m 态的电子会被迫回到 n 态，同时发射出与入射光子性质完全相同的光子，这个过程称为"受激发射"。考虑这三种过程，利用热平衡条件就能推导出普朗克公式（图 2.5）。

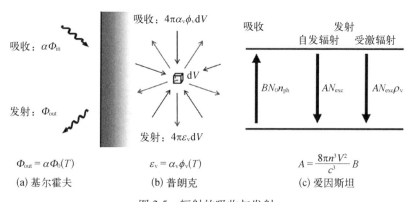

图 2.5　辐射的吸收与发射

爱因斯坦的推导虽没有为普朗克公式增添新的内容,但却发现了在辐射与实物相互作用的研究中前所未知的新过程。从 20 世纪 60 年代起,就是在这个概念的基础上,发展了一种与热辐射迥然不同的新的辐射——激光。在许多物体(固体、液体及气体)中都可找到合适的一组能级,采用适当的方法将下能级中的大多数电子都激发到上能级中去,同时选用合适的光学腔突出特定方向的辐射。这时只要有与此两能级差相当的光子存在,处在上能级的电子就受激而发射出光子来。所有的光子几乎是同一时间发射出来的,因而具有同频率、同相位、同方向的特性,这就是“激光”。它与热辐射的主要差别表现在以下几点。

(1)单色性:谱线的宽度可以窄到 10^{-11} m 到 10^{-17} m 的范围。

(2)方向性:平行性极好,即发散角小,一般为毫弧度(mrad)量级。例如从地面射到月球表面的激光束斑直径只有 4 km,而地面到月面的距离约 3.8×10^5 km。

(3)高亮度:可见波段的激光器的输出约为 $10^{16}\sim10^{28}$ 光子/s。而绝对温度为 1 000 K 的黑体的热辐射在 500 nm 的输出只有 10^{12} 光子/s。

(4)相干性:各个光子是在同一相干辐射场感生下发射的,因而相干性非常好。某些激光器所发射的激光能有数百米的相干长度。

2.1.6 光在媒质中的传播及转换

光在媒质中传播时,将与媒质发生相互作用。假定媒质是均匀的固态物质,组成固体的离子、电子等都是带电粒子。这些粒子的运动受到电磁波的电场作用,从电磁场吸收能量,又把这些能量以电磁波的形式发射出来,其频率与原电磁波的一样。新发射的电磁波与原来的电磁波综合在一起向前传播,但其传播速度将低于光在真空中的传播速度。光在真空中的传播速度与在媒质中的传播速度之比 n 称为该媒质的折射率,它是物质的特征参数。折射定律就是由于光在两种媒质中传播速度不同而引起的。当某一媒质的 n 随波长不同而改变时,则光在该媒质中传播时,不同波长的光将被散开,这个现象被称为“色散”。

光在媒质中传播时,媒质中的带电粒子也可能吸收光能而发生运动状态的改变,使光功率在前进方向上逐渐下降。对于任一波长的光,假如是平行光束,当其在媒质中传播时如有吸收光能的过程存在,则在 dx 路程中被吸收的光功率 dI 应正比于 dx 中的物质量,即

$$dI = -I\alpha dx$$

积分得

$$I = I_0 e^{-\alpha x} \tag{2.15}$$

式中,I_0 为初始光功率;I 为经过距离 x 所剩余的光功率;α 称为吸收系数,是波长的函数,它的量纲为 cm^{-1};$\frac{1}{\alpha}$ 为光功率下降到原来的 $\frac{1}{e}$ 所经过的距离。

　　光在媒质中传播时也可能发生散射,即部分光功率将偏离光束的前进方向。在光的前进方向上,光功率因散射而衰减的函数关系与因吸收而衰减的关系相同,因而可把两者合在一起写成

$$I = I_0 e^{-(\alpha+\beta)x} \tag{2.16}$$

式中,β 为散射系数。散射是由于媒质中存在着尺度与其波长相仿的不均匀区而引起的。在我们以后的讨论中,都假定媒质是均匀的,将不考虑散射作用。

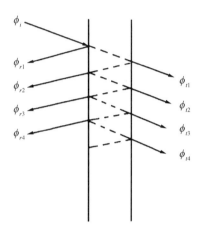

图 2.6　光束在穿越平板时的反射和透射示意图

　　材料的吸收系数 α 及反射率 r 都是必须由实验测定的数据。通常的办法是把样品做成平行薄板,其厚度为 d,波长一定、功率为 ϕ_i 的平行光束垂直投射于薄板,测量从薄板反射的光功率和透过薄板的光功率,就能求得 α 和 r。

　　假设平行板厚度 d 远大于光的波长,可以不考虑干涉现象。光束在平板中传播时有吸收,碰到界面时部分反射、部分透过,图 2.6 画出光束穿透薄板时多次反射多次透射的情况。为了把重叠在一起的各光束显示清楚,把光束画成斜入射。利用反射定律及吸收定律,不难写出历次从第一表面反射的光功率 ϕ_r 及从第二表面透射出去的光功率 ϕ_t。

$$\phi_{r1} = r\phi_i$$

$$\phi_{t1} = (1-r)^2 \phi_i e^{-\alpha d}$$

$$\phi_{r2} = (1-r)^2 r\phi_i e^{-2\alpha d}$$

$$\phi_{t2} = (1-r)^2 r^2 \phi_i e^{-3\alpha d}$$

$$\cdots\cdots$$

因此,从第一表面反射的总功率为

$$\phi_r = \phi_{r1} + \phi_{r2} + \phi_{r3} + \cdots = \left[r + r(1-r)^2 e^{-2\alpha d} + r^2(1-r)^2 e^{-4\alpha d} + \cdots \right]\phi_i$$

由此得到反射比:

$$\rho = \frac{\phi_r}{\phi_i} = r + \frac{(1-r)^2 r \cdot e^{-2\alpha d}}{1 - r^2 e^{-2\alpha d}} \tag{2.17}$$

从第二表面透射出去的总功率为

$$\phi_t = \phi_{t1} + \phi_{t2} + \phi_{t3} + \cdots = \left[(1-r)^2 e^{-\alpha d} + (1-r)^2 r^2 e^{-3\alpha d} + (1-r)^2 r^4 e^{-5\alpha d} + \cdots \right]\phi_i$$

由此得到透射率:

$$\tau = \frac{\phi_t}{\phi_i} = \frac{(1 - r)^2 \cdot e^{-\alpha d}}{1 - r^2 e^{-2\alpha d}} \tag{2.18}$$

设 ϕ_a 为平板样品所吸收的总功率,$\dfrac{\phi_a}{\phi_i} = A$ 称为吸收率,则按能量守恒定律:

$$\rho + \tau + A = 1 \tag{2.19}$$

有几种情况是比较常见的:

（1）吸收系数很大,$e^{-\alpha d} \ll 1$,则从式(2.17)~式(2.19)可以得

$$\rho = r, \ \tau = 0, \ A = 1 - \rho \tag{2.20}$$

即这个平板材料是不透明的,入射光功率除反射外全部被吸收。

（2）吸收系数很小,$e^{-\alpha d} \to 1$,则从 $r^2 e^{-2\alpha d}$ 得

$$\rho = \frac{2r}{1 + r}, \ \tau = \frac{1 - r}{1 + r} \tag{2.21}$$

（3）吸收系数比较大,但 $e^{-\alpha d}$ 还不能忽略,$r^2 e^{-2\alpha d} \ll 1$,则式(2.17)~式(2.19)变成:

$$\rho = r, \ \tau = (1 - r)^2 e^{-\alpha d} \tag{2.22}$$

通过以上几个公式,可以测量材料的 r、α。

这里必须澄清一下 r、α、ρ、τ、A 等几个参数的确切意义。r 是反射率,表示光束在某一界面上的反射系数,无量纲。α 是吸收系数,描述光功率在媒质中传播时衰减的情况,量纲为 cm^{-1}。r、α 都是物质的特征参数,与样品尺寸无关。ρ、τ 分别是测量一个具体样品所得到的反射光功率,透射光功率与入射光功率之比值,没有量纲,只能称为样品的反射率与透射率。吸收比 A 则按式(2.19)计算出来。这三个比值都依赖于样品尺寸,不是物质的特征参数。例如,锗 Ge 在吸收系数非常小的波段的反射率 $r = 36\%$。而从厚度为 1 mm 的 Ge 平行板测得的反射率则为 53%。又如:Ge 在自由电子吸收区的某一波长处的吸收系数 $\alpha = 10 \ m^{-1}$,而 1 mm 厚的 Ge 平行板的吸收率约为 47%。

固体中能够吸收光能的物理过程有多种。光能被吸收后即转换成其他形式的能量。我们以半导体为例说明各种吸收光能的过程,图 2.7 画出了常见的半导体能带图,E_C、E_V 分别为导带底及价带顶的能量,E_D、E_A 及 E_t 分别为施主杂质能级、受主杂质能级及深杂质能级。电子吸收光能而在这些能级与能带之间跃迁。光吸收过程有以下几种。

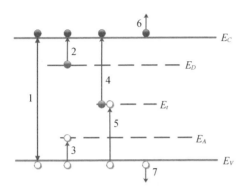

图 2.7　半导体的能带及各种光吸收过程

（1）本征吸收（过程 1）：产生电子-空穴对。

（2）杂质吸收（过程 2、3、4、5）：每种过程都只能产生一种符号的载流子，或者是电子，或者是空穴。

（3）载流子的吸收（过程 6、7）：光能的吸收使电子或空穴的动能增加。

以上三种光吸收都能引起电导率的改变。除此之外还有以下两种。

（1）晶格振动的吸收：增加晶格的热运动能。

（2）等离子体吸收：使全部自由电子或空穴作为一个整体相对于晶体点阵的振动能增加。

以上各种光吸收过程视激活能的大小而发生在不同的波段。某两种或三种过程也可以发生在相近或相同的波段。图 2.8 是一个半导体的典型的吸收光谱的一部分，其中（1）为本征吸收区，吸收系数高达 $10^3 \sim 10^6 \, \text{cm}^{-1}$，吸收系数陡降部分称为吸收边；（2）为载流子（电子或空穴）的吸收，其吸收系数近似地与波长的平方成正比。杂质吸收带所在的波长随杂质能级在能带图中的位置而定，其吸收系数则视杂质浓度而定。晶格振动及等离子体的吸收都位于较长的波段。

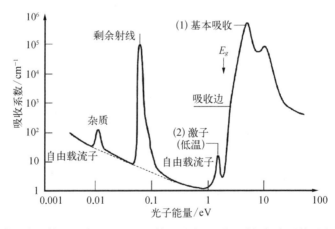

图 2.8　典型半导体材料中的光吸收系数（不同的吸收机制）与光子能量之间的关系

2.2　固体中的光效应

从 2.1.6 节关于光在媒质中的传播与转换的讨论中，我们看到多种效应都会引起光在固体传输过程中的改变，特别需要指出，这样的改变常常是和光的波长或者说是和光子的能量联系在一起的。而在光改变的同时,媒质内部也发生了相应的变化,这就是本节需要讨论的"固体中的光效应"。

固体的电学性质取决于固体中电子的运动状态。当光束投射到固体表面时,进入体内的光子如直接与电子起作用(吸收、动量传递等),引起电子运动状态的改变,则固体的电学性质随之发生改变,这类现象统称为固体的光电效应。这里要强调"直接"两字。如光子不是直接与电子起作用,而是能量被固体晶格振动吸收,引起固体的温度升高,导致固体电学性质的改变,这种情况不能称为光电效应,而是热电效应。

光电效应有多种,下面将按效应发现的先后顺序逐一介绍。对光电器件有重要应用的光电效应将作较详细的介绍,介绍的内容以能够与本书中有关章节的内容相衔接为限。

2.2.1 光电导效应

在光照下固体的电导率发生改变,这个现象是 1873 年 W. Smith 在硒(Se)上发现的。20 世纪 50 年代半导体物理学的发展使这一现象得到详尽的研究,并制成多种光电导器件,得到广泛的应用。

我们先考虑光电导的一般情况,如图 2.9(a)所示。一长为 l,宽为 w,厚度为 d 的半导体样品,其受光照面积为 $A = wl$。样品无光照时的电阻为 R,串联一负载电阻 R_L 及电源 V_0。如有功率为 ϕ 的光均匀地垂直照射在样品表面,则样品的电导率将增加,其电阻从 R 变到 $R + \Delta R$ (ΔR 为负值)。负载电阻 R_L,两端的电势差将从 $\dfrac{V_0 R_L}{R + R_L}$ 增加到 $\dfrac{V_0 R_L}{R + \Delta R + R_L}$。通常的情况是 $\Delta R \ll R$,这样 R_L 两端的电势差就是

$$V = - \frac{V_0 R R_L}{(R + R_L)^2} \frac{\Delta R}{R}$$

在实际测量中,通常把入射光调制成正弦变化。V 就是所测得的交变电压的幅值。由于 $R = \dfrac{1}{\sigma_0} \dfrac{l}{A}$,再取 $R_L = R$,则上式变成:

$$V = \frac{V_0}{4} \frac{\Delta \sigma}{\sigma_0} \tag{2.23}$$

因此,在光电导的研究和应用中,要考虑的不是光所引起的电导率的增加 $\Delta \sigma$,而是 $\Delta \sigma$ 与无光照时的电导率 σ_0 之比。

半导体中有两类传导电流的载流子:导带中的电子和价带中的空穴。无光照时它们的浓度分别为 n_0 和 p_0。假设电子和空穴在单位电场的作用下,沿电场方向的漂移速度,即迁移率,分别为 μ_n 和 μ_p,则无光照时的电导率为

$$\sigma_0 = e(n_0 \mu_n + p_0 \mu_p) \qquad (2.24)$$

若 $n_0 = p_0$，这种半导体称为本征半导体，若 $n_0 \gg p_0$，则称为 n 型半导体。若 $p_0 \gg n_0$，则称为 p 型半导体。

假设照射到半导体样品表面的是单色光，光子进入体内后，如果其能量 $h\nu$ 满足条件: $h\nu \geqslant E_g$，价带中的电子将能吸收足够的能量被激发到导带中去，产生电子-空穴对，同时参与导电，这个过程称为"本征激发"。增加的电导称为"本征光电导"。若用 μm 为波长单位，eV 为能量单位，则上述条件的极限可写成

$$\lambda_0 = \frac{1.24}{E_g} \qquad (2.25)$$

λ_0 就是能产生本征光电导的最长波长，称为"长波限"。

如果光子的能量 $h\nu > E_g$，则吸收这一光子能量所产生的电子和空穴将具有较大的动能。但在运动过程中，它们要与晶格、缺陷或其他载流子碰撞，在极短时间内就能失去其多余的动能，变得与原来热平衡的载流子没有区别，也即具有同样的迁移率 μ_n 和 μ_p。这里所说的"极短时间"在 $10^{-11} \sim 10^{-12}$ s，这与下面将要提到的"寿命"（$10^{-5} \sim 10^{-6}$ s）相比，可忽略不计。因此除特殊情况外，我们将忽略这个过程，认为光激发的载流子与热平衡载流子没有区别。

光激发出来的载流子，自产生之时起即参与导电。经过一段时间后，通过某种复合过程与相反符号的载流子复合，失去其导电能力。光生载流子参与导电的时间有长有短，其平均值称为"载流子寿命"。如果不存在只俘获一种符号载流子的陷阱，则本征光电导中的电子与空穴的寿命相等。

光的继续照射，并不能使载流子数直线上升。因为载流子增加，复合概率也增加，载流子越多，复合的机会就越多，最后必然达到这样的稳定状态：光生载流子的产生率与复合率相等，使光生电子和空穴具有稳定的浓度，这时的光电导称为"稳态光电导"。从光照射样品表面开始到载流子浓度达到稳定值所需的时间（有时取这个时间的 90% 或其他比例，可按实际情况而定）称为光电导的"时间常数"。对于没有陷阱作用的本征光电导，可以证明：时间常数就等于载流子寿命。

入射光进入半导体样品表面后，由于吸收过程的存在，其功率将按指数衰减。即近表面光生电子和光生空穴的浓度要高于内部，因而有电子和空穴从表面向内的扩散运动。扩散运动的结果是在光照方向上建立起一个稳定的电子或空穴浓度分布。由于测量光电导时，电场是加在垂直于光照的方向（图 2.9），测量的电流与光照方向上的载流子浓度分布无关。一般样品都很薄，我们可以不考虑载流子浓度在光照方向的分布，取其平均值即在均匀光照下，半导体内部将产生一均匀的稳定的电子浓度 Δn 和空穴浓度 Δp，对于本征光电导 $\Delta n = \Delta p$，光所引起的光电导率就是

$$\Delta\sigma = e(\mu_n + \mu_p)\Delta p \qquad (2.26)$$

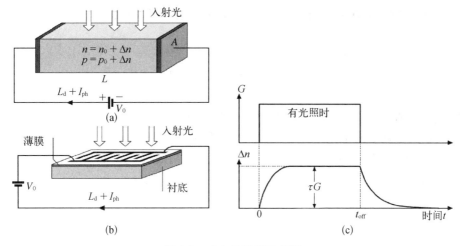

图 2.9 光电导线路示意图

从以上的叙述可知,光照射半导体样品所引起的光电导过程就是光生载流子不断地产生,产生后在平均时间(即寿命)τ 时间内参与导电,产生与复合过程的平衡建立起稳定电子浓度 Δn 和空穴浓度 Δp。设进入样品体内的光子数均匀地分配在体内的浓度为 $\mathcal{L}$,一个光子产生一对电子-空穴,则电子和空穴的产生率为 $\mathcal{L}(\mathrm{cm}^{-3})$,那么按照最常见的统计规律,$\Delta p$(或 Δn)、τ 与 $\mathcal{L}$ 三者之间有一极简单的关系:

$$\Delta p = \Delta n = \mathcal{L}\tau \tag{2.27}$$

这与人口、出生率、平均期望寿命之间的关系完全相同。

下面再推导光电导的一些定量关系,仍用图 2.9,如果入射光为单色光,频率为 ν,功率为 ϕ,样品表面的反射率为 r,则进入样品的总光子数为 $\dfrac{\phi(1-r)}{h\nu}$。假设这些光子全部为样品吸收,每吸收一个光子产生 η 对电子和空穴,η 称为量子效率,通常可假定 $\eta = 1$。设光是均匀投射到表面的,则样品中光生载流子的产生率为

$$\mathcal{L} = \frac{\eta\phi(1-r)}{h\nu lwd}$$

由式(2.26)和式(2.27)可以得到

$$\Delta p = \Delta n = \frac{\eta\phi(1-r)\tau}{h\nu lwd} \tag{2.28}$$

$$\Delta\sigma = \frac{\eta\phi(1-r)\tau}{h\nu lwd}e(\mu_{\mathrm{n}} + \mu_{\mathrm{p}}) \tag{2.29}$$

将式(2.29)和式(2.24)代入式(2.23)得到光电导的输出信号：

$$V = \frac{V_0}{4} \cdot \frac{1}{wld} \frac{\phi(1-r)\eta\tau}{h\nu} \frac{\mu_n + \mu_p}{n_0\mu_n + p_0\mu_p} \tag{2.30}$$

式(2.30)表达了在图2.9的条件下，入射光功率ϕ所能给出的电压V。除了外加电压V_0、ϕ和$h\nu$外，式中各量都是材料的参量，因而可以根据此式讨论如何得到最高的输出电压。通常我们把输出电压与输入光功率之比称为光电导的"响应率"。为了避免测量电路的影响，规定把入射光调制成按正弦变化的交变光，输出电压为调制频率的开路电压，两者均用均方根值，即光电导的响应率为

$$\mathcal{R} = \frac{V_{rms}}{\phi_{rms}} \quad (\text{V/W}) \tag{2.31}$$

为了求出上述光电导过程的响应率，需要先把式(2.30)的V转换为开路电压。设降落在样品上的电势差为V_1，因为$R_L = R$，则$V_1 = \frac{V_0}{2}$。又因为开路电压就等于R_L上的电势差的两倍，把$h\nu$写成$\frac{\lambda}{hc}$，得

$$\mathcal{R} = \frac{V_1}{lwd} \frac{\phi(1-r)\lambda\eta\tau}{hc} \frac{\mu_n + \mu_p}{n_0\mu_n + p_0\mu_p} \quad (\text{V/W}) \tag{2.32}$$

在很多情况下，响应率以 A/W 为单位更为方便，即要求计算入射光功率所能输出的电流。在讨论物理过程时，也以讨论光电流更为直接。可以把样品当作光电流源，无需考虑测量电路，写出入射光功率所能给出的短路光电流(电流=电导率×电流的截面积×电场强度)：

$$i_s = wd \cdot \frac{\eta\lambda\phi(1-r)\tau}{hclwd}e(\mu_n + \mu_p)\frac{V_1}{l} = \frac{\lambda\eta\phi(1-r)\tau}{hcl^2}e(\mu_n + \mu_p)V_1 \tag{2.33}$$

因而响应率也可以写成：

$$\mathcal{R} = \frac{i_{srms}}{\phi_{rms}} = \frac{\eta\lambda(1-r)}{hcl^2}e(\mu_n + \mu_p)V_1 \quad (\text{A/W}) \tag{2.34}$$

另一方面，利用开路电压：

$$V = i_s R$$

$$R = \frac{1}{e(n_0\mu_n + p_0\mu_p)}\frac{1}{wd} \tag{2.35}$$

也可以直接把以 A/W 为单位的响应率式(2.34)改写成以 V/W 为单位的响应率式(2.32)。

式(2.32)或式(2.34)的响应率与波长有关。如入射光功率为 ϕ_λ，则响应率为 $\mathcal{R}_\lambda$。以 $\mathcal{R}_\lambda$ 对 λ 作曲线就得到光谱响应曲线或光电导光谱分布曲线。不过为了方便测量，通常以 $\mathcal{R}$ 的相对值为纵坐标作曲线，如图 2.10 所示。只要测准一个波长的 $\mathcal{R}_\lambda$ 的绝对值，就可以得到全波段的 $\mathcal{R}_\lambda$ 的绝对值。

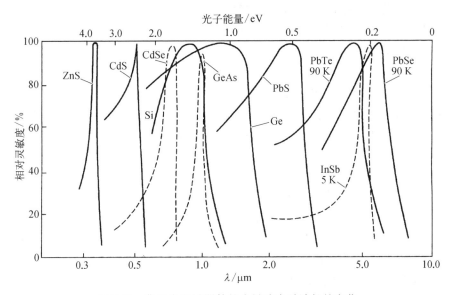

图 2.10　典型光电导器件的光导响应随波长的变化

光电导光谱响应的一般特性是有一个响应峰波长 λ_p 存在。在长波方向,响应率迅速下降,这是由于光子能量降低到小于禁带宽度,不足以激发电子-空穴对。我们把响应率降到峰值的一半所在的波长 λ_0 叫做本征光电导的长波限。就是认为 $\dfrac{hc}{\lambda_0} = E_g$。在 λ_p 的短波方向,响应率下降比较缓慢。这是由于波长越短,材料的吸收系数越大,光生载流子产生在近表面的概率越大,受表面复合的影响也就越大,因而导致响应率向短波方向的缓慢下降。

上面所说的光谱响应曲线是以式(2.32)或式(2.34)的响应率为纵坐标的,这些响应率是以单位功率表达的,因此把这种光谱响应曲线称为等能量光谱响应曲线。有时为了讨论物理过程的方便,响应率也常用光子数来表达：

$$(\mathcal{R}_\lambda)_{pn} = \frac{V_{rms}}{(\phi_\lambda/h\nu)_{rms}} = \frac{hc}{\lambda}\frac{V_{rms}}{\phi_{rms}} \qquad (2.36)$$

用 $(\mathcal{R}_\lambda)_{pn}$ 画的光谱响应曲线就叫做等光子数光谱响应曲线。在以相对值表示的光谱曲线图中,很容易把等能量曲线改画成等光子数曲线。只要把峰值响应作为 1,其他各波长的响应值都乘上 λ_p/λ 因子即可。

以上我们导出了本征光电导现象中的各种关系,这些关系是光导型探测器的基础。在之后的红外材料以及红外探测器的部分我们还将进行详细的讨论。

除掉本征光电导外,半导体中的杂质也可能吸收光子能量,把电子激发到导带,或者把空穴激发到价带(图 2.7),增加价带中的载流子浓度,即产生光电导,称为"杂质光电导"。由于杂质光吸收的激活能 E_i 要小于本征光吸收的 E_g,因而杂质光电导的响应波长较长。例如,Ge 的本征光电导的长波限为 1.7 μm,而 Ge 掺 Hg 的杂质光电导的响应波长可达到 14 μm。

不论是本征光电导还是杂质光电导,都是由于载流子浓度的增加而引起光电导。另一类情况是半导体的自由电子或空穴吸收电子能量而引起迁移率的增加,这同样能增加电导率。我们不妨把起源于载流子浓度增加的光电导称为第 I 类光电导,而把起源于载流子迁移率增加的光电导称为第 II 类光电导。

自由电子或空穴吸收光子能量后将增加动能。在大多数情况下,由于载流子系统与晶格的相互作用,增加的这些动能很快就会消失掉,而与晶格达成热平衡。但是在高迁移率的半导体中,在一定的条件下可以发生另一种情况,例如,N - InSb 在液氮温度下,电子系统与晶格的耦合作用很弱,电子吸收光子的能量并不会很快都传递给晶格,有可能建立起这样一种稳定状态,其中电子的平均动能大于晶格的热能,因而电子的迁移率高于原来热平衡条件下的电子迁移率,引起第 II 类光电导,又称为"过热电子"的光电导。

实验证明:自由电子或空穴的光吸收系数与波长的平方成正比,在较长的波长范围内才能得到较大的光吸收。因而这类光电导的响应波段都在较长的波长范围。例如 N - InSb,4 K 时,$n_0 \approx 5 \times 10^{13}\,\mathrm{cm}^{-3}$,在 $\lambda = 100$ μm 时,吸收系数 $\alpha = 0.30\,\mathrm{cm}^{-1}$,吸收系数太小,不足以引起明显的光电导;而在 $\lambda = 1\,000$ μm 时,$\alpha = 22\,\mathrm{cm}^{-1}$,可引起显著的光电导。因而用 N - InSb 制造的过热电子型的红外探测器的响应波段大于 300 μm。

2.2.2 光伏效应

如果固体内部存在一个电场,而且条件适当,则本征光吸收所产生的电子-空穴对将会被电场分离,电子趋向固体的一个部分,空穴趋向另一部分,两部分之间产生电势差,这就是光伏效应。接通外电路就可以输出电流。1876 年,Adams 和 Day 最初制造的硒光电管实质上不是利用当时新发现的光电导现象,而是利用了光伏效应。目前最重要的光伏效应是半导体 pn 结的光伏效应。

1. 半导体 pn 结的形成和特性

对一块半导体样品掺以不同导电类型的杂质,形成 p 型和 n 型平面接触的结构,称为 pn 结(图 2.11)。设想未接触前的情况:p 型区内,受主杂质全电离,空穴

浓度 p_p 远大于电子浓度 n_p，即 $p_p \gg n_p$（注意：n、p 分别代表电子和空穴浓度，其下标用 n、p 代表所在区的导电类型）。同样，在 n 型区内施主杂质全电离，$n_n \gg p_n$。

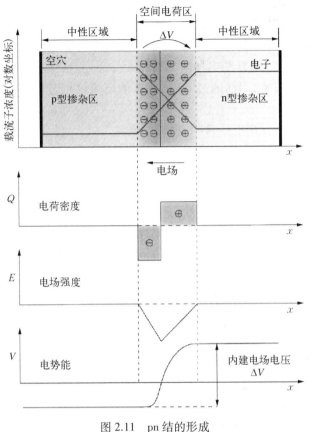

图 2.11　pn 结的形成

　　两区接触后，由于 $p_p \gg n_p$，空穴从 p 型区向 n 型区扩散。同样，由于 $n_n \gg p_n$，电子从 n 型区向 p 型区扩散。扩散的结果使贴近 p-n 交界面的 n 型一侧缺少自由电子，只剩下带正电的电离施主。p 型一侧缺少自由空穴，只剩下带负电的电离受主。这两类杂质离子组成了偶极层，从而产生了内建电场。但在远离交界面的区域则仍然与接触之前一样，保持电中性。电场作用的方向正好驱使 p 型区内的电子向 n 型区漂移，n 型区内的空穴向 p 型区漂移，即载流子的漂移运动方向正好与它的扩散运动的方向相反。

　　我们用 I_{nd}、I_{nt}、I_{pd}、I_{pt} 分别代表电子和空穴借扩散运动和受电场牵引通过 pn 结界面的扩散电流密度和漂移电流密度。扩散的电子和空穴越多，建立起来的电场就越强，受电场牵引的反方向运动的电子和空穴也就越多。最后达到一个稳定态：$I_{nd} = I_{nt}$，$I_{pd} = I_{pt}$。这时通过 pn 结的净电流为零，代表载流子系统的自由能的费米能级 E_f 在两个区域内具有同一值。结区内的电势差 V_D 称为 pn 结的内建电势,如图 2.12(a)所示。由于电场存在,结区内不能保持自由电子和空穴,因而结区也称为空间电荷区。它是高电阻区,如有外电压跨接在 pn 结的两端,则外电压几乎全部落在这一区域。

现在考虑有外加电压 V 时的情况,设 p 型端接电源正极,n 型端接负极,这一情况称为加正向偏压,如图 2.12(b)所示。n 型区的费米能级 E_{fn} 相对于 p 型区的费米能级 E_{fp} 抬高 eV。这样结电场就下降到 $(V_D - V)$,漂移电流就相应减少,而扩散电流则与平衡时一样,因而通过 pn 结的扩散电流就超过漂移电流,就有净电流通过 pn 结。

如果外加电压是反向电压,即 n 型端接电源正极,p 型端接负极,如图 2.12(c)所示,显然结电场上升到 $[V_D - (-V)]$,漂移电流就超过扩散电流,也就有净电流通过 pn 结。

以上我们定性地说明了 pn 结的形成及电流和电压的关系。为了导出电流和电压的关系式(常称 I-V 曲线),还必须作一些限制与假设。显然,结电流的大小、结电场的大小和分布都与结两侧的杂质分布有关。而事实上恰恰就是结电场和杂质分布的不同,形成了各种不同性质的 pn 结。在讲到红外探测部分的时候,我们还将进一步描述具体的半导体 pn 结。在这里仅介绍一种比较简单的 pn 结。

假设图 2.11 中 p 型区内的受主杂质浓度直到结面为止都是恒定的 N_A,一过结面杂质就跃变到施主浓度 N_D,在整个 n 型区内也是恒定的。这种阶跃式的杂质分布所形成的 pn 结可以称为陡变结。对于这种结,可以假设:结区很薄,载流子直接通过结区,结区内的载流子产生和复合过程均可忽略不计。此外再假设:pn 结面无限大,只需要考虑垂直于结面的一维情况;在有载流子流通的稳定状态下,平衡态的统计规律仍能应用。

在上述限定和假设下,现以电子流为例,计算外加正向偏压下通过 pn 结的净扩散电流。电子借扩散运动从 n 型区进入 p 型区即成为该区的少数载流子,而后仍要继续前进,则结面的 p 型侧必须存在电子浓度的梯度。电子顺梯度方向向前运动,平均前进一个扩散长度 L_n 后,通过一定的机制与空穴复合掉。因而在 p 型区离结区 L_n 距离外的部分,电子浓度仍保持平衡状态下的数值 n_p^0。如图 2.12(b)所示,p 型区近结面 a 处的电子浓度在有外加电压 V 的情况下为

$$n_p = n_n^0 e^{-e(V_D-V)/kt} = n_p^0 e^{+eV/kt}$$

a 面处的电子的过剩浓度为

$$\Delta n_p = n_p - n_p^0 = n_p^0(e^{eV/kt} - 1) \tag{2.37}$$

设 p 型区电子的寿命为 τ_n,这些过剩的电子将以 L_n/τ_n 的速度离开结面进入 p 型区,然后通过复合而消失掉。在稳定状态下,这一扩散电子流就靠从 n 型区扩散进入 p 型区的电子流来维持。因而通过 pn 结的电子的净电流密度是

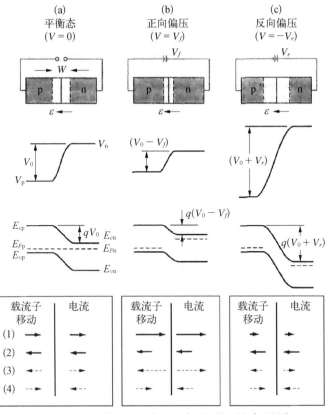

(1) 空穴扩散；(2) 空穴漂移；(3) 电子扩散；(4) 电子漂移

图 2.12　pn 结在不同外加电场下的能带结构图

$$I_n = \frac{e n_p^0 L_n}{\tau_n} (e^{eV/kt} - 1) \tag{2.38}$$

同样,通过 pn 结的空穴的净电流密度为

$$I_p = \frac{e n_n^0 L_p}{\tau_p} (e^{eV/kt} - 1) \tag{2.39}$$

因而在外加电压 V 的作用下,通过 pn 结的电流密度就是上两式之和,可以写成:

$$I = I_0 (e^{eV/kt} - 1) \tag{2.40}$$

其中,

$$I_0 = e\left(\frac{n_p^0 L_n}{\tau_n} + \frac{p_n^0 L_p}{\tau_p} \right) = e\left(\frac{n_p^0 D_n}{L_n} + \frac{p_n^0 D_p}{L_p} \right) \tag{2.41}$$

式中, D_n、D_p 分别为电子和空穴的扩散系数。后一关系是利用 $L = \sqrt{D\tau}$ 转换的。

由于

$$n_p^0 p_p^0 = n_n^0 p_n^0 - n_i^2 \tag{2.42}$$

n_i 为本征载流子浓度，I_0 也可写成 n_i 的函数（省去 n、p 的上标 0）：

$$I_0 = e n_i^2 \left(\frac{L_n}{\tau_n p_p} + \frac{L_p}{\tau_p n_n} \right) \tag{2.43}$$

由熟知的 n_i^2 与禁带宽度 E_g 的关系，上式的 I_0 与 E_g 的关系为

$$I_0 \propto e^{-E_g/kt} \tag{2.44}$$

式（2.40）表达了 pn 结的非线性电流-电压关系。当 $V > 0$ 时，电流随电压呈指数式增长。pn 结的电阻将与外加电压有关，其微分电阻 R 为

$$R = \left(\frac{\mathrm{d}I}{\mathrm{d}V} \right)^{-1} = \frac{kT}{eI_0} e^{-eV/kT} \tag{2.45}$$

式（2.40）的推导是以外加正向偏压为基础的，但同样适用于加反向偏压的情况。这里只需要作一些简单说明，加反向偏压时，势垒增大到 $e(V_D + V)$，漂移电流将超过扩散电流，p 型区内近结面处的电子浓度以及 n 型区内近结面处的空穴浓度都将小于它们在远离结面处的平衡浓度，如图 2.12(c) 所示。因而少数载流子将从体内向结区扩散，一到 pn 结就被电场拉入对方，成为多数载流子。当 $\frac{e|V|}{kT} \gg 1$ 时，I 趋向于 $-I_0$。电流将与电压无关，I_0 被称为反向饱和电流。这时，只有离结面一个扩散距离处的少数载流子才能通过扩散达到 pn 结，并被电场拉向对方，形成通过 pn 结的电流。式（2.41）就表达了这一饱和电流的意义。由于少数载流子的浓度很低，因而反向饱和电流很小。

式（2.40）所表达电流-电压关系只对少数 pn 结（如锗 Ge 的合金结）是准确的，其他各种性质的 pn 结的电流-电压关系大体上可写成：

$$I = I_0 (e^{eV/\beta kt} - 1) \tag{2.46}$$

式中，β 为常数，I_0 还与外加电压有微弱的依赖关系。产生这一偏离的原因主要是在推导式（2.40）时，假设了 pn 结区内的载流子产生和复合过程都可忽略不计。事实上，有些 pn 结的电流甚至主要来自结区的产生-复合电流。

对于产生-复合电流，理论推导得到的式（2.46）中的 $\beta = 2$。I_0 是一个复杂的常数，它与 n_i 的 1 次方成正比，而不是式（2.43）中的 n_i^2。因而它与 E_g 的关系将是

$$I_0 \propto e^{-E_g/2kt} \tag{2.47}$$

与式（2.44）有明显的区别。如果考虑到 pn 结边缘上的产生-复合过程，甚至漏电，

则式(2.46)中的 I 还要大, I_0 与电压的关系也较明显。

通常把符合 $\beta = 1$ 的式(2.40)的 pn 结称为理想 pn 结。可以认为：如果从实验曲线得到 $\beta = 1$,这个 pn 结的电流就是以扩散电流为主;如果得到 $\beta = 2$,则 pn 结的电流就是以产生-复合电流为主。有些 pn 结在某一温度范围内以扩散电流为主,而在另一温度范围内则以产生-复合电流为主。

2. pn 结的光伏效应

用作光伏器件的 pn 结常常做成如图2.13 的形式。在基片(假定为 n 型)的表面形成一层薄反型层——p 型层,p 型层上做一小的欧姆电极,整个 n 型底面为欧姆电极。光投向 p 型表面,光子在近表面层内激发出电子-空穴对。其中少数载流子——电子将向前扩散,到达 pn 结区立即被结电场扫入 n 区。为了使 p 型层内产生的电子能全部被扫进 n 型区,p 型层的厚度应小于电子的扩散长度。光子也

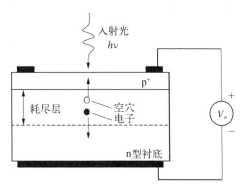

图 2.13　pn 结光伏器件示意图

可能到达 n 型区内,在那里激发出电子-空穴对,其中空穴也将依赖扩散及结电场的作用进入 p 型区。所以总的来说,光子所产生的电子-空穴对被结电场分离,空穴流入 p 型层,电子流入 n 区。这样,入射光能就转变成流过 pn 结的电流,可称为光电流。

电子与空穴的这一流动,使 p 区的电势高于 n 区电势,相当于 pn 结上加了正向偏压。这一正向偏压就引起式(2.40)所表达的电流流过 pn 结。这一电流的方向正好与上述光电流的方向相反。因此在光照下,流过 pn 结的总电流密度就是

$$I = I_0 (e^{eV/\beta kt} - 1) - I_s \qquad (2.48)$$

在短路条件下, $V = 0$,得到 $I = -I_{sc}$,即为短路光电流 I_{sc} 。开路情况下, $I = 0$,得到开路电压 V_{oc} :

$$V_{oc} = \frac{kT}{e} \ln \left(\frac{I_s}{I_0} + 1 \right) \qquad (2.49)$$

式(2.40)和式(2.48)的曲线同时画在图2.14 中,有光照时的 $I-V$ 曲线平行向下位移 I_s 。

当光电器件作为辐射探测器使用时,

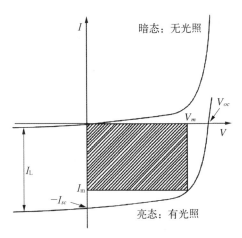

图 2.14　光照及无光照时,pn 结的 $I-V$ 曲线
（斜线阴影部分面积就是在光照下可以得到的光电功率）

被测辐射一般都很弱,因而 $I_s \ll I_0$,式(2.49)就简化为

$$V_{oc} = R_0 I_s \qquad (2.50)$$

短路电流可以实测,也可以理论计算,这是一个关键的量。光伏效应就是把入射的光子流转变成输出的电流 I_s。由实测的 R_0 即可得到开路电压。设入射辐射功率为 ϕ,输出短路电流为 i_s,开路电压为 V,则光伏效应的响应率 $\mathcal{R}$ 按定义为

$$\mathcal{R} = \frac{V_{\mathrm{rms}}}{\phi_{\mathrm{rms}}} \qquad (2.51)$$

或

$$\mathcal{R} = \frac{i_{\mathrm{srms}}}{\phi_{\mathrm{rms}}} \qquad (2.52)$$

3. 其他结形式的光伏效应

上节讨论的 pn 结电场不是产生光伏效应的唯一结构。上述 pn 结是做在同块半导体材料上的,只是掺杂类型不同而已,所以称为"同质结"。若结两侧材料不同,则为"异质结",它的结电场也能产生光伏效应。金属与半导体接触的肖特基势垒也能产生光伏效应。图 2.15 为已经研究过的几种产生光伏效应的势垒结构图,其中电极在电解液中接触面处的光伏效应[图 2.15(f)],实质上是最早发现的一种光伏效应(法国科学家 E. Becquerel 于 1839 年发现)。

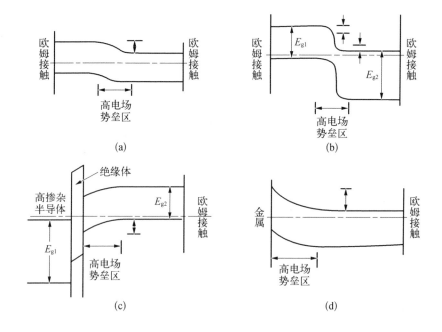

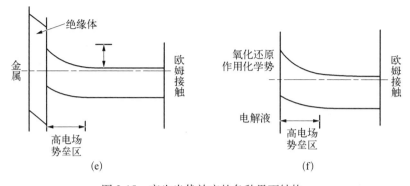

图 2.15 产生光伏效应的各种界面结构

（a）同质结；（b）异质结；（c）半导体-绝缘体-半导体；（d）金属-半导体；
（e）金属-绝缘体-半导体；（f）半导体-电解液

2.2.3 光电子发射

1887 年赫兹在做电磁波实验时,无意地发现：光照射到电极上能促进两电极之间的火花放电。这一现象的公布立即引起大量的研究工作,也得到了一些经验规律,但是它的物理根源一直到 1905 年爱因斯坦利用当时新出现的量子概念才得到正确解释。

现在已很清楚：频率为 ν 的光束照射固体表面时,进入固体的光能总是以整个光子的能量 $h\nu$ 起作用。固体中的电子吸收了能量 $h\nu$ 后将增加动能。在向表面运动的电子中有一部分能量较大,除掉在途中由于与晶格或其他电子碰撞而损失部分能量外,尚有足够的能量足以克服固体表面的势垒 $e\varphi$（φ 称为固体的功函数）,穿出表面进入真空。这就是光电子发射现象。

吸收光能的电子在向表面运动的途中,其能量损失是无法计算的。损失有大有小,还与电子吸收光子时与表面的距离有关。非常接近表面而且运动方向合适的电子在穿出表面之前的能量损失可能很小。因而进入真空的光电子的最大可能的动能将为

$$\frac{1}{2}mv^2 = h\nu - e\varphi \tag{2.53}$$

这就是著名的爱因斯坦公式。式中, m 为电子质量, v 为电子穿出固体表面后的速度。

下述方法可以测量光电子的最大动能：用发射光电子的材料作阴极,另一金属作阳极,封在同一真空管内。当光照射光阴极时,将有光电子发射出来。如阳极上加正电压,将促使光电流流过外电路,可以测量光电流之值。如阳极上加负电压,它将阻碍光电子流向阳极,外电流将减少。逐步增大负电压,直到外电流趋近于零。这表明即使具有最大动能的光电子也到达不了阳极。如果这时的负电压为 V_s（称为遏止电压）,则应有

$$\frac{1}{2}mv^2 = eV_s \tag{2.54}$$

由以上两式可知，V_s 与 ν 有线性关系。测量 V_s 与 ν 的关系，可得一直线，其斜率就是普朗克常数 h。

2.2.4　光扩散效应

半导体表面受到光照射时，若吸收系数很大，光所激发的电子-空穴对大都产生在近表面处，它们将向体内扩散。一般半导体的电子与空穴的迁移率都有相当大的差别，有些甚至相差几十到几百倍。迁移率较大的电子的扩散流将比空穴更快到达样品的另一面（背光面）附近，在那里积累起负电荷，由此产生的电场将阻止电子流而促进空穴流，最后达到一稳定状态，在两面之间建立起一电势差，使电子和空穴以同样速度从光照面流向背光面。光扩散电势差是 1931 年 Dember 发现的，通常称为 Dember 效应。这一电势差一般很小，常被欧姆电极不够理想所产生的光伏效应所掩盖，不易观察到。

2.2.5　光磁电效应

当光束照射半导体表面时，如有磁场存在，其方向既垂直于光照方向又垂直于样品上两电极间的连线，如图 2.16 所示。磁场平行于光照面。光照面附近产生的电子-空穴对在向背光面扩散的同时，也受到磁场作用向相反方向偏转，其结果将在样品的两侧端面间产生一电势差。因为是在光与磁同时作用下产生的，因而这一效应被称为"光磁电效应"。

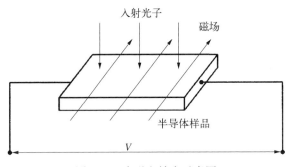

图 2.16　光磁电效应示意图

在光电导效应中，光电流与载流子寿命呈线性关系。而光磁电效应的短路光电流与载流子寿命的关系要比线性关系弱得多。因而过去曾认为：对于材料制备方法尚不够完善、载流子寿命还比较低的晶体，用光磁电效应制造红外探测器比较有利，也曾出现过光磁电型 InSb 探测器商品。但后来的经验证明，材料的晶体品质总是必须解决的问题，多带一个磁铁也不方便，因而光磁电效应作为探测器就被淘汰了。目前光磁电效应有时被用来与光电导结合以测量载流子寿命,从而避免麻烦的辐射量校测工作,也可以测到较低的载流子寿命。

2.2.6 光子牵引效应

上面几个小节所介绍的光电效应都是电子吸收了光子的能量,即光子能量转移给电子。光子牵引效应则是完全不同的效应,它是光子的动量转移给电子。例如以激光束照射棒状样品的一端,光子的动量转移给载流子,驱使载流子沿棒长方向运动,在其两端之间建立起 V_L,其大小与激光束的功率成正比,图 2.17 所示就是纵向光子牵引效应,也可以有其他方式的光子牵引效应。对于长波辐射,光子牵引效应实质上就是经典物理中

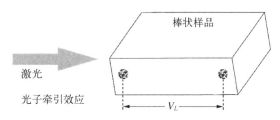

图 2.17 棒状样品纵向光子牵引效应示意图

的辐射压力。所不同的是,这里受辐射压力的粒子处在折射率 $n \neq 1$ 的媒质中。这一效应不涉及载流子的产生-复合过程,因而响应很快。

对光子牵引效应的研究始于 20 世纪 60 年代。但首先用激光作为光源的研究是在 1970 年。由于有可能做成简单、牢固和快速响应的激光探测器而颇受关注。

光子牵引效应的大小与半导体的能带结构、光照与电极相对于晶轴方向有关,情况比较复杂。电子与空穴的光子牵引电势差具有相反的符号,因而实用的探测器必须选用 n 型或 p 型材料,用某一种材料制成的探测器也只能适用于某一特定波长范围。

对于具有反映射对称中心的 Ge 和 Si,光照在<100>晶向的纵向光子牵引效应,在长波范围内,可用经典物理概念计算如下:设入射激光功率为 ϕ,载流子的吸收截面为 σ,则每个载流子每秒钟吸收的光子数为 $\dfrac{\phi\sigma}{h\nu}$。如果每个光子传递给载流子的动量为 p,则每个载流子每秒钟内吸收的动量就是 $p\dfrac{\phi\sigma}{h\nu}$。在开路稳定状态下,将产生一电场 E 以对抗这一运动,使两力相等得

$$E = p\frac{\phi\sigma}{h\nu} \qquad (2.55)$$

这里 p 已有过几种表示法,比较合理的并与实验相符的是 $p = \dfrac{h\nu}{c/n}$, n 为折射率。由此得到的用电场强度表示的响应率为

$$\mathcal{R} = \frac{E}{\phi} = \frac{n\sigma}{ec} \qquad (2.56)$$

目前在 $1\sim1\,000\;\mu m$ 整个波段范围内,都可找到可用的光子牵引探测器,一般探测器都做成 $4\;mm\times4\;mm$ 的光接收面,长度及材料电阻率可根据需要选择。$n-GaAs$ 和 $p-GaP$ 适用于 $2\sim11\;\mu m$,但 $p-GaAs$ 更适用于 $1\sim2\;\mu m$,而 $n-GaP$ 则在 $8\;\mu m$ 左右为更好。$p-Ge$ 适用于 $10\sim20\;\mu m$,$p-Si$ 可用于 $25\sim100\;\mu m$。在 $100\sim1\,200\;\mu m$ 波段,$n-Ge$ 和 $p-Si$ 都能制作成极好的光子牵引探测器。上述各种探测器的响应率在 $0.1\sim40\;\mu V/W$,响应时间约在 $10^{-9}\;s$,或稍低些。

2.2.7　光热电效应

以上六种效应在一般的定义中,都被归入光电效应中,但光在与物质的相互作用中还有非常重要的一类效应,就是光热效应。光是电磁波的一种,又可以被看作是具有一定能量的光子束流,在传播的过程中,其与物质中的带电粒子(原子核、电子)发生相互作用,将自身的能量——主要通过电场的作用——传递给带电粒子,引起自身电磁波强度的减弱,或描述为光子数量的减少,这也就是物质对光的吸收。物质能量的增加可能体现在个别带电粒子的能级跃迁上(光子能量大于材料能带之间的带隙),也可能体现为整体晶格振动能量的升高(通过分子原子的相互碰撞),在后一种情况中,我们可以观察到物质温度的升高,即光热效应。在温度改变时,物质本身的特性也将发生改变,产生多种热敏效应,比如导体的电阻率随温度的升高而增大,或者物质的体积将发生变化,等等。如果这样的热敏效应可以用电学的方式进行定量的测量,我们就可以将光-热-电联系起来,从电学测量的结果推出入射光与物质间的相互作用,从而实现光电的探测。因此,在本书中,我们将光热电效应作为一个重要的部分,虽然在描述这个过程的时候会更侧重于热电转换过程,但这是由于红外波段光在与物质相互作用时,其能量相对于可见光较低,热效应更为明显的缘故。

1800 年赫歇尔发现红外辐射的实验中,正是利用水银温度计制作的最原始的热敏探测器。同时从红外科学技术发展的历史来看,多种热效应的发现及其在红外探测中的应用,一步步推动了人们对于这一波段的认识和理解,也是当前非制冷红外探测技术的基础。

由于热敏效应有许多种类,这里我们将不再展开,而在红外材料以及红外探测章节中结合具体的实例进行分析与阐述。

2.3　电光转换

红外波段中的电光转换过程与我们所熟知的可见光波段的电光转换过程基于同样的原理,是电能到光能的转换。已知的可以产生可见光的方式,也都可以用来产生红外波段的光。其中的差别在于,对于地球环境而言,我们所感受到的光大部分源自太阳所发射出的光,在夜晚,人们需要人造光源进行可见光照明来获得视觉信息;而在红外波段,地球上的每个物体都在不分昼夜地发射出红外辐射,但红外波段对人眼是不可见的,人必须借助仪器设备才能探测到红外辐射。因此,在红外波段,电光转换不是为了照明,更多的是为了利用其热效应,或利用其与物质的相互作用来实现诸如气体探测、分子结构鉴定等功能,对于红外光电转换,更多的将侧重于高强度/亮度、高相干性等需求。在本节中我们所讨论的电光转换,也将集中在红外波段中较有特色的一些方式。而由于每一个物体都在不断向外发射出红外辐射,都可以被看作是一种红外光源,那么首先我们将从红外辐射度量学的角度来对红外发射做一个简单的定义和描述。

2.3.1　红外辐射度量学

在理想辐射度量学中,我们假设除辐射源以外的所有物体都处于绝对零度下。探测器是无噪声、完美线性的设备,并且中间介质不会吸收、发射或散射。在理想辐射度量学中,我们能够专注于对象的几何要素,而不会因现实世界中多种干扰因素的存在而分心。

光谱辐射立体角亮度和光谱辐亮度具有相同的含义。光谱辐亮度是常规术语,是辐射度量学中最基本的概念,其他量都可以从光谱辐亮度推导得出。光谱辐亮度是单位面积、单位立体角以及单位带宽的波长或波数内的辐亮度。它是辐射度量中最“微观”的部分。所有其他辐射测量概念都可以被认为是光谱辐亮度的波长、面积或立体角的积分,常用的光谱辐射量如表 2.1 所示。

由于它的重要性,我们将进一步明确其内涵,考虑几种定义它的方法以及测量的方法,并讨论光谱辐亮度的产生、属性、维度和单位。首先光谱辐亮度被定义于特定波长 λ、空间中的特定位置点 Q,以及特定方向 C。

表 2.1　常用的光谱辐射量,其符号、单位和定义

名　称	英文名	符号	单　位	定　义
光谱辐亮度	spectral radiance	L_λ	$W/(cm^2 \cdot sr \cdot \mu m)$	在指定波长处、单位波长间隔内的辐亮度
光谱辐射出射度	spectral radiant exitance	M_λ	$W/(cm^2 \cdot \mu m)$	在指定波长处、单位波长间隔内的辐射出射度
光谱辐射强度	spectral radiant intensity	I_λ	$W/(sr \cdot \mu m)$	在指定波长处、单位波长间隔内的辐射强度
光谱辐照度	spectral irradiance	E_λ	$W/(cm^2 \cdot \mu m)$	在指定波长处、单位波长间隔内的辐照度
光谱辐射通量	spectral radiant flux	Φ_λ	$W/\mu m$	在指定波长处、单位波长间隔内的辐射通量

1. 对称性定义

在空间中随意选取一个点,定义为 Q。通过点 Q,随意设定一个方向 C。在 Q 点两侧,考虑两个区域 A_1 和 A_2,相距 r,如图 2.18 所示。这两个区域的尺寸远小于它们之间的距离 r,也可以表达为:穿过两个区域的所有直线与方向 C 之间夹角的余弦在精度允许的范围内近似于 1。

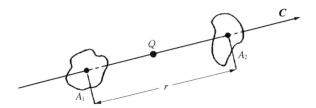

图 2.18 辐照度对称性定义的几何示意图

考虑光通量 Φ,以波长 λ 为中心的带宽 $\Delta\lambda$,沿着接近于 C 的方向通过上述两个区域(这些方向都接近于 C,以避免出现反向传播的情况)。在 Q 点,沿 C 方向,从相距 r 的 A_1 到 A_2,所传递的平均光谱辐照度 L 可以表述为

$$L_\lambda(\lambda, Q, C, A_1, A_2, r) = \frac{r^2\phi}{A_1 A_2 \Delta\lambda} \tag{2.57}$$

由此可以定义出光谱辐照度 L_λ 为在 $\Delta\lambda$、A_1、A_2、r 均趋于 0 时的平均光谱辐照度 L。

$$L_\lambda(\lambda, Q, C) = \frac{\lim}{\Delta\lambda = 0, A_1 A_2/r^2 = 0, A_1 = 0, A_2 = 0, r = 0} \overline{L}(\lambda, Q, C, A_1, A_2, r)$$

但这样的假设在实际上并没有可操作性。在想象中的面积区域,无论多小的区域,我们都可以定义(而不是测量)穿过它们的辐射通量,但在现实中,这样的区域如果是一块板上的小孔,那么衍射效应就会影响到我们上述定义的准确性。我们通过上式所给出的,更主要的是一个辐射律概念上的定义,来明确相对于一个特定点 Q 和一个特定的方向 C 时光谱辐照度的含义。

在之后的讨论中我们将更多地用到光谱辐照度的概念,这是有别于平均光谱辐照度的。其他所有辐射度量的量都将基于这一个概念,但同时我们也必须注意到光谱辐照度的概念只是一个极限情况下的结果,是不可能在实际中测量得到的。

2. 非对称性定义

在对称性定义中,两个区域 A_1 和 A_2 位于点 Q 的两侧,相当于 Q 点位于离开物体表面一定距离的空间中。如果 Q 位于固体表面,那么我们就需要修改之前的定义,将某个区域(比如 A_1)设定在固体表面,而 Q 点位于 A_1 上。此时光谱辐照度的定义还是和之前得到的完全一样。

　　但我们也可以采用非对称性的定义方式（图 2.19）。假设 A_2 距离 A_1 为无限远，而只能用立体角 Ω 来定义，如图 2.20 所示。在这样的设定下，平均光谱辐照度可以定义为

$$\bar{L}_\lambda(\lambda,\,Q,\,C,\,A_1,\,\Omega) = \frac{\phi}{A_1 \Omega \Delta\lambda} \tag{2.58}$$

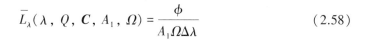

图 2.19　辐照度的非对称性定义

图 2.20　辐照度定义中的几何示意图

光谱辐照度可以定义为

$$L_\lambda(\lambda,\,Q,\,C) = \lim_{\Delta\lambda=0,\,A_1=0,\,\Omega=0} L_\lambda(\lambda,\,Q,\,C,\,A_1,\,\Omega) \tag{2.59}$$

也正如对称性定义中一样，这个极限值定义没有物理学意义，更多的是作为一个概念和模型，在之后的讨论中我们会使用它。

　　光谱辐照度的非对称性定义是被广泛使用的一个概念，在关注一个目标的发光特性时，我们用到的就是这样非对称的设定，但在其中隐含了照度这个概念的基本对称性。在之后的内容中，我们将会对这些概念有更多的阐述，使我们能够更好地理解光谱辐照度的含义。

2.3.2　同步辐射光源

　　同步加速器辐射是由同步加速器产生的光，其跨越非常宽的电磁频谱，从无线电波扩展到红外光、可见光、紫外线、X 射线和 γ 射线。它的特征在于亮度、脉冲性质、极化和宽带光谱。束线是利用同步加速器发射的特定能量域进行研究的实验站。红外光谱学利用电磁光谱的近红外区域来确定固态成分的物理性质，进行表

面科学以及通过利用分子吸收特定频率的事实来识别化合物的化学成分和它们的结构。

同步辐射(synchrotron radiation)又叫同步回旋加速器辐射。同步回旋加速器及同步辐射装置已历经三代,有近半个世纪的发展史,现在世界上共有六十余座,分布在十几个国家,我国北京、合肥、上海各有一座。最早提出把同步辐射作为红外光源并加以探讨的学者可以追溯到 20 世纪 70 年代美国的 J. R. Stevenson 和法国的 P. Meyer、P. Lagarde,但直到 1984 年英格兰的 J. Yarwood 和他的同事才用宽光阑输出法,克服了衍射带来的困难,首次把红外光束从同步回旋加速器中引出。第一次成功的应用则是 1985 年在德国柏林,Schweitzer 及其合作者用红外同步辐射观察到 NO_2 的振动-转动光谱。接着,几乎整个 20 世纪 80 年代,G. P. Williams 和 W. D. Duncan 在红外同步辐射的理论研究和技术发展等方面进行了不懈的努力。90 年代初,美国的 NSLS 和日本的 UVSOR 两个实验室向科学研究提供波长为 1 μm ~ 1 cm 的红外同步辐射,起了很好的示范作用。其后的数年间,红外同步辐射光源在瑞典 Lund、法国 Super ACO、意大利 Adone、美国 Als 等地接连建立起来。英国达斯伯里 Daresbury、中国科学技术大学国家同步辐射实验室高分辨红外及远红外光谱工作站以及上海光源 SSRF 目前都已开放供用户使用(图 2.21)。

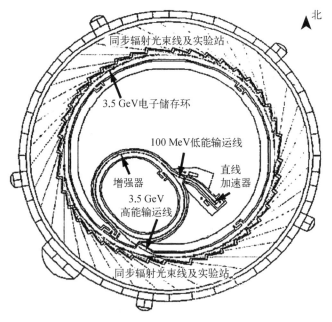

图 2.21　同步辐射光源的设置示意图(上海光源 SSRF)

1. 装置和原理

同步辐射装置的核心和主体是同步回旋加速器。电子束从电子枪发射出来,

经数十米长的直线加速器加速,能量提高到 200 MeV 左右,达到相对论效应的范围
再通过数十米长的束流输运线注入贮存环,经短时间内的多次注入,贮存环里积聚
起足够的电子流强即中止注入。贮存环实际上又是一台同步回旋加速器,它利用
频率可变的强大的交流电场和磁场对相对论性电子束继续加速并使之在环内作回
旋运行,待能量提高到一定值后加速停止,电子束被长时间保存在环内,即"贮
存";贮存在环内的电子流在通过一些设计好的弯道区域时便向外辐射电磁波——
这就是"同步辐射",又称作"磁轫致辐射"。由于辐射及其他损失机制,电子束的
能量不断降低,电子数量不断减少,衰减到一定程度时剩余电子便被废弃,再进行
新一轮注入、加速、贮存。整个同步辐射装置除上述几个主要部分外还有束调管、
磁分析器、束流弃置箱等,这里不再一一介绍。

要把某特定波段的电磁波从贮存环中引导出来,须采用不同的技术和设备,因
为同步辐射的光谱极宽,不同波段的电磁辐射又有不同的特性。所谓"光束线"就
是指对同步辐射进行分束、单色化、聚焦并传送至工作站。围绕一座同步辐射装置
往往可以建立数十甚至上百个有着不同电磁波波段、不同功能的实验站。

同步辐射是宽带连续光谱,这与在红外技术中广泛使用的热型光源相仿,不同
的是同步辐射为脉冲模式。光脉冲间隔等于回旋周期,通常为纳秒(ns)量级,脉冲
宽度相当于电子流通过该弯道的时间,一般要上百皮秒(ps)。同步辐射光源持续
工作时间就是贮存时间,长达 6~8 h,在这段时间内辐射强度基本保持稳定。

2. 特性和优点

红外同步辐射光源同传统的红外光源相比较最突出的地方就是宽带和高亮
度,此外还有光源尺寸小、光束发散度小、高流强、高偏振度、高稳定性以及适合实
时测量的脉冲模式等一系列特点和优点。

经典的回旋辐射是非相对论性电子的辐射,光谱是由拉莫尔角频率及其谐波
组成的分立谱,能量集中在基频,方向性不强;同步辐射则不同,它是相对论性电子
辐射,基本上是连续谱,能谱中有一极大值,对应波长叫临界波长,$\lambda_c = \dfrac{4\pi\rho}{3\gamma^3}(\text{cm})$。

其中,ρ 是电子弯道曲率半径,$\gamma = \left(1 - \dfrac{v^2}{c^2}\right)^{-1/2}$,因为相对论性电子能量 $E = \rho m_0 c^2$,所以 λ_c 随 E 的增大向短波方向移动;辐射强度正比于 $\lambda^{-2/3}$,往长波方向衰
减很慢,如图 2.22 所示。能量为 1 GeV 量级的同步辐射可以覆盖从 X 射线、紫外
线直到远红外、毫米波,甚至厘米波。用作红外光源时,它的波长从 1 μm 至 1 cm
连续覆盖了 4 个数量级的光谱区,是当代任何其他红外光源无法相比的。我们知
道,通常的红外光源,如能斯脱灯、硅碳棒(Globar)、高压汞灯只能分别用于近红
外、中红外和远红外。红外激光器大都只有分立的谱线,有的虽可调谐但波段极
窄;微波器件,如返波管,也需要一组(约十只)元件才能覆盖毫米波及远红外光谱区。

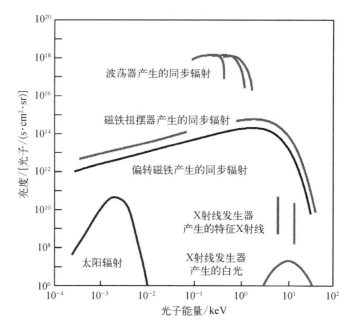

图 2.22　同步辐射光源的光子能量与强度示意图以及与太阳光的
比较(取自新竹同步辐射研究中心 SRRC)

红外同步辐射的光子流强度大约为 $10^{13} \sim 10^{15}$(光子/s),这同一个高温黑体辐射相比并不高,甚至在波长较短的光谱区还低于后者,但由于同步辐射光源面积仅约 0.1 mm^2,光束发散度仅几十毫弧度,因而亮度可达 $10^{16} \sim 10^{20}$ 光子/(s · cm^2 · sr),在整个红外光谱范围内都大大高于 2 000 K 黑体或硅碳棒以及其他任何红外光源。

高亮度和宽波段是红外同步辐射受到科学家重视的两个主要原因。

2.3.3　自由电子激光器

在红外同步辐射光源的原理基础上,随着增强器(booster)、波荡器(undulator)、磁铁扭摆器(wiggler)等先进技术的发展,红外同步辐射的功率、亮度将进一步提高,光谱区将更宽,光束的稳定性、方向性及可调谐性将更好,并最终导致红外自由电子激光器的产生。

自由电子激光器是 20 世纪 70 年代中期以来发展起来的一类新型激光器。由于它可能具有高功率、高效率、波长的大范围调谐和超短脉冲的时间结构等一系列优良特性而受到人们的格外重视。目前,除自由电子激光器之外,还没有其他激光器能同时具备这些特点。这是因为它产生激光的原理与以往的激光器有本质上的不同。自由电子激光器是利用相对论电子束通过周期磁场将电子束的动能转换为辐射能。同时,自由电子激光器与同步辐射光源也有着很大的不同,主要区别在于是否通过谐振腔结构进行光放大。

　　它将电子束动能转变成激光辐射,代表了一种全新的产生相干辐射的概念。自由电子激光器一般由电子加速器、摆动器和光学系统几个部分构成。加速器产生的高能电子束,通过摆动器内沿长度方向交替变化的磁场时,产生横向摆动,并以光子的形式损失一部分能量。这部分能量转变成激光辐射,通过光学系统输出。

　　自由电子受激辐射的设想于 1950 年由 Motz 提出,并在 1953 年进行过实验,因受当时条件的限制,未能得到证实。1971 年,斯坦福大学的 Madey 等重新提出了恒定横向周期磁场中的场致受激辐射理论,并首次在毫米波段实现了受激辐射;1976 年 Madey 小组第一次实现了激光放大,1977 年 4 月斯坦福大学 Deacon 等研制成第一台自由电子激光振荡器。它由一根抽成真空的长 5.2 m 的铜管组成,外面绕有超导导线,以便在整个管上产生一个周期为 3.2 cm 的变化的横向静磁场(图 2.23),轴上磁感应强度 $B_0 = 0.24$ T。铜管两端装有反射镜组成谐振腔,腔长 12.7 m,输出镜面的反射率为 1.5%,能散度小于 3×10^{-3} 的 43.5 MeV 的电子束由超导加速器产生。

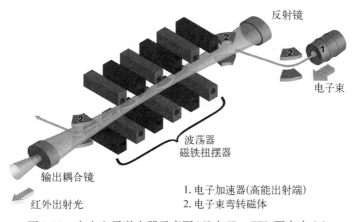

图 2.23　自由电子激光器示意图(日本 IR－FEL 研究中心)

　　由于自由电子激光器具有许多一般激光器望尘莫及的优点,所以自由电子激光器问世后不久,科学家们就开始着手研究它的应用。自由电子激光特别适宜于研究光与原子、分子和凝固态物质的相互作用,这类研究涉及固体表面物理、半导体物理、超导体、凝聚态物理、化学、光谱学、非线性光学、生物学、医学、材料、能源、通信、国防和技术科学等多个方面。原子核工程是自由电子激光器应用最有前途的领域之一,自由电子激光器在此应用上的最大优点是高功率、宽可调光谱范围,以及准连续运转特点。因此,可应用于物质提纯、受控核聚变、铀、钆、硼、锶和钛等元素的同位素分离和等离子体加热等。

　　自由电子激光器的高效率、短脉冲及波长可调的优点,在工业上也有广阔的应用前景。例如在半导体工艺中的薄膜沉积、平板印刷术、蚀刻、掺杂质等,自由电子激光器特别适合大批量材料处理,因为它的波长可调谐,器件又可放大到能输出高平均功率。用于材料处理时,要求功率为 1~5 kW,波长为 8~20 μm。自由电子激光器还可进行各种化学分析与测量,可以生产高纯硅晶体、满足计算机生产的需要。集成电路装配,包括量子处理和光刻可更多地借助短波自由电子激光器。另外,自由电子激光器还用在激光加工、光 CVD 等方面的材料,制作 X 射线激光器、激光加速器等。

自由电子激光器还用在原子、分子的基础研究上,光化学可依赖工作在紫外到远紫外区的自由电子激光器。自由电子激光的可调谐性和超短脉冲特性,使得探索化学反应过程、生化过程的动态过程成为可能。这对研究物质的结构和性能以及对生成新物质的研究,将会产生革命性的变革和新的进展。

医学也是自由电子激光器应用较多的领域之一,而目前当务之急是研制紧凑、实用的小型自由电子激光器,其主要目的是把价格降到大医院能买得起的水平。对医学研究和治疗而言,这种激光器可在 1~10 μm 波段可调,输出功率不超过几百瓦,此种应用一般要求有几瓦平均功率。更可观的是自由电子激光器可以为空间站输送能量,以降低空间站对太阳能电池的依赖性。用于向卫星传输能量时,要求功率为 100 kW~1 MW、波长为 0.86 μm 的自由电子激光器。在军事上,自由电子激光器可以成为强激光武器,是反洲际导弹的激光武器的主要潜在手段之一。自由电子激光器功率虽然强大,但由于其体积庞大,因此目前只适宜安装在地面上,供陆基激光器使用。在毫米波段,自由电子激光器是唯一有效的强相干信号源,在毫米波激光雷达、反隐形军事目标和激光致盲等研究中具有不可替代的重要应用价值。

2.3.4 半导体低维系统的电光转换过程

在电光转换方面,人们主要研究不同的材料器件结构中光电激发的物理过程,以及解决与器件需求相关的物理问题,如器件寿命、工作温度、响应速度、灵敏度、高功率、高集成度等重要问题。当前半导体低维系统、量子阱、量子线、量子点的电光转换过程是重要的研究热点之一。蓝绿激光器、超高速激光器、电光调制器、中红外激光器的应用需求是这方面研究的主要驱动力。人们努力去深入探索高速电光调制物理过程,以及蓝绿和中红外波段光激射物理过程。GaAlAs 系列低维结构的电光调制,InAs/GaAs 系列的量子点光激射,锑化物量子阱中红外激光器和 GaInAs/AlInAs 系列低维系统的中红外级联激光发射,都取得了重要进展。基于非线性光学的真空紫外波段激光产生机制也成为新的研究方面。

2.4 光光转换

在光光转换方面,人们主要研究光在介质中的传输规律、发射、透射以及非线性光学性质。光子晶体、准位相匹配非线性光学性质、扫描近场光学技术及其应用、半导体低维系统非线性光学性质、有机聚合物的非线性现象及其超快过程等都是前沿领域。研究集中在对新材料和固体低维结构光光转换现象的规律的研究，以及对非线性光学元件的探索。同时，传统的光光转换材料和元件仍然是该领域研究和应用探索的热点。

当光在真空中传播时，光将维持其传播方向、能量以及偏振态等不会发生改变，而当介质存在时，就会由于光与物质的相互作用而发生反射/折射、吸收等线性改变，或者由于物质本身的各向异性发生偏振态的改变，产生双折射等现象，再或者由于物质中特定的能级结构，产生受激辐射、荧光、上/下转换等现象，这些我们都将其归入光光转换的过程，其中的关键还是物质与光之间的相互作用，只是在这里，对于最终的变换结果我们主要关注的是光的出射，采用光学的方法对于这种相互作用进行测量和分析。

2.4.1　红外光在大气中的传输

作为包围在我们身边最为常见的介质，大气是红外传输非常重要的媒质。在地球环境中，或是从太空对地球进行的观测，都不可避免地需要考虑大气对于红外辐射的影响。所以在这里，首先需要了解的就是大气的光传输特性。

基于瑞利散射定律（散射光强度与入射光波长的 4 次方成反比），在红外波段，大气吸收比散射要严重得多。大气含有多种气体成分，根据分子物理学理论，吸收是入射辐射和分子系统之间相互作用的结果。大气中某些分子具有与红外光谱区域相应的振动-转动共振频率，同时还有纯转动光谱带，当分子振动（或转动）的结果引起电偶极矩变化时，就能产生红外吸收光谱。由于地球大气层中含量最丰富的氮、氧、氢等气体分子是对称的，它们的振动不引起电偶极矩变化，故这些气体分子不吸收红外辐射，但它们是使可见光产生瑞利散射的主要散射源。大气中含量较少的水蒸气、二氧化碳、臭氧、甲烷、氧化氮、一氧化碳等非对称分子振动引起的电偶极矩变化能产生强烈的红外吸收。

图 2.24 为海平面上约 2 km 的水平路径所测得的大气透过曲线，图的下部表示了水蒸气、二氧化碳和臭氧分子所造成的吸收带。由于低层大气的臭氧浓度很低，在波长超过 1 μm 和高度达 12 km 的范围内，意义最大的是水汽和二氧化碳分子对辐射的选择性吸收，如二氧化碳在 2.7 μm、4.3 μm 和 15 μm 有较强的吸收带。

图 2.24 中的几个高透过区域称为大气窗口。近、中、远红外波段的大气窗口有 0.95~1.05 μm、1.15~1.35 μm、1.5~1.8 μm、2.1~2.4 μm、3.3~4.2 μm、4.5~5.1 μm 和 8~13 μm。有时我们也粗略地认为地球大气有 1~3 μm、3~5 μm 和 8~14 μm 三个大气窗口。

大气散射是由于介质不均匀所致的，辐射在大气中遇到气体分子密度的起伏及悬浮粒子，使其改变传输方向，使传播方向的辐射能量减弱，这就是散射。大气中气体分子的散射称为分子散射；大气中各类悬浮粒子也能引起散射，悬浮在大气

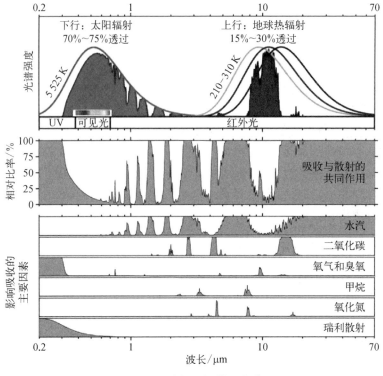

图 2.24　大气的辐射吸收谱

中的云、雾、雨滴、冰晶、尘埃、碳粒子、烟、盐晶粒等统称为气溶胶。霾表示弥散在气溶胶中的各处的细小微粒,它由很小的盐晶粒、极细的灰尘或燃烧物等组成,半径一直到 0.5 μm。在湿度较大的地方,湿气凝聚在这些微粒上,可使它们变得很大。当凝结核增大为半径超过 1 μm 的水滴或冰晶时,就形成了雾。云的形成原因和雾相同,通常将接触地面的称为雾,不接触地面的称为云。

2.4.2　红外吸收光谱

光在不同于大气的物质中传输时,首要的仍然是吸收。不同的物质对于不同波长的光具有不同的吸收率,也就意味着透过率不同,通过测量入射和出射光的强度随波长的改变,我们就可以得到物体的红外吸收光谱,并通过与已知的吸收峰数据进行比对,判断物质的组成。这是一种无损、快速、定量的检测手段,目前已经广泛应用在工业、医学、考古、科研等多个领域。

化学键的振动是量子化的。分子会吸收特定频率的红外线,使化学键由振动基态跃迁至激发态(通常是第一激发态)。在通常状态下,分子的所有共价键几乎全部处于振动的基态。化学键的振动可用简谐振子近似,所以要使得化学键的振动能级发生改变,吸收光的波数应为

$$\nu = \frac{1}{2\pi c}\sqrt{\frac{k}{\mu}} \tag{2.60}$$

其中，π 为圆周率；c 为真空中的光速；k 为化学键的"劲度系数"；μ 为约化质量。约化质量由下式给出：

$$\mu = \frac{m_A m_B}{m_A + m_B} \tag{2.61}$$

其中，m_A 和 m_B 分别为成键原子 A 和 B 的质量。不同的化学键，随着成键原子的不同，约化质量也会不同；而即使对于相同的成键原子，由于化学键性质不同（比如碳碳双键和碳碳单键），其"劲度系数"也会不同。故而不同化学键会有不同的特征频率。

一个分子的总自由度为 $3N$（N 为分子中原子的数量）。其中平移自由度为 3，分别对应 x、y 和 z 三个方向；同样，旋转自由度亦为 3。所以对于非线型分子，去除平移和旋转自由度后，其振动模式（vibrational mode）的数量为 $3N-6$。对于线型分子，由于绕键轴旋转不计入旋转自由度，振动模式的数量为 $3N-5$。简单的双原子分子只有一种振动模式，那就是伸缩。更复杂的分子，其振动方式也更为复杂。例如亚甲基中的碳氢键，就可以以"对称伸缩""非对称伸缩""剪刀式摆动""左右摇摆""前后摇摆"和"扭摆"六种方式振动。

一般来说，红外光谱上的信号数量应与分子的振动模式数量相同，但分子的振动模式若为红外活跃，必须能使分子偶极矩改变；所以并不是所有的振动模式都能在红外光谱中被观察到。此外，不同振动模式之间可以耦合，并在红外光谱上显示信号。

测量样品时，一束红外光穿过样品，各个波长上的能量吸收被记录下来。这可以由连续改变使用的单色波长来实现，也可以用傅里叶变换来一次测量所有的波长。这样的话，透射光谱或吸收光谱被记录下来，显示出被样品红外吸收的波长，从而可以分析出样品中包含的化学键。

这种技术特别适用于共价键的分析。如果样品的红外活跃键少、纯度高，得到的光谱会相当清晰，效果好。更加复杂的分子结构会导致更多的键吸收，从而得到复杂的光谱。这项技术可应用于非常复杂的混合物的定性研究当中。

在红外吸收光谱的应用过程中，研究人员发展出了傅里叶变换红外光谱技术（FTIR）。FTIR 是一种极为有效的记录红外光谱信号的测量手段。红外光穿过干涉仪装置后再经过样品（反之亦然）。干涉仪中的一面前后移动的镜子改变红外光中的波长分布。经过此装置后收集到的红外谱图被称为"干涉图"，代表着此时收集到的光是一组随时间变化的信号。经过数据处理，傅里叶变换将原始信号数据转换为所需的红外光谱图，即一组随波数（或波长）变化的光信号。要得到样品的光谱,还需要一个背景作为参照。傅里叶红外变换光谱学已经成为一门独立的学科,有大量的文献和书籍进行了详细的阐述,这里就不再继续展开,其本质还是红外吸收光谱的测量。

2.4.3　红外荧光光谱

早在十多年前,荧光蛋白质便已点亮了生物学实验室,它们通过发光作为对每件事物的响应,包括细胞内部基因表达、炭疽和其他生物战介质的存在。

红外线荧光蛋白质是在耐辐射球菌(因在大剂量辐射下仍能存活而为人熟知)中发现的一种蛋白质的改良版本。科学家之前发现,该细菌中的一种蛋白质(光敏色素)能够吸收处于可见光谱远端的深红光。它可以用这些能量来发出信号,从而让细胞开启某些特定的基因。

2008 年,美国加利福尼亚大学圣迭戈分校的生物化学家、诺贝尔化学奖得主钱永健(Roger Tsien)及其小组的研究人员改写了光敏色素的遗传编码,砍掉了负责完成生物化学信号发送的部分。最终得出了一类红外线荧光蛋白质,但这些蛋白质仅能够发出微弱的红外线。此研究人员又对经过改良的光敏色素基因进行了几轮的变异,进而选择出了发光能力最强的一种蛋白质。这种新荧光蛋白质的发光能力是原始版本的 4 倍。

2009 年 5 月 8 日,该研究小组在 *Science* 上报告了这一研究成果。研究人员同时还将这种新荧光蛋白质的基因插入了能够感染小鼠肝脏的一种腺病毒中。将这种病毒注射入小鼠的尾部静脉血管。5 天后,他们在啮齿动物的肝脏中发现了红外线荧光。

目前,近红外荧光成像在生物医学领域获得了长足的进展,其主要优势在于,在该波段中荧光染料的自发荧光低、散射率小和生物组织吸收弱。

2.4.4　红外拉曼光谱

当光照射到物质时,光子与分子内的电子碰撞,发生非弹性碰撞,光子就有一部分能量传递给电子,此时散射光的频率就不等于入射光的频率,这种散射被称为拉曼散射,所产生的光谱被称为拉曼光谱。据此可以通过测定散射光相对于入射光频率的变化来获取分子内部的结构信息,这就是拉曼光谱分析法。

1. 相同点

对于一个给定的化学键,其红外吸收频率与拉曼位移相等,均代表第一振动能级的能量。因此,对某一给定的化合物,某些峰的红外吸收波数和拉曼位移完全相同,红外吸收波数与拉曼位移均在红外光区,两者都反映分子的结构信息。拉曼光谱和红外光谱一样,也用来检测物质分子的振动和转动能级。

2. 区别

(1) 红外光谱是红外光子与分子振动、转动的量子化能级共振吸收而产生的特征吸收光谱。它是吸收光谱,信息是从分子对入射电磁波的吸收得到的。拉曼光谱一般发生在红外区,它不是吸收光谱,而是散射光谱,是在入射光子与分子振动、转动量子化能级共振后以另外一个频率出射光子。入射和出射光子的能量差等于参与相互作用的分子振动、转动跃迁能级。它的信息是从入射光频率的差别得到的。

（2）要产生红外光谱效应,需要分子内部有一定的极性,也就是说存在分子内的电偶极矩。在光子与分子相互作用时,通过电偶极矩跃迁发生了相互作用。因此,那些没有极性或者对称性的分子,因为不存在电偶极矩,基本上是没有红外吸收光谱效应的。拉曼光谱产生的机制是电四极矩或者磁偶极矩跃迁,并不需要分子本身带有极性,因此特别适合那些没有极性的对称分子的检测。

（3）红外光谱容易测量,信号很好。而拉曼光谱信号比较弱。

（4）红外光谱对于水溶液、单晶和聚合物的检测比较困难,但拉曼光谱几乎不必特别制样处理就可以进行分析,比较方便;红外光谱不可以用水做溶剂,但是拉曼光谱可以,水是拉曼光谱的一种优良溶剂。

（5）在鉴定有机化合物时,红外光谱比拉曼光谱有优势。而无化合物的拉曼光谱信息量比红外光谱大。

（6）拉曼光谱的是利用可见光获得的,所以拉曼光谱可用普通的玻璃毛细管做样品池,拉曼散射光能全部透过玻璃,而红外光谱的样品池是用特殊材料做成的。

2.4.5　红外偏振光谱

偏振红外光谱法(polarized FTIR)是利用偏振红外光采集样品红外光谱的一种方法。当采用不同偏振光照射样品时,不同区域的红外吸收谱带强度可能会发生变化,偏振红外光谱法就是研究这些谱带的性质和归属情况,并进一步研究晶体(包括液晶)的结构、长链或大分子链的构向、取向度等信息。

1. 偏振光

波有纵波和横波之分,光源发出的光是一种横波,其传播方向与传播时产生的交替电磁场振动方向垂直。组成光源的每个分子在某一时刻产生的光波,其振动方向一定,因此具有偏振性,但是大量分子在不同时刻产生的光波在各个方向的振动是均匀分布的,即整束光无偏振性,因此将光源发出的光称为自然光。采用一定的方法将自然光中不同振动方向的光波分开,得到只在一个方向振动的光,此时光的振动电矢量偏在某一平面内,称为偏振光。如果光波中光束的振动电矢量完全集中在一个平面内,则这种偏振光称为完全偏振光或面偏振光,电场矢量与光传播方向组成的平面称为偏振平面。从光传播方向看过去,偏振光的振动电矢量在同一条直线上,因此又称为线偏振光。如果光束中光波振动电矢量只是在某一方向上占有相对优势,则这种偏振光称为部分偏振光。

如果两束频率相同、光矢量振动方向相互垂直的线偏振光以恒定的相位差传播,线偏振光叠加则可以产生椭圆偏振光。当相位差为 $\pi/2$ 和 $3\pi/2$ 时,得到的是圆偏振光。就偏振光而言,其左右旋转方向不同,从光的传播方向看过去是一个圆圈,这与自然光在通常情况下无区别,但一些具有左旋、右旋结构的旋光分子(手性分子)对左旋、右旋的圆偏振光吸收性不同,因此可以采用圆偏振光进行研究。所谓右旋或左旋与观察方向有关,通常规定逆着光方向看,顺时针方向旋转时,称为右旋圆偏振光,反之则称为左旋圆偏振光。

2. 红外二向色性比

红外光谱是由分子中不同振动模式的偶极矩变化引起的,偶极矩变化越大,振动吸收越强,红外谱带的强度就越大。另外,由于振动偶极矩是矢量,红外吸收谱带的强弱也与极矩变化的方向(即振动方向)有关。如果某一官能团的偶极矩矢量方向与入射光电矢量方向平行,则产生最强吸收谱带,称为平行谱带;反之,若其偶极矩矢量方向与入射光电矢量方向垂直,就不产生红外吸收,因此称作垂直谱带。

当偏振光与分子的取向(如晶体的晶轴、高分子链的拉伸等)方向垂直,就称为垂直偏振光;相反,如果与分子取向方向平行则称为平行偏振光。显然,平行谱带在用平行振光采集的红外光谱中吸收最强,此时垂直谱带强度低;而垂直谱带在用垂直偏振光采集的红外光谱中吸收最强,相应的平行谱带强度低。这种谱带强度随偏振光方向改变而发生明显变化的现象称为谱带的红外二向色性。图 2.25 为红外二向色性的原理示意图。

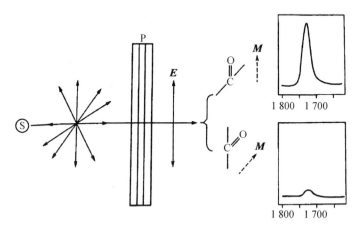

图 2.25　偏振红外光谱(红外二向色性)示意图
S 为红外光源;P 为偏振器;**M** 为跃迁偶极矩矢量;**E** 为偏振光电场矢量

在采用平行偏振光和垂直偏振光对同一样品测得的两种红外光谱中,某一谱带的吸光度 $A_\parallel$ 和 $A_\perp$ 的比值 R 定义为该谱带的红外二向色性比:

$$R = A_\parallel / A_\perp \qquad (2.62)$$

可以看出,随着样品性质的不同,R 可从 0(即垂直谱带)到 ∞(即平行谱带)变化。对非取向样品(如液体、气体、各向同性固体等),其任何谱带的 R 均为 1。通常也把 $R > 1$ 的谱带叫平行谱带,而把 $R < 1$ 的谱带叫垂直谱带。

　　3. 偏振红外光谱的产生

　　红外光源发出的自然光经偏振器起偏后得到偏振光,当官能团(如羰基)的跃迁偶极矩矢量 M 与电场矢量 E 平行时,可得到强的红外吸收谱带;而 M 和 E 垂直时,得到很弱的红外吸收谱带。对给定的振动模式而言,其跃迁矩 M 的方向一定,假定 M 和 E 的夹角为 β,则其吸光度 A 与 $\cos\beta$ 成正比。如长链大分子的偏振红外光谱不仅与入射光的偏振方向以及振动模式的跃迁偶极矩有关,还与分子链的取向程度有关,即与分子链轴与取向方向的夹角有关。分子链取向度高,分子链与取向方向夹角小,则平行谱带的吸光度增强,垂直谱带吸光度减弱。

2.5　根据应用领域划分的相关学科

　　在了解红外波段中所涉及的多种物理现象后,不妨来总结一下红外波段的特殊性,并对红外光电子的独特应用领域做一个简单的介绍。

2.5.1　红外材料物理

　　从 1800 年赫歇尔发现可见光区之外的红外光至今,红外这个波段由于其特殊性及其在军事、工业、生活中的广泛应用,走过了相当长的发展阶段,在产生、传输、探测等多个方面取得了长足的发展,这些发展都是基于新型红外材料的不断涌现。

　　在红外材料物理基本理论的发展历程中,充分综合了包括黑体辐射的产生与度量、电磁波传输理论、量子力学、半导体科学等学科的发展。仅从材料科学角度来说,红外材料物理更多的是从材料本身与红外波段光的相互作用角度出发,针对特定应用,去寻找与合成具有不同特殊性能的材料。

　　在红外材料物理领域下,细分出多个材料学科,其中最受关注的就是红外探测材料的相关研究,这个方向的研究与红外探测器件的探测性能提升直接关联,伴随着红外探测器件的广泛应用,该领域的发展十分迅速,形成了多条发展路径,推动了器件研究的进展。

　　在本书的第 3 章中,我们将对红外光电子材料进行介绍,主要包括红外光学传输材料、窄禁带半导体材料、铁电材料以及低维半导体材料,这些处于目前红外光电子学科中材料研究领域的前沿。

2.5.2　红外天文学

　　红外天文学是天文学和天体物理学的分支,它研究在红外辐射中可见的天文物体。红外光的波长范围为 0.76~1 000 μm。红外辐射介于 380~760 nm 的可见辐射与亚毫米波之间。

红外天文学始于 19 世纪 30 年代,在赫歇尔发现红外光几十年之后。其早期的发展是有限的,直到 20 世纪初,对太阳和月亮以外的天体的最终探测才得以确定。在 20 世纪 50 年代和 60 年代的射电天文学上得到许多发现之后,天文学家认识到了可见光波长范围以外的可用信息,并建立了现代红外天文学。

红外和光学天文学通常使用相同的望远镜来实现,因为相同的镜子或透镜通常在不包含可见光和红外光的波长范围内有效。尽管使用的固态光电探测器的具体类型不同,但两个领域也都使用固态探测器。地球大气中的水蒸气会吸收许多波长的红外光,因此大多数红外望远镜都处于干燥的高海拔地区,并尽可能超过大气层。太空中还有红外天文台,其中包括斯皮策太空望远镜和赫歇尔太空天文台。

在尘埃几乎透明的 0.7~5 μm 区域可以观察到有效温度低于 3 000 K 的物体。在 2.2 μm 处,可以观察到银河系中心。在 5~25 μm 区域可以观察到被恒星辐射加热的灰尘。远红外区域则包括了宇宙微波背景辐射,以及大量星际空间中的冷却星尘。图 2.26 为韦伯太空望远镜的虚拟照片。

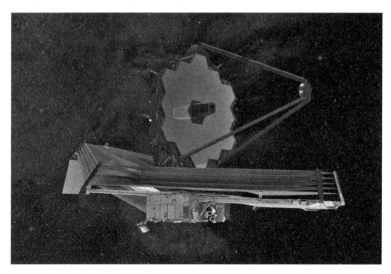

图 2.26 计划于 2021 年发射的詹姆斯·韦伯太空望远镜的虚拟照片。
该望远镜的主要任务是调查大爆炸理论的残余红外线证据
(宇宙微波背景辐射),即观测今天可见宇宙的初期状态

2.5.3 红外大气物理

人们早已注意到大气中的许多物理现象(如虹、晕、华、雷、闪电等),并进行过研究,但大气物理学的内容分散在物理、化学、天文、无线电等学科之中,把它们纳入大气物理学一个学科,则是近三四十年中的事情。

20 世纪 40 年代以来,随着人类在大气中活动范围的迅速扩展,大气物理学的研究领域不断扩大。如为了改进大气中的电波通信、光波通信水平,就需要了解它们所赖以传播的大气介质及相互作用,因此就要研究大气的声、光、电和无线电气象;又如,为避免晴空湍流引起飞机坠毁的事故,就要研究大气湍流。大气物理学(atmospheric physics)是研究大气中各种物理现象和过程及其演变规律的学科,是大气科学的一个分支。它主要研究大气中的声学、光学、电学和辐射过程,云和降水物理,大气底层的边界层大气物理,平流层和中层大气物理,既是大气科学基础理论的一个部分,又和许多边缘学科(如农业气象学、大气环境科学等)有密切的关系。

大气物理学的许多内容早就受到人们的关注。在早期,所有的大气热力学和大气动力学研究内容均包含在大气动力学和天气学中。20 世纪 20 年代,人们开始关注较小尺度的大气动力学和热力学过程,其中包括了大气底层的边界层结构的研究,因而形成大气湍流和大气边界层的研究方向,20 世纪 40 年代大气中污染物的扩散受到了关注,开始形成污染气象学的研究方向。由于工农业对人工降水的需求,并对云的微观和宏观有了较深入的了解,因而逐渐形成对云雾物理学的系统研究。有关大气中的光学、声学和电学现象,早在气象学、物理学和无线电学中进行了一些研究,40 年代开始的气象雷达观测以及 60 年代气象卫星的应用,对形成大气光、声、电学、雷达气象学和卫星气象学起了极大的推动作用。

大气物理学的研究不仅需要发展有关的理论还需要系统精确的实验资料予以验证。一般气象台站网的观测内容远不能满足实际和理论工作的要求,因而设计和制造专用的仪器设备、组织精细的观测都是很重要的。例如,大气湍流的观测需要快速反应的温度、湿度和风的观测仪器;云雾物理的观测则需要使用飞机和特种雷达;气象卫星安装的仪器几乎全都属于大气遥感的设备。

由于工业生产排入大气中的大量气溶胶和污染物通过扩散造成大气污染,有些通过沉降或降水形成酸雨等,又被送到地面,导致土地河流污染,对植物和人类造成严重影响。既要发展生产,又必须使大气不超过其对污染物质的稀释能力,这就要详细研究大气边界层的物理特性。

工农业用水逐年增加,必须充分利用大气中丰富的水分,这就要开发大气中的水资源。此外,为避免或减轻天气灾害,推动着人工影响天气试验研究的广泛开展,从而促进了云和降水物理学的研究。

20 世纪 60 年代以来,遥感技术飞速地发展起来,辐射传输是遥感的基础,由此推动着大气辐射学的研究;人造卫星、电子计算机的发展,新技术(如激光、雷达、微波)的应用,给大气物理研究提供了有力的探测工具,获得了更多的探测资料,从而大大加速了大气物理学发展的进程。

大气物理学主要包括大气边界层物理学、云和降水物理学、雷达气象学、无线电气象学、大气声学、大气光学和大气辐射学、大气电学、平流层和中层大气物理学。

2.5.4　红外生物物理

同样,红外波段在生物物理领域的应用可以被归纳到红外生物物理的范畴中,其主要关注的是生物体(表面、内部、细胞、功能等)在红外辐射下所产生的生理变化。在同步辐射光源的介绍中,我们也曾经对于其产生的红外光源在生物医学研究中的应用进行了简单的描述,这部分内容也是目前被科研界广泛关注的工作。

生物物理学(biological physics)是物理学与生物学相结合的一门交叉学科,研究生物的物理特性,是生命科学的重要分支学科和领域之一。

生物物理涵盖各级生物组织,从分子尺度到整个生物体和生态系统。它的研究范围有时会与生理学、生物化学、纳米技术、生物工程、农业物理学、细胞生物学和系统生物学有显著的重叠。

生物物理学被认为是生物学和物理学之间的桥梁,旨在阐明生物在一定的空间、时间内有关物质、能量与信息的运动规律。

生物物理学是应用物理学的概念和方法研究生物各层次结构与功能的关系,生命活动的物理、物理化学过程和物质在生命活动过程中表现的物理特性的生物学分支学科。

物理概念对生物物理发展影响较大的是 1943 年薛定谔的演讲"生命是什么"和维纳关于生物控制论的论点。前者用热力学和量子力学理论解释生命的本质,引进了"负熵"概念,试图从一些新的途径来说明有机体的物质结构、生命活动的维持和延续、生物的遗传与变异等问题;后者认为生物的控制过程,包含着信息的接收、变换、贮存和处理。

他们认为,既然生命物质是物质世界的一个组成部分,那么既有它的特殊运动规律,也应该遵循物质运动的共同的一般规律。这就沟通了生物学和物理学两个领域。

20 世纪 20 年代开始陆续发现生物分子具有铁电、压电、半导体、液晶态等性质,发现生命体系在不同层次上的电磁特性,以及生物界普遍存在的射频通信方式等。但许多物理特性在生命活动过程中的意义和作用,还远没有搞清楚。

1980 年发现两个人工合成 DNA 片段呈左旋双螺旋,人们普遍希望了解自然界是否有左旋 DNA 存在;1981 年人们在两段左旋片段中插入一段 A‑T 对,整个螺旋立即向右旋转,这种特定的旋光性对生命活动的意义现仍无答案,但对于螺旋手性的研究已发现了许多有意义的结果。

根据生物的物理特性可以测出各种物理参数。但是由于生命物质比较复杂,在不同的环境条件下参量也要改变。已有的测试手段往往不适用,尚待技术上的突破,才有可能进一步阐明生命的奥秘。

活跃在生物体内的基本粒子(目前研究到电子和质子)的研究,也是探索生命活动的物理及物理化学过程的一个主体部分。生物都是含水的,研究水溶液中电子的行为,对了解生命活动的理化过程极为重要。人们已经发现了生物的质子态、质子非定域化和质子隧道效应等现象,因此需进一步开展量子生物学的研究,探索这些基本粒子在活体内的行为。

光合作用中叶绿素最初吸收光子只在一千万亿分之一秒内完成,视觉过程和高能电离辐射最初始的能量吸收也都是瞬间完成的,这些能量在生物体内最初的去向和行为,从吸收到物理化学过程的出现,究竟发生了什么物理作用,这就需要既灵敏又快速的测试技术。

蛋白质在 56℃ 左右变性,但我们在 70℃ 以上的温泉中还能找到生物;人工培养的细胞保存在 -190℃,解冻后细胞仍与正常态一样,这些生物体内水的结构状态是怎样的? 如果能把这些极端状态的水的结构与性质阐明,将有助于对生命规律的理解。

生物在亿万年进化过程中,最终选择了膜作为最基本的结构形式。从通透、识别、通信,到能量转换等各种生命活动几乎都在膜上进行,膜不仅提供场所,它本身也积极参与了活动。

有时一种技术的出现将使生物物理问题的研究大大改观。如 X 射线衍射技术导致了分子生物物理学的出现。因此,虽然技术本身并不一定就代表生物物理,但它对生物物理学的发展是非常关键的。

生物物理学是研究活物质的物理学。尽管生命是自然界的高级运动形式,也仍然是自然界三个量(质量、能量和信息)综合运动的表现。只是在生物体内这种运动变化既复杂又迅速,而且随着生物物质结构的复杂化,能量利用愈趋精密,信息量越来越大,使得研究的难度很高。但从另一方面看,研究活物质的物理规律,不仅能进一步阐明生物的本质,更重要的是能使人们对自然界整个物质运动规律的认识达到新的高度。

第 *3* 章

红外功能材料

红外功能材料特指在红外光区域某一个波段或多个波段具有发射、传输、探测等功能的材料。对材料本身而言,一般其所具有的功能并不会局限于某个特定波段,但就红外功能材料的研究范围来说,对于材料在可见光波段或微波波段的特性,我们将不再展开,仅将具有代表性的红外光区域内常用的几类材料进行介绍,重点突出其在红外波段应用中的价值。

3.1 红外光学材料

3.1.1 使用正确材料的重要性

由于红外光的波长长于可见光,因此在通过相同的光学介质传播时,这两个区域的行为不同。有些材料可同时适用于红外应用或可见光应用(比如熔融石英、BK7 和蓝宝石),但是,使用更适合的材料可以优化光学系统的性能,有时也可以简化光学系统的设置。其中,主要需要考虑的是光学材料的透射率、折射率、色散与梯度折射率。如需了解更多有关规格与性质的详细信息,请查看关于光学玻璃的详细信息(余怀之,2015)。

1. 透射率

定义材料时,最重要的属性就是透射率。透射率是光通量的衡量指标,由入射光的百分比指定。红外材料在可见光区域通常是不透明的,而可见光材料在红外波段通常也是不透明的;换言之,这些材料在这些波长区域展示出的透射率接近0%。举例而言,没有镀膜的硅片,它能透射一定波段内的红外光,但不能透射可见光(图 3.1)。

2. 折射率

虽然主要根据不同波段的透射率将材料归类为红外材料或可见光材料,但是折射率(n_d)也是重要属性。折射率是指光在真空中的速度与光在指定介质中的速

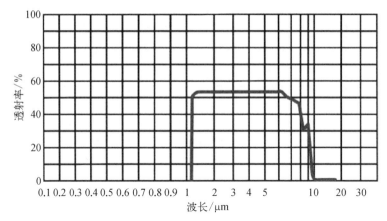

图 3.1 没有镀膜的硅窗片的透射率曲线

度之比。使用折射率可以量化光线从低折射率介质进入高折射率介质时"减缓速度"的效果。它也可以指出以倾斜方向射向表面时折射的光线量,n_d 越高,折射的光线越多(图 3.2)。

可见光材料的折射率介于 1.45~2.00,红外材料的折射率介于 1.38~4.00。在许多情况下,折射率与密度存在正相关关系,这意味着红外材料较可见光材料更重;但是,更高的折射率也意味着可

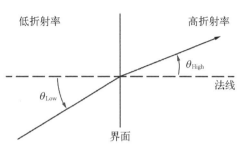

图 3.2 从低折射率介质到高折射率介质的光线折射

以使用更少的透镜元件(从而降低整体系统质量与成本)实现衍射极限性能。典型红外窗口材料的折射率随波长的变化,如图 3.3 所示。

3. 色散

色散用于衡量材料的折射率随波长变化的幅度有多大。它还能确定产生色像差的不同波长的光在传播过程中发生的分离。一般情况下,折射率会随着波长的增加而减小,这种现象称为正常色散,但也有反常的情况,如在紫外区发现的某些材料的折射率随波长的增加而增加,称为反常色散。红外波段的光学材料中存在的都是正常色散。

对于可见光波段的材料,色散程度可以用阿贝数 v_d(Abbe number)来表示,选取夫琅禾费光谱的氢蓝线 f(486.1 nm)、氦黄线 d(587.6 nm)和氢红线 c(656.3 nm)三个波长时材料的折射率,定义色散系数为 $v_d = \dfrac{n_d - 1}{n_f - n_c}$。

色散系数越大,作为光学窗片的材料的色散越小,产生的色差/偏色现象越不明显。色散系数大于 55(色散较少)的材料视为冕材料,色散系数小于 50(较多色

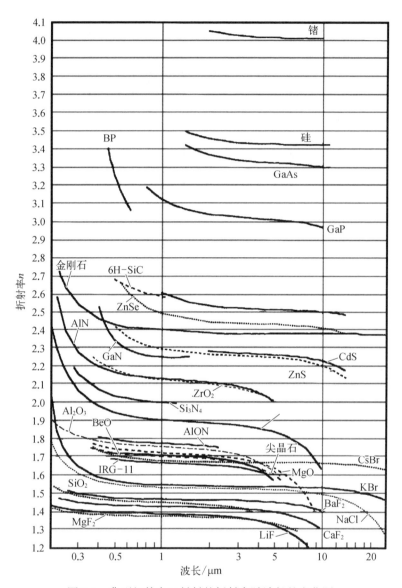

图 3.3　典型红外窗口材料的折射率随波长的变化图

散)的材料视为火石材料。可见光材料的色散系数介于 20~80。

对于红外波段材料,其色散程度可以通过类似的方式进行定义,红外材料的色散系数介于 20~1 000,或者通过 Sellmeire 公式来进行更为准确的描述。

$$n^2 = 1 + \sum_{j=1}^{k} \frac{A_j\lambda^2}{\lambda^2 - B_j^2} \tag{3.1}$$

其中,n 为波长 λ 时的折射率;A_j、B_j、k 为 3 个常数。研究表明,取 $k=3$ 已可满足对折射率精度的要求。A_j、B_j 可用逐次逼近法拟合求得。

4. 折射率温度梯度

介质的折射率会随着温度的变化而不同。系统在不稳定的环境中工作时,此折射率梯度 (dn/dT) 可能会产生问题,尤其是在系统针对单一 n 值进行设计的情况下,更是如此。遗憾的是,红外材料的 dn/dT 值通常大于可见光材料,在表 3.1 中,对能用于可见光的 N－BK7 与只能透射红外的硅、锗等材料进行了比较。锗 Ge 的折射率温度梯度相当大,这是在应用中必须加以注意的。

表 3.1　重要的典型红外材料属性

名　　称	折射率 (n_d)	色散系数 (v_d)	密度/ (g/cm^3)	dn/dT ($\times 10^{-6}/℃$)	CTE ($\times 10^{-6}/℃$)	努氏硬度
氟化钙(CaF$_2$)	1.434	95.1	3.18	−10.6	18.85	158.3
熔融石英(FS)	1.458	67.7	2.2	11.9	0.55	500
锗(Ge)	4.003	—	5.33	396	6.1	780
氟化镁(MgF$_2$)	1.413	106.2	3.18	1.7	13.7	415
N－BK7	1.517	64.2	2.46	2.4	7.1	610
溴化钾(KBr)	1.527	33.6	2.75	−40.8	43	7
蓝宝石	1.768	72.2	3.97	13.1	5.3	2 200
硅(Si)	3.422	—	2.33	1.60	2.55	1 150
氯化钠(NaCl)	1.491	42.9	2.17	−40.8	44	18.2
硒化锌(ZnSe)	2.403	—	5.27	61	7.1	120
硫化锌(ZnS)	2.631	—	5.27	38.7	7.6	120

5. 如何选择正确的材料

选择正确的红外材料时,有下列三个简单的要点需要考虑。虽然选择流程更简单,因为与可见光相比,对用于红外光的材料进行实际选择的范围会小得多,但是这些材料通常会基于制造和材料成本等原因而更为昂贵。

(1) 热性质:光学材料经常放置在温度发生变化的环境中。此外,人们普遍担心的一点是红外应用常常会产生大量的热。应该对材料的折射率温度梯度和热膨胀系数(CTE)进行评估,以确保提供所需的性能来满足用户。CTE 是材料在温度变化时发生膨胀或收缩的比率。例如,锗材料的折射率温度梯度非常高,如果在热不稳定的环境中使用,可能会导致光学性能降级。

(2) 透射率:不同的应用可在不同的红外光谱区域中进行作业。视所用的波长而定,某些红外基底的性能更好(图 3.4)。例如,如果系统将在中波红外 MWIR 区域进行作业,则使用锗材料比使用蓝宝石更理想,后者更加适用于近红外 NIR 区域。

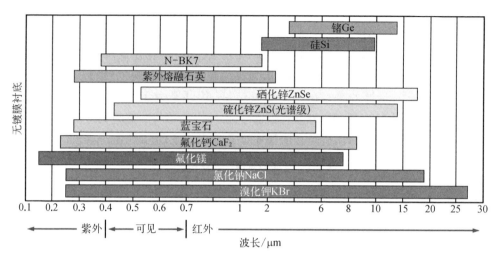

图 3.4　红外衬底材料比较

（3）折射率：红外材料在折射率方面的变化远大于可见光材料,因此在系统设计方面更有弹性,可进行更多变化。可见光材料(例如 N – BK7)适用于整个可见光光谱,但红外材料与此不同,通常仅适用于红外光谱内的某个窄小频带,尤其是在应用增透膜时,更是如此。

6. 红外材料的典型应用

虽然存在很多红外材料,但是其中只有小部分可供光学元件、成像和光电行业用于制造现成可用型元件。氟化钙、熔融石英、锗材料、氟化镁、N – BK7、溴化钾、蓝宝石、硅、氯化钠、硒化锌和硫化锌都有自己独特的属性,这些属性不仅能使这些材料彼此区分,还能使其适用于特定应用。表 3.2 提供了一些常用材料的比较。

表 3.2　常用红外材料的典型应用

名　　称	属性/典型应用
氟化钙（CaF_2）	低吸收；高折射率均匀度 用于光谱学、半导体处理和冷却热成像
熔融石英（FS）	CTE 低,在 IR 中具有出众的透射率 用于干涉测量、激光仪器、光谱学
锗（Ge）	高折射率；高努氏硬度；中波到长波红外波段有优秀的透射率 用于热成像、恶劣环境的 IR 成像
氟化镁（MgF_2）	宽泛的透射范围；耐高能辐射 用于不需要增透膜的窗口片、透镜和偏振片
N – BK7	低成本材料,适用于可见光和 NIR 用于机器视觉、显微镜、工业应用

名 称	属性/典型应用
溴化钾（KBr）	抗机械震动；水溶性；宽泛的透射范围 用于 FTIR 光谱学
蓝宝石	非常耐用，在 IR 中具有良好的透射率 用于 IR 激光系统、光谱学和恶劣环境设备
硅（Si）	低成本；质量轻 用于光谱学、MWIR 激光系统、THz 成像
氯化钠（NaCl）	具有水溶性；成本低；在 250 nm 至 16 μm 具有出众的透射率；对热冲击很敏感 用于 FTIR 光谱学
硒化锌（ZnSe）	低吸收；抗热冲击 CO_2 激光系统和热成像
硫化锌（ZnS）	在可见光与 IR 范围具有出众的透射率；与 ZnSe 相比更坚硬并具有更强的化学抵抗力；这种材料常被用于 8~12 μm 的谱段。它的高抗雨水侵蚀性和抗高速灰尘和颗粒磨损的性能，使它特别适合用作安装在飞机机身外部的红外窗口

具体来说，我们又可以根据所使用材料的不同，将红外光学材料分为以下几个大类：红外光学晶体、非线性光学晶体、红外光学玻璃、红外光学陶瓷以及红外光学塑料等。

3.1.2 红外光学晶体

红外光学晶体是能透射红外辐射的光学晶体。有离子晶体和半导体晶体，具有透射长波限较长、折射率和色散变化范围大、物理化学性能多样化等特点。

离子晶体主要包括碱卤化合物晶体、铊-卤化合物晶体、碱土-卤族化合物晶体、氧化物晶体和无机盐晶体。半导体晶体主要包括 IV 族单元素晶体、III - V 族化合物晶体、II - VI 族化合物晶体。碱卤化合物晶体如 NaCl、KCl、CsI 等，有很高的透过率和很长的透射长波限，容易培育成大尺寸均匀单晶，因而在实验室被广泛地用作红外光谱仪等仪器中的棱镜和窗口。碱卤化合物有吸潮性，需镀保护膜，并且硬度较低，熔点不高，机械强度差，不宜在野外使用。

铊-卤化合物晶体是金属铊与卤族元素的化合物，如溴化铊（TlBr）、氯化铊（TlCl）以及混合晶体 KRS - 5（溴化铊-碘化铊）、KRS - 6（溴化铊-氯化铊）。它们的透射波段宽，仅微溶于水，克服了碱卤化合物的易潮性。

碱土-卤族化合物晶体主要是氟化物，如氟化镁（MgF_2）、氟化钙（CaF_2），其机械强度和硬度比碱卤化合物高得多,透过率很高,但透射长波限比碱卤化合物短。氧化物晶体硬度大、熔点高、耐腐蚀、耐磨损、耐冲击,透过率随温度的变化不大,其中最有代表性并用得最多的是蓝宝石(Al_2O_3)和石英(SiO_2)。石英有晶态石英和融熔石英两种,融熔石英又称石英玻璃,属于氧化物玻璃一类。氧化物晶体的透射长波限不长,只能在近红外、中红外使用。无机盐晶体主要有钛酸锶($SrTiO_3$)、钛酸铋($Bi_4Ti_3O_{12}$)等。

半导体晶体中的 IV 族单元素晶体,如金刚石(C)、锗(Ge)、硅(Si)等,是化学稳定性很好的红外光学材料。金刚石由于单晶小,硬度大,难以加工,价格很贵,较少实际应用。

锗的透过波长范围为 $1.8\sim23~\mu m$。此外在远红外、微波波段也有较好的透过特性。锗由于折射率高($n=4$ 左右),反射损失很大,必须镀增透膜。锗单晶的直径已超过 300 mm,锗多晶的直径可做到 600 mm。锗广泛用来制作透镜、窗口、滤光片基片等。

硅也是一种应用广泛的优良红外光学材料。硅的机械强度、硬度和抗热冲击性能比锗好。硅的折射率也较高($n=3.4$ 左右),反射损失也很大,需要镀增透膜。硅单晶的直径已可做到 400 mm,多晶的直径则更大。硅广泛用来制作透镜、窗口、滤光片基片等,还可用作整流罩。

II–V 族化合物晶体,如锑化铟(InSb)、砷化镓(GaAs)等,也是性能良好的红外光学材料,常用来制作透镜、窗口等。

II–VI 族化合物晶体中,硫化镉(CdS)、硒化镉(CdSe)、碲化镉(CdTe)的化学性能稳定,透过特性较好,常用作窗口和滤光片基片。

硒化锌(ZnSe)是一种应用广泛的优良红外光学材料,化学性能稳定,透过波段很宽,从可见光到 $21~\mu m$,常用来制作透镜、窗口等。硫化锌(ZnS)的透过波段也较宽,从可见光到 $18~\mu m$,常用来制作透镜、窗口以及整流罩等。

3.1.3　非线性光学晶体

非线性光学晶体指在强激光作用下具有非线性光学效应的晶体。可用来制作谐波发生器、频率转换器、光学参量振荡器等非线性光学器件,并可以获得波长连续可调的激光。非线性光学晶体可分为无机非线性光学晶体、有机非线性光学晶体和半有机非线性光学晶体。

无机非线性光学晶体包括无机盐类晶体和半导体型晶体。无机盐类非线性光学晶体包括硼酸盐、磷酸盐、碘酸盐、铌酸盐、钛酸盐等盐类晶体。常用的有铌酸锂、钽酸锂、磷酸二氢钾(KDP)、磷酸二氘钾(DKDP)、磷酸钛氧钾(KTP)、偏硼酸钡(BBO)、三硼酸锂(LBO)、三硼酸铯(CBO)、硼酸铯锂(CLBO)、氟硼酸钾铍(KBBF)等。半导体型非线性光学晶体有 Te、Se、GaAs、ZnSe、$CdGeAs_2$ 等。

有机非线性光学晶体包括简单有机化合物晶体、有机聚合物晶体和有机化合物晶体。半有机非线性光学晶体材料是一类有机-无机复合材料,兼有无机晶体和有机晶体的优点:既有较高的物理化学稳定性和机械强度,又有较大的非线性光学系数。

目前用在红外波段的非线性光学晶体主要有 $AgGaS_2$、$AgGaSe_2$、$ZnGeP_2$、$LiInS_2$ 等。

3.1.4 红外光学玻璃

红外光学玻璃指可透红外辐射的光学玻璃。光学玻璃可分为氧化物玻璃和非氧化物玻璃(硫族玻璃)两大类。氧化物玻璃一般只能用于可见光、近红外和短波红外波段,只有少数氧化物玻璃可用于中波红外波段。氧化物玻璃中的石英玻璃(即融熔石英),透过波长可从 $0.2 \sim 4.5~\mu m$。硫族玻璃可用于短波、中波和长波红外波段。

目前比较常用的硫族玻璃有锗砷硒玻璃、锗锑硒玻璃等。如组分为 $Ge_{33}As_{12}Se_{55}$ 的锗砷硒玻璃和组分为 $Ge_{28}Sb_{12}Se_{60}$ 的锗锑硒玻璃,透射波段达到 $1 \sim 14~\mu m$,覆盖了三个红外大气窗口。

3.1.5 红外光学陶瓷

采用真空热压或高温烧结工艺制备出来的对红外辐射透明的高密度陶瓷。红外光学陶瓷的原料成分通常与红外光学晶体相同,具备透过波段宽、透过率高等优点。其机械强度高、耐热冲击性而且化学稳定性好。

3.1.6 红外光学塑料

塑料是一种无定形高分子聚合物,有若干种塑料在近红外和远红外波段有良好的透过率,可以用作红外透光材料。常用的红外光学塑料有聚乙烯、聚丙烯、聚四氟乙烯和有机玻璃等。塑料价格低廉,容易成形,耐腐蚀,不溶于水,适合大批量生产。

3.2 窄禁带半导体

3.2.1 窄禁带半导体物理的发展

窄禁带半导体属于半导体范畴,是一类禁带宽度较窄的半导体。一般认为禁带宽度 E_g 小于 $0.5~eV$ 的半导体材料就是窄禁带半导体,或禁带宽度对应于响应波长 $2~\mu m$ 以上红外波段的半导体材料都是窄禁带半导体材料(汤定元,1976;Long et al., 1973)。从能带特征上来看,窄禁带半导体的导带具有较强的非抛物带性质,其自旋轨道裂距远大于禁带宽度,远大于波矢与动量矩阵元的乘积。窄禁带半导体的能带电子态以 1957 年 Kane 提出的 InSb 半导体能带模型为理论基础（Kane，1966，1957）。HgCdTe、InSb 是最典型的窄禁带半导体材料，这类材料电子有效质量小，电子迁移率高，载流子寿命长，是优良的红外光电信息功能材料（Kruse，1981）。窄禁带半导体最重要特征之一是禁带宽度对应于红外波段，因而是制备红外探测器的功能材料。对于本征红外探测器来说，红外辐射把半导体价带顶部附近的电子激发到导带底部附近的一些电子态上去，产生非平衡电子-空穴对，从而改变材料的电学性质。对于光导器件，则电导率增大，对于光伏器件，则产生光生电压。因此，窄禁带半导体物理的发展离不开红外探测器的发展。红外探测器是现代红外技术的核心，对红外探测器的需求和研制，促进了窄禁带半导体材料制备和物理研究的发展。

窄禁带半导体物理的发展经历了三个阶段。第一个阶段是从 20 世纪 40 年代开始的。当时红外探测器主要为 PbS、PbSe 及 PbTe 探测器，到 20 世纪 50 年代开始用 InSb、InAs 及 Ge：Hg 材料。在实验上，由于 InSb 材料的制备与研究的发展，在理论上 Ge、Si 能带结构研究已经取得明确结果。在此基础上，1957 年 E. O. Kane 利用 $k \cdot p$ 微扰理论计算了 InSb 能带，提出了窄禁带半导体的能带模型。这一理论可以很好地描述窄禁带半导体 InSb 在 K 空间布里渊区 Γ 点附近能量-波矢色散关系，成为描述载流子输运、光电子跃迁等各种过程的基础，从而奠定了窄禁带半导体物理研究的理论基础。这一阶段以建立窄禁带半导体能带理论为主要标志。

第二阶段从 20 世纪 60 年代开始，这一阶段主要是找到最好的窄禁带半导体材料，并进行全面研究的阶段。当初人们分别采用 PbS、InSb、Ge：Hg 制作的红外探测器，应用于波长 1~3 μm、3~5 μm、8~14 μm 三个"大气透明窗口"的红外探测。按照黑体辐射光谱分布规律，室温物体的热辐射主要分布在 8~14 μm 波段，InSb 工作在 3~5 μm，因此对于室温目标的辐射探测利用率较低。Ge：Hg 杂质光电导型探测器工作在 8~14 μm，很有利于室温目标物体热成像，但它工作温度在 38 K 以下，使用不便，而且其截止波长位置还不是最佳截止波长。因而人们希望寻找能在较高温度下工作在 8~14 μm 波段的本征光电导或光伏探测器材料。为了能在 8~14 μm 大气窗口范围有最好的响应，这样的探测材料必须是禁带宽度约为 0.09 eV 的半导体。但是，自然界并不现存这样禁带宽度的元素半导体或二元化合物半导体。因此有必要人工合成一种合金半导体材料，通过调整合金组分，使其禁带宽度约为 0.1 eV。HgCdTe 半导体就是这样一种理想的本征型红外辐射探测材料。HgCdTe 可看成（HgTe）和（CdTe）的赝二元半导体。图 3.5 表示了部分化合物半导体材料的禁带宽度 E_g 与晶格常数 a 的关系。从图中可以看出，都为闪锌矿结构的 II-VI 族半金属化合物 HgTe（$E_g = -0.3$ eV）和宽禁带半导体化合物 CdTe（$E_g = 1.6$ eV），它们的晶格常数很接近，$\Delta a/a = 0.3\%$，使 HgTe、CdTe 能以各种配比形成连续固溶体（HgTe）$_{1-x}$（CdTe）$_x$ 赝二元系，即 $Hg_{1-x}Cd_xTe$ 序列。根据不同的 Cd 组分，合金可以具有像 HgTe 那样的半金属结构，也可以具有像 CdTe 那样的半导体结构。禁带宽度 $E_g = E(\Gamma 6) - E(\Gamma 8)$，在 4.2 K 温度下，当 $x = 0$ 时，为 -0.3 eV；当 $x = 1$ 时，为 1.6 eV。随着 x 变化，禁带宽度在 $-0.3\sim1.6$ eV 连续变化。在 4.2 K 温度下，当组分 $x = 0.161$ 时，$E_g = 0$。$Hg_{1-x}Cd_xTe$ 材料其禁带宽度随组分 x 连续变化，可以覆盖整个红外波段，是制备红外探测器的重要材料。由于它的禁带宽度可以调节，因此在应用上这种材料不仅可用来替代 Ge∶Hg，制作响应波长 $8\sim14$ μm 波段并在 77 K 工作的探测器；同时也用来替代 PbS 和 InSb，制作 $1\sim3$ μm 和 $3\sim5$ μm 波段并在室温下工作的红外探测器。通过适当调节组分，这种材料还可以用于制造光纤通信用的 1.3 μm 和 1.55 μm 的 PIN 型和雪崩型 $Hg_{1-x}Cd_xTe$ 探测器，成为覆盖 $1\sim30$ μm 宽光谱范围的红外辐射探测材料（Long et al.，1973；Stelzer，1969）。同时在基础问题的研究上，这种材料可用来研究能带结构的连续改变对输运过程、光学性质及磁光效应等的影响，以及研究其晶格振动特征，具有特别重要的意义。

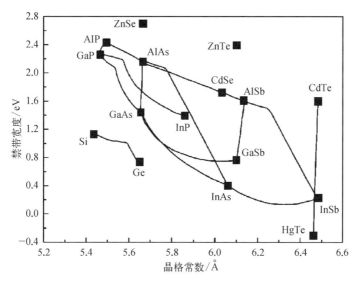

图 3.5　化合物半导体材料的禁带宽度 E_g 与晶格常数 a 的关系

1959 年，Lawson 与他的合作者们首先发表了碲镉汞（HgCdTe）研究的结果（Lawson et al.，1959）。但由于材料制备的困难，一直到 20 世纪 70 年代由于熔体制备晶体能力和外延技术的进展，HgCdTe 材料、物理及器件研究工作开始有较大的发展。在我国，汤定元于 1967 年起倡导了对碲镉汞材料器件的全面研究（汤定元，1976，1974）。20 世纪 80 年代后 HgCdTe 材料已用于单元、多元、线列及焦平面阵列红外探测器研制。这一阶段的发展表明，HgCdTe 材料是一种较为理想的红外探测器材料（Long et al.，1973）。它是一种直接带隙半导体材料，制成的红外探测器为本征型探测器，对应光学过程为能带间的本征跃迁过程，从根本上避免了杂质型红外探测器的缺点。HgCdTe 材料用于研制红外探测器主要有以下优点：可调节禁带宽度覆盖整个红外波段；材料具有大的光吸收系数，使在 $10\sim15$ μm 厚的器件芯片中,产生的内量子效率接近 100%;电子、空穴迁移率高;本征复合机制产生长载流子寿命及较低的热产生率,允许器件在较高温度工作;CdTe/HgTe 晶格匹配好,可制备高质量外延异质结构;剩余杂质浓度可低于 10^{14} cm^{-3};可掺杂质使之成为 p 型、n 型半导体;表面可钝化等。但是 HgCdTe 也存在一些缺点,如 Hg – Cd 键较弱,在一般温度下,也会出现 Hg 空位,必须加以控制。同时,Te 沉淀问题也较严重,需要解决杂质缺陷、均匀性、提高工作温度、优化器件性能以及器件研制中出现的问题。近 20 年来它已广泛地应用于制备红外探测器,一直是研究工作的热点。在材料生长方面,除了传统的体晶生长外,人们开始采用外延生长技术与方法,使材料性能进一步提高。在器件方面,早在 1967 年法国已有关于 HgCdTe 元器件的广告,到 20 世纪 70 年代末第一代单元 HgCdTe 红外探测器已较为成熟(Chapman,1979),到 20 世纪 80 年代第二代线列探测器和小规模面阵器件(Elliott,1981)与后来的第三代长线列和大规模焦平面阵列器件都已研制成功(Arias et al.,1989)。这一阶段由于碲镉汞材料的发现,人们对窄禁带半导体材料、器件和物理的研究取得了系统的进展(汤定元,1991,Dornhaus et al.,1983;Lovett,1977)。

窄禁带半导体物理发展的第三阶段从 20 世纪 90 年代开始。在这一阶段窄禁带半导体碲镉汞薄膜材料和第三代长线列和大规模焦平面阵列红外探测器的研究越来越受到重视,对窄禁带半导体物理的研究也越来越深入。除体材料生长以外(Micklethwaite,1981),液相外延(LPE)(Schmit et al.,1979)、金属有机物化学气相淀积(MOCVD)(Irvine et al.,1981)和分子束外延(MBE)(Faurie et al.,1982)等方法制备的碲镉汞薄膜材料成功应用于制备红外焦平面阵列。人们掌握碲镉汞薄膜材料生长中的组分控制、电学参数控制、掺杂控制等规律和方法,提出碲镉汞薄膜材料表征的手段,并要解决大面积薄膜的关键参数及其均匀性的测量与控制,材料设计、器件设计和物理研究进一步深入。材料生长与物理研究的结合、器件制备与物理研究的结合日趋紧密。人们研究 HgCdTe 薄膜离子束改性成结的科学规律、直接掺杂成结的科学规律;研究 HgCdTe 中的若干重要杂质缺陷态的操控方法和光电行为及其对材料器件性能的影响;研究 HgCdTe 中 pn 结的空间结构、光电过程、实际器件结构、表面界面电子态、能带结构、异质结界面二维电子气以及光生载流子的动力学输运过程规律及其对 HgCdTe 器件的影响。在这些研究工作的基础上进一步完善窄禁带半导体红外焦平面阵列物理模型和器件制备的技术规范。当前 512×512 元和 1 024×1 024 元的大规模 HgCdTe 红外焦平面阵列已相继问世。同时,人们努力进一步探索光电转换、电光转换、光光转换的新效应及其在红外焦平面阵列和新型光电器件上的创新应用。

同时,半导体学科本身的发展对窄禁带半导体的研究不断提出新的要求。围绕窄禁带半导体中光电转换过程的研究,有许多问题仍然吸引人们关注。例如:窄禁带半导体在红外辐射作用下,红外光子与电子、声子相互作用激发转换及其动力学过程的微观机制和规律;窄禁带半导体表面界面、异质结构、超晶格量子阱、低维结构等量子体系中的电子态、子能带结构和自旋电子态,以及低维电子的光电跃迁规律及其隧穿输运规律,低维电子在强磁场深低温下的量子输运和磁光共振行为等。在窄禁带半导体的研究工作中,采用了多种光学和电学的实验手段,其中包括了先进的实验手段,如红外荧光光谱、红外磁光光谱、红外椭圆偏振光谱、微区光谱、平带电容谱、定量迁移率谱研究方法等,以及深低温、强磁场下输运特性测量。

近十多年来由于半导体学科发展及红外器件研制的需要,窄禁带半导体的研究获得迅猛发展。窄禁带半导体学科的发展,一方面有其自身的规律,它属于半导体学科;另一方面窄能隙的特征又赋予它许多新的特点,人们在对它的研究中不断发现新的现象、效应和规律;同时,它的发展又与红外光学和光电子科学技术及其应用(包括航天航空红外遥感、军事应用及各类高科技民用领域)的发展紧密相连。研究工作的积累推动了以 HgCdTe 为代表的"窄禁带半导体物理学"这一新分支学科的形成和发展。

窄禁带半导体除 HgCdTe、InSb 以外,还有 α - Sn、HgSe、HgCdSe、HgS$_x$Se$_{1-x}$、Hg$_{1-x}$Mn$_x$Te、Hg$_{1-x}$Zn$_x$Te、PbS、PbSe、PbTe、PbSnSe、PbSnTe、InAs、InAs$_{1-x}$Sb$_x$ 以及与它们相关的四元系材料等。同时半导体超晶格量子阱、量子线、量子点等低维结构在一定条件下也会形成窄禁带系统。窄禁带半导体和半导体低维结构窄禁带材料系统的用途除红外探测器以外,还可用于红外光发射、红外非线性元件、红外传输元件及磁场传感器等。

在过去 40 年中,HgCdTe 成为在中远红外($3\sim30~\mu m$)探测的最重要的半导体材料。人们总在希望寻找能够取代 HgCdTe 的材料,如 HgZnTe、HgMnTe、PbSnTe、PbSnSe、InAsSb 以及含 Tl 或 Bi 的 III - V 族半导体和低维固体。取代 HgCdTe 的主要动机是想克服 HgCdTe 材料在制备器件时技术上的困难。由于 Hg - Te 键结合较弱,导致材料体内、表面以及界面的不稳定性以及非均匀性。尽管如此,目前 HgCdTe 还是占主导地位,主要是由于 HgCdTe 具备一系列优良材料特性。同时易于剪裁,适应制备不同波段的红外探测器,以及双色或多色红外探测器。当前人们在新型器件制备时需要制备具有复杂能带结构的异质结构,而 HgCdTe 在改变组分调节探测器波段时,晶格常数改变很小,从 CdTe 到 Hg$_{0.8}$Cd$_{0.2}$Te 晶格常数仅改变0.2%。如果掺少量 Zn,或者掺少数的 Se,可以使 Hg$_{1-x}$(CdZn)$_x$Te 或 Hg$_{1-x}$Cd$_x$(Te$_{1-y}$Se$_y$) 的晶格常数在调节组分 x 时几乎不改变,这就非常适合于异质结构,适应新型红外探测器的需要。当然,由于 HgCdTe 半导体材料在含汞方面的缺点,人们对新的窄禁带半导体材料的探索研究经久不衰,不断丰富着人们对窄禁带半导体的认识。

以上所有的研究工作,在科学上都基于窄禁带半导体的基本物理性质,包括晶体生长,能带结构,光学性质,晶格振动,载流子的激发、输运和复合,杂质缺陷,非线性光学性质,表面界面,二维电子气,超晶格和量子阱,以及器件物理等方面的新现象、效应和规律。这些内容正是本书所要讨论的主题。

关于窄禁带半导体物理读者还可以参考以下资料：英国科学家 D.R. Lovett 在 1977 年发表的 *Semimetals & Narrow-bandgap Semiconductors*（Lovett，1977）；德国科学家 R. Dornhaus 和 G. Nimtz 于 1983 年发表的 *The Properties and Applications of the HgCdTe Alloy System*（Dornhaus et al.，1983）；中国科学家汤定元和童斐明于 1991 年发表的《窄禁带半导体红外探测器》（汤定元等，1991）；王守武的《半导体器件研究与进展》（王守武，1988）。另外 1994 年英国科学家 Capper 汇编出版的 *Properties of Cd-based Compouands* 中有多篇关于 HgCdTe 窄禁带半导体有关物理和化学性质的文章，德国再版的 *Landolt-Böernstein: Numrical Data and Functional Relationships in Science and Technology*（Blachnik et al.，1999）中有关于 HgCdTe 的数据和基本关系式。比较新、比较完整的对于窄禁带半导体的专著还有褚君浩的《窄禁带半导体物理学》（褚君浩，2005），及其与 Arden Sher 合著的 *Device Physics of Narrow Gap Semiconductors* 和 *Physics and Properties of Narrow Gap Semiconductors* 两本英文版专著（Chu et al.，2010；Chu et al.，2008）。以上文献系统地讨论和评述了窄禁带半导体的基本物理性质和材料器件的理论和实验，并提供了丰富的 Cd 基半导体材料性质的数据及有关资料。这些是 HgCdTe 研究的重要参考文献。

3.2.2　HgCdTe 体材料晶体生长

体材料生长分为两大类，熔体生长和气相生长。熔体生长方法是一种普遍应用的方法。结晶固体区别于其熔体的主要标志是前者具有结构对称性。一种或多种原子的规则排列，构成了晶体点阵，点阵的对称性决定了各个原子的平均位置，原子对之间的结合力使晶体成为刚性的固体。要使结晶固体转变为熔体，需要提供能量来削弱这种结合力，使原子脱离点阵所决定的平衡位置而随机分布。通常采用加热的办法使固体在其熔点温度完成这一转变，所施加的热量就是熔化潜热。当熔体凝固时，这部分潜热又被释放出来，以降低系统的自由能，只有自由能减少时，晶体才能生长。熔体生长过程只涉及固-液相变过程。在该过程中，原子（或分子）随机堆积的阵列直接转变为有序阵列，这种从无对称性结构到有对称性结构的转变不是一个整体效应，而是通过固-液界面的移动而逐渐完成的。

晶体生长的方法很多，对于窄禁带半导体来说由于它们的熔点温度一般不是特别高，所以主要采取从熔体生长的方法，主要有提拉法、布里奇曼（Bridgman）方法、Te 溶剂法、半熔法和固态再结晶法等（俞振中，1984）。提拉方法熔体生长是最基本的一种晶体生长方法，这里先简单予以介绍。

晶体生长的提拉法首先由柴可拉斯基（Czochralski）于 1917 年提出，在后来大量的晶体生长实验基础上逐步获得完善，也叫柴氏法，又称直拉法或提拉法（Czochralski，1917）。窄禁带半导体 InSb 主要就是采用这种方法来生长。

图 3.6 是一个提拉法的简单示意图。将预先准备好的原料在坩埚中熔化后,将熔体表面接触籽晶部位的温度调节到熔点,恒温一段时间后,籽晶既不熔化也不长大,就可以进行提拉。在合适的拉速和转速下,通过适当调节熔体中固液界面处的温度,可以使晶体尺寸适合要求,使晶体在稳态下生长。通过安插在合适位置的观察口,可以实时观察晶体的生长情况。使用这种方法已经成功地生长出半导体、氧化物或其他类型的晶体。

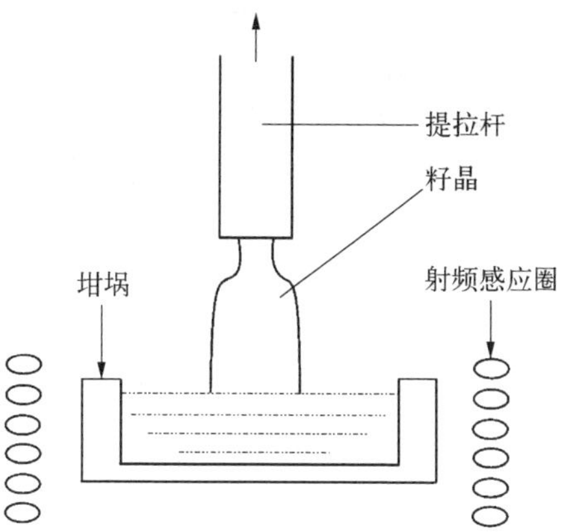

图 3.6　提拉法示意图

　　提拉法的常用加热方式有电阻加热和射频感应加热,只有在采用无坩埚方法时才用激光束加热、电子束加热、等离子体加热和弧光加热等加热方式。电阻加热的优点是成本低,并可以制成复杂形状的加热器,但是有温度滞后效应。温度较低时,可以采用电阻丝或硅碳(钼)棒(管)作为加热器,它们可以在氧化、中性或还原气氛下工作,温度超过 1 400℃时,通常采用钨坩埚或石墨坩埚作为加热器,它需要在中性或还原气氛下工作。射频感应加热可以提供比较干净的生长环境,温度滞后效应小,可使实现温度精密控制。在 1 500℃以下,通常采用铂坩埚作为加热器,可以在氧化气氛下工作,1 500℃以上需要采用铱(或钼、钨、石墨)坩埚,在还原气氛或中性气氛下加热。一般来说,提拉法生长晶体的温度以 2 150℃为上限。表 3.3 是常用的坩埚材料的特性。坩埚材料需要有良好的抗热振和机械加工性能,能够承受所需要的工作温度,不与生长气氛、周围的保温材料及熔液反应,不污染熔液。

表 3.3　常用的坩埚材料的特性

材　料	熔点/℃	熔点时的饱和蒸气压/Pa	最高使用温度/℃	工作气氛
SiC			1 500	不限
SiO$_2$			1 500	不限
Pt	1 774	0.02	1 500	不限
PtRh$_{50}$	1 970		1 800	不限
Ir	2 454	0.47	2 150	还原、中性、弱氧化
Mo	2 625	2.93	2 400	真空、还原、中性
Ta	2 996	0.66	2 400	同上
W	3 410	2.33	3 000	同上
C			3 000	同上

精确、稳定的温度控制是获得高质量晶体的重要条件。一个较理想的温度控制系统的温度波动应该小于1℃。使用热电偶、感应线圈或硅光管检测温度或功率信号,通过伺服系统将信号与要求值比较后反馈到温度或功率控制系统,调节加热功率,使温度波动在要求的范围内。较常用的伺服系统为 PID 调节器。近年来常采用可多段编程或与电脑相结合、可按一定曲线进行控制的控制器,提高了温度控制精度,并使晶体生长时温度场变化更为合理。

后热器有自热式和隔热式两种,一般使用绝热材料制作。其主要作用是调节生长体系的温度梯度,在晶体生长后的降温过程中也常采用后热器对晶体进行保护。其形状可以根据生长要求加工。常用的绝热材料特性如表 3.4 所示。

表 3.4   常用的绝热材料的特性

材　　料	熔点/℃	氧化气氛中的最高使用温度/℃	抗热振性	热导率
Al_2O_3	2 015	1 950	良	中
BeO	2 550	2 400	优	高
MgO	2 800	2 400	可	中
ZrO_2	2 600	2 500	可	低
ThO_2	3 300	2 700	劣	最低

3.2.3　HgCdTe 薄膜材料生长

1. 液相外延薄膜的生长

体材料由于其晶体尺寸及空间均匀性的局限性,很难做成大面积背照式红外探测器阵列而限制了它在红外焦平面上的应用。薄膜材料生长是先进的生长方法。用 MOCVD 生长的薄膜,表面貌相好,界面清晰度好,对衬底匹配要求不严格。用 MBE 生长的薄膜,组分均匀容易控制,具有好的结构完整性和表面平整性,界面最清晰,生长温度也最低。此外,利用 MBE 方法还能进行多层异质结构生长、原位掺杂实验,为制备红外焦平面器件提供了很好的条件。目前,光辅助 MBE 亦取得了很大进展。液相外延生长 $Hg_{1-x}Cd_xTe$ 薄膜是目前较为成熟的一种工艺。与体材料相比,其生长温度较低,不需要长时间的退火,组分均匀性较好;与 MOCVD 和 MBE 相比,其设备简单,生长速度较快,成本较低,也可生长多层异质结。LPE 工艺仍然具有强大的竞争力和生存能力。

我们知道,溶质在溶剂内的溶解度随温度的降低而减小。因此,当一片单晶衬底浸入某一温度较高的饱和溶液中,并使溶液的温度逐渐降低,溶质在溶剂内的溶解度减小,就会有溶质在衬底上析出,如果符合一定的条件,就会按照一定的比例析出溶质,并在衬底上外延生长。关于 $Hg_{1-x}Cd_xTe$ 液相外延的第一篇文献是在 20 世纪 70 年代中期公布的(Konnikov et al., 1975)。开始发展较慢主要是由于冶金学上的困难(Wang et al., 1980)和当时应用需求上的不迫切(Nelson et al., 1980)。

后来由于红外探测器的发展对材料提出"大面积,均匀"的要求,使人们对 $Hg_{1-x}Cd_xTe$ 液相外延进行系统研究,取得快速发展(Charlton,1982)。$Hg_{1-x}Cd_xTe$ 的液相外延可以用富 Hg 溶液,也可以用富 Te 溶液,或者用富 HgTe 溶液(Bowers et al.,1980)。无论是用富 Hg(Tung et al.,1987;Herning,1984;Tung et al.,1981a,1981b)或富 Te(Wang et al.,1980)溶液,均已生长出了大面积、组分均匀性好、缺陷少的 $Hg_{1-x}Cd_xTe$ 单晶薄膜,其组分、结构及电学性能均达到了红外探测器制备的要求。

研究表明,用 LPE 生长的 p-n 异质结,使长波红外探测器(LWIR)的响应波长达到 17 μm,且器件的 R0A 值最大(Pultz et al.,1991)。用液相外延的 $Hg_{1-x}Cd_xTe$ 材料在 20 世纪 90 年代就制成性能较好的 128×128 元、512×512 元、480×640 元的红外焦平面阵列(Johnson et al.,1993,1990;Amingual,1991)。在 2001 年实现了在宝石衬底上生长 CdTe 过渡层的液相外延 HgCdTe 薄膜,并研制成 1 024×1 024 元、2 048×2 048 元的红外焦平面阵列(Bostrup et al.,2001)。

2. 分子束外延薄膜生长

1981 年,Faurie 等(1981)首次利用分子束外延方法,生长出 HgCdTe 薄膜,经过此后多年的努力,HgCdTe 分子束外延生长技术日趋完善(Brill et al.,2001;He et al.,2000,1998;Arias et al.,1994,1993;Yuan et al.,1991)。Wu(1993)、de Lyon 等(1996)和 Brill 等(2001)探索了在 Si 衬底上 MBE 生长的 HgCdTe 薄膜。Varesi 等(2001)在 4 英寸[*] Si 衬底上用 MBE 方法先制备 ZnTe 和 CdTe 过渡层,再生长 In 掺杂的 HgCdTe 层,表面生长 CdTe 钝化层,用这一结构制备了 640×480 元红外焦平面阵列。

分子束外延方法制备薄膜需要专门的设备。分子束外延实验设备一般包括生长室、过渡室和进样室三部分。进样室主要用于衬底的预除气以及样品的取放,它用一台离子泵抽真空,压强可达 10^{-10} Torr。过渡室装有四极质谱仪,用于残余气体成分的分析,在使用系统前,整个系统设备经过长时间的烘烤,需用四极质谱仪分析气体成分,确保符合生长要求,过渡室也用一台离子泵抽真空,压强可达 10^{-10} Torr。生长室是系统的核心,它的装置如图 3.7 所示,生长室内有束源炉、冷却系统、样品架、衬底加热装置、检测系统以及控制系统。

生长室的真空用低温泵和冷阱来维持,生长时压强保持 10^{-7} Torr 的水平,样品架的对面装有辐射测温仪用的窗口。在腔体的两侧与衬底法线方向成 70°的位置,装有两个无应力石英窗口,用于安装椭偏仪的出光部件和测光部件。样品架具有旋转机构,其中心位置装有测温热电偶。在 MCT 生长中,Hg 源需要特殊对待,一般要安装特别设计的 Hg 源装置,可做到生长时将 Hg 源压入炉内加热,在生长结束时,将 Hg 源放回装置内。生长所用的原材料为高纯的 Hg(7N)、Te_2(7N)、CdTe (7N)。超高真空环境结合高纯源材料,保障了材料杂质含量较少。

---

　　[*] 1 英寸＝2.54 厘米。

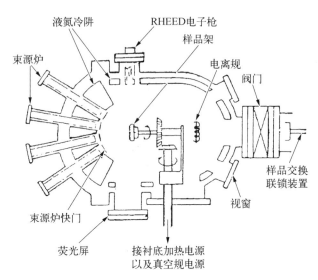

图 3.7　MBE 32P 生长室的装置

对于生长出的窄禁带半导体材料,则可以通过光学性质和输运特性的表征,来获取其内部能带结构与载流子特征等信息。作为一种半导体材料,在光学性质上,首先是吸收边的存在。通过测定材料对光的吸收,我们就可以明确所测材料的能带结构。在电学上,通过载流子输运相关过程的测量,我们可以明确半导体中的载流子类型、浓度以及相应的其他一些微观电学性质。这些内容具体可以参考《窄禁带半导体物理学》一书的第 4 章与第 5 章(褚君浩,2005)。

3.2.4　窄禁带半导体的能带结构

Ⅱ-Ⅵ族二元化合物 HgTe 和 CdTe 都具有闪锌矿立方晶体结构(Dornhaus et al.,1983；Long et al.,1973),HgTe 的晶格常数为 6.46 Å,CdTe 晶格常数为 6.48 Å,它们能以任何配比形成 HgCdTe 固溶体。HgCdTe 晶体也具有闪锌矿立方结构,它是由两套面心立方子晶格互相穿插而构成,它们沿着立方对角线移动一个位置。阳离子(Cd 或 Hg)占据了其中一套面心立方子晶格的格点,阴离子(Te)则占据了另一套子晶格的格点。HgCdTe 合金与所有闪锌矿立方晶体一样,每个单元晶胞包含两个原子——Te 原子和 Hg 原子(或 Cd 原子),Te 原子(阴离子)在满壳层外面有 6 个价电子,Te: $5s^2, 5p^4$,Hg 原子或 Cd 原子(阳离子)在满内壳层外面有 2 个价电子,Hg: $6s^2$,Cd: $5s^2$。这种结晶键主要是共价键,相邻原子之间共有价电子而形成四面体方向键。由于 A 原子与 B 原子的核电荷不同,A 原子(Hg 或 Cd)具有把它们的两个 S 电子让给 Te 的趋势,因而这种键也具有离子键的贡献。如同所有面心立方体结构那样,第一布里渊区是一个截角八面体,闪锌矿晶格点群是 T_d,如图 3.8 所示。HgCdTe 的晶格常数 a_0 可以用 X 射线技术测定(Dornhaus et al.,1983；Woolley et al.,1960),实验发现晶格常数 a_0 随组分 x 的变化是非线性的,如图 3.9

所示。用比重方法测定 HgCdTe 在不同组分下的密度,得到的曲线如图 3.9 中直线 (Blair et al.,1961)。

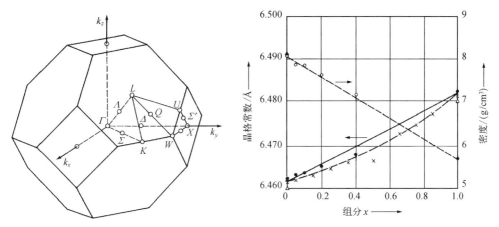

图 3.8　闪锌矿结构的第一布里渊区　　图 3.9　HgCdTe 的晶格常数和密度与组分的关系

Dresselhaus(1955)和 Parmenter(1955)曾对闪锌矿化合物能带结构进行过深入研究。研究表明,价带和导带的极值处于 Γ 点,即第一布里渊区中心,不考虑。

自旋轨道耦合效应时,Γ 点处 p 对称能级 Γ_{15} 是 6 度简并的,s 对称的能级 Γ_1 是 2 度简并的。考虑 $\boldsymbol{k}\cdot\boldsymbol{p}$ 项和自旋轨道耦合以后,降低了哈密顿的对称性,Γ_{15} 简并部分消除,分裂为 Γ_8 能带($j=3/2$)重空穴带和轻空穴带和 Γ_7 能带($j=1/2$)(自旋轨道裂开带)。在 $K=0$ 处的 Γ_8 能带 4 度简并,Γ_7 能带 2 度简并,Γ_8 与 Γ_7 之间裂距为 Δ。Γ_1 态形成呈球面对称的 Γ_6 能带。在通常的闪锌矿结构 II - IV 族半导体中,Γ_6 形态成导带,而 Γ_8、Γ_7 带则形成价带。对于 CdTe 和 HgTe 的能带结构,由于 Cd、Hg、Te 三元素都是核电荷数 Ze 较高的重元素,因而必须考虑相对论效应。这一效应可以根据 Dirac 相对论公式来描述,根据 Herman 等的理论(Herman et al.,1963),单电子的哈密顿包括了通常的非相对论项 H_1,还包括 H_D、H_{mv} 和 H_{so}(分别代表 Darwin 互作用、质量-速度互作用和自旋-轨道互作用)。由非相对论算符 H_i 所给出的两种化合物的能级位置是相同的,如图 3.10 所示。但由于 Hg 原子的质量为 $M_{Hg}=200.6$,而 Cd 原子的质量 $M_{Cd}=112.4$,这两种元素在质量上的巨大差别,使 H_D 和 H_{mv} 这两项对于这两种化合物所给出的修正量是完全不同的。自旋-轨道互作用主要由 Te 元素引起,因此两种化合物的自旋-轨道耦合能量是相同的。于是,由于相对论项的贡献,在 HgTe 中降低了 s 对称态的能量,并转换了 Γ_6 态和 Γ_8 态的位置。图 3.11 中给出 Γ 点附近 CdTe 能带的结构。Γ_6 形成导带,Γ_8 形成价带,与导带相距 1.6 eV,Γ_7 为自旋轨道裂开带,处于 Γ_8 带以下 $\Delta=1$ eV 处。以 CdTe 为标准,HgTe 具有反转的能带结构,在相对论效应作用下,Γ_8 态处于 Γ_6 态以上,而 $E_g=E(\Gamma_6)-E(\Gamma_8)$ 变成负的,在 4 K 时约为 -0.3 eV。在 HgCdTe 合金中,由于汞和镉

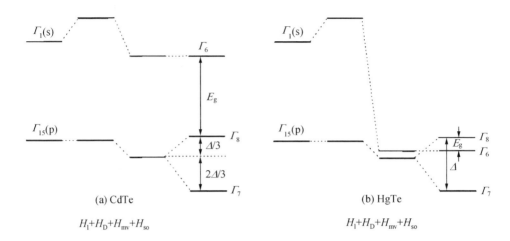

图 3.10　CdTe 和 HgTe 在 Γ 点处能级的形成

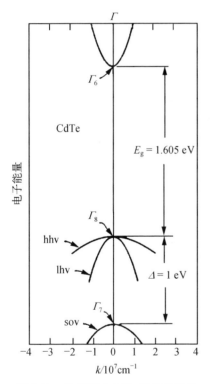

图 3.11　Γ 点附近 CdTe 能带的结构

的原子随机地分布在面心立方子晶格位置上，因此不存在平动的周期性，人们无法确定 Bloch 函数，但可利用虚晶近似（VCA）的方法来解决（Phillips，1973；Nordheim，1931）。这种近似方法就是用一个平均势来替代由 Hg 原子和 Cd 原子产生的真实结晶势 $\bar{U}$：

$$U = xU_{Cd} + (1 - x)U_{Hg} \qquad (3.2)$$

式中，U_{Cd} 和 U_{Hg} 是由 Cd 原子或 Hg 原子的子晶格产生的结晶势。如果人们取 $\bar{U}$ 与由 Te 原子产生的结晶势 U_{Te} 之和作为总结晶势，平动周期性就会恢复，就能确定 Block 函数，计算 Γ 点附近的能级的色散关系。图 3.12 给出了 Γ 点附近 HgCdTe 合金的能带结构随组分 x 的变化。从 HgTe 的"反转"结构到 CdTe 的半导体结构，合金能带结构的变化接近于线性。随着晶体中 Hg 的比例的减小，相对论效应也减小，而 $E(\Gamma_8) - E(\Gamma_6)$ 的数值也随之降低，并在 $x = x_0$ 时为 0。在 $x < x_0$ 时合金具有与 HgTe 相同的半金属结构。当 $x > x_0$ 时，Γ_6 态在 Γ_8 态上面，Γ_6 带和轻空穴 Γ_8 带转换它们的凹向，而合金则呈能隙张开的半导体结构，禁带宽度随组分而增大。

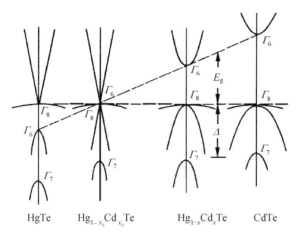

图 3.12 Γ 点附近 $Hg_{1-x}Cd_xTe$ 合金的能带结构随组分的变化

在"窄禁带"范围,Γ_8、Γ_7 和 Γ_6 态很接近,可以使用半经验近似的 $\boldsymbol{k} \cdot \boldsymbol{p}$ 微扰方法来描写它们之间的互作用,获取 Γ 点附近的色散关系。在研究 InSb 的能带结构时,Kane 提出的方法主要是在 Γ_6、Γ_7、Γ_8 态的 8 个 Bloch 函数的基础上把系统的哈密顿算符对角化,同时把上带的互作用包括进去,最近的上带是 Γ_7 和 Γ_8 态,它们处于 Γ_8 态简并点上面 4.5 eV 和 5.5 eV 之间。考虑自转轨道耦合后,本征方程是

$$\left[\frac{p^2}{2m} + U(\boldsymbol{r}) + \frac{\hbar}{4m^2c^2}(\Delta U \times \boldsymbol{p}) \cdot \boldsymbol{\sigma} \right] e^{ik \cdot r} u_k(\boldsymbol{r}) = E_k e^{ik \cdot r} u_k(\boldsymbol{r}) \tag{3.3}$$

式中,$p = -\hbar\nabla$。

在 $\boldsymbol{k} \cdot \boldsymbol{p}$ 表象中对于元胞周期函数 $u_k(\boldsymbol{r})$ 的薛定谔方程为

$$\left[\frac{p^2}{2m} + U(\boldsymbol{r}) + \frac{\hbar}{m}\boldsymbol{k} \cdot \boldsymbol{p} + \frac{\hbar}{4m^2c^2}(\nabla U \times \boldsymbol{p}) \cdot \boldsymbol{\sigma} + \frac{\hbar}{4m^2c^2}(\nabla U \times \boldsymbol{k}) \cdot \boldsymbol{\sigma} \right] u_k(\boldsymbol{r}) = E'_k u_k(\boldsymbol{r})$$
$$\tag{3.4}$$

$$E'_k = E_k - \frac{\hbar^2 k^2}{2m} \tag{3.5}$$

式(3.4)中第三项为 $\boldsymbol{k} \cdot \boldsymbol{p}$ 相互作用,第四项和第五项都是自旋轨道耦合项,第五项是 $\boldsymbol{k}$ 依赖的。可先忽略第五项,考虑 $\boldsymbol{k} \cdot \boldsymbol{p}$ 项及自旋轨道相互作用的一级微扰。若取 $\boldsymbol{k}$ 在 z 方向,引进:

$$P = -\mathrm{i}\left(\frac{\hbar}{m}\right)\langle S \mid p_z \mid Z \rangle \tag{3.6}$$

$$\Delta = \frac{3\hbar\mathrm{i}}{4m^2c^2}\left(x \left| \frac{\partial V}{\partial x}p_y - \frac{\partial V}{\partial y}p_x \right| y\right) \tag{3.7}$$

则 8×8 的相互作用矩阵可以写为 $\begin{bmatrix} \boldsymbol{H} & 0 \\ 0 & \boldsymbol{H} \end{bmatrix}$，而

$$\boldsymbol{H} = \begin{bmatrix} E_s & 0 & k_F & 0 \\ 0 & E_p - \Delta/3 & \sqrt{2}\Delta/3 & 0 \\ k_F & \sqrt{2}\Delta/3 & E_p & 0 \\ 0 & 0 & 0 & E_p + \Delta/3 \end{bmatrix} \tag{3.8}$$

E_s、E_p 是不考虑 $\boldsymbol{k} \cdot \boldsymbol{p}$ 项和自旋轨道互作用时哈密顿的本征值，E_s 对应于导带，E_p 对应于价带。

当 $\Delta \gg kp$、E_g 时，$E - k$ 色散关系为

$$\begin{cases} E_c = \dfrac{\hbar^2 k^2}{2m} + \dfrac{1}{2}\left(E_g + \sqrt{E_g^2 + \dfrac{8}{3}P^2 k^2} \right) \\[3mm] E_{v1} = \dfrac{h^2 k^2}{2m} \\[3mm] E_{v2} = \dfrac{\hbar^2 k^2}{2m} + \dfrac{1}{2}\left(E_g - \sqrt{E_g^2 + \dfrac{8}{3}P^2 k^2} \right) \\[3mm] E_{v3} = -\Delta + \dfrac{\hbar^2 k^2}{2m} - \dfrac{P^2 k^2}{3(E_g + \Delta)} \end{cases} \tag{3.9}$$

可见价带的六重简并部分消除，分别为两重简并的重空穴带 E_{v1}、轻空穴带 E_{v2}、自旋轨道裂开带 E_{v3}。这里 E_c、E_{v2} 是非抛物带，E_c 与 E_{v2} 对称，出现了裂开带 E_{v3}。

如果再考虑包括所有能带之间的第二级 $\boldsymbol{k} \cdot \boldsymbol{p}$ 微扰，则可以清除每一两重态的简并，对于导带和 v_2、v_3 给出下列近似能量：

$$\begin{aligned} E_i^{\pm} = {}& E_i' + \frac{\hbar^2 k^2}{2m} + a_i^2 A' k^2 + b_i^2 [Mk^2 + (L - M - N) \cdot (k_x^2 k_y^2 + k_y^2 k_z^2 + k_z^2 k_x^2)/k^2] \\ & + c_i^2 [L' k^2 - 2(L - M - N) \cdot (k_x^2 k_y^2 + k_y^2 k_z^2 + k_z^2 k_x^2)/k^2] \\ & \pm \sqrt{2}\, a_i b_i B [k^2 (k_x^2 k_y^2 + k_y^2 k_z^2 + k_z^2 k_x^2) - 9 k_x^2 k_y^2 k_z^2]^{\frac{1}{2}}/k \end{aligned} \tag{3.10}$$

式中，A'、B、L、M、N、L' 都是与互作用矩阵元有关的常数；i 指 c、v_2、v_3，a_i、b_i、c_i 是波函数表达式中的系数。由于对闪锌矿结构来说，系数 $B \neq 0$，因而就消除了导带 c 和 v_2、v_3 价带的两重简并。在要求十分精确计算 c、v_2 和 v_3 带色散时要考虑修正。对于重空穴带则有

$$E_{v1} = \frac{\hbar^2 k^2}{2m} + Mk^2 + (L - M - N)\frac{k_x^2 k_y^2 + k_y^2 k_z^2 + k_z^2 k_x^2}{k^2} \tag{3.11}$$

此式通常也写成:

$$E_{v1} = -\frac{\hbar^2 k^2}{2m_{hh}} \tag{3.12}$$

式中, m_{hh} 为重空穴有效质量。式(3.9)和式(3.12)为经常采用的 Kane 能带表达式。在方程(3.4)中若考虑第五项 $\frac{\hbar^2}{2\sqrt{3}\,m^2 c^2}(\nabla U \times \mathbf{k})\cdot\boldsymbol{\sigma}$ 的一级微扰,则还要在能量表达式中加上一个与 $\mathbf{k}$ 有线性关系的项,该项正比于 C_a:

$$C_a = \frac{\hbar^2}{2\sqrt{3}\,m^2 c^2}\left(x\left|\frac{\partial U}{\partial y}\right|z\right) \tag{3.13}$$

$$E = E_v \pm c\left[k^2 \pm \sqrt{3}\,(k_x^2 k_y^2 + k_y^2 k_z^2 + k_z^2 k)^{1/2}\right]^{1/2} \tag{3.14}$$

$\mathbf{k}\cdot\mathbf{p}$ 和自旋轨道相互作用的二级微扰也对线性项有贡献,由于线性项的作用,重空穴带的能量极值不在 Γ 点,而沿(111)方向移动约 $0.003 \times \frac{2\pi}{a}$ 距离,极值能量高出能量 0 点 $10^{-5} \sim 10^{-4}$ eV。

Kane 模型可以很好地适用于 InSb 半导体,也是 HgCdTe 半导体的基本能带模型。在该模型中禁带宽度 E_g、自旋轨道裂距 Δ、动量矩阵元 P,以及与互作用矩阵元 M、N、L 有关的重空穴有效质量 m_{hh} 都是重要的能带参数,需要用实验来确定。

上面给出了能带理论方法和窄禁带半导体能带结构的简要描述。

3.3　铁电材料

铁电材料具有丰富的特性,包括铁电回滞(用于非易失性存储器)、高介电常数(用于电容器或栅介质)、压电效应(用于传感器、致动器和射频滤波器等谐振波设备)、高热电系数(用于红外热探测)、强烈的电光效应(用于光开关)和异常的电阻率温度系数(用于电动机过载保护电路)。此外,铁电材料可以被制成多种形式,包括陶瓷、单晶、聚合物和薄膜,从而提高了其可利用性。这里我们将初步介绍铁电效应和主要铁电材料类别背后的基本理论,将侧重于材料的热电及电光效应,并讨论它们的性质和组成,以及它们的不同制造方式。

关于铁电材料的研究,可以参考较早的日本学者三井利夫的《铁电物理学导论》(三井利夫,1969)以及 Safa Kasap 和 Peter Capper 编撰的 *Springer Handbook of Electronic and Photonic Materials* (Kasap et al., 2007)。

3.3.1 基本特性

铁电材料由于其丰富的特性在电子信息技术的发展中得到了广泛的应用,这一类材料很难给定一个简单的准确定义。但我们可以从理解电介质材料开始。在电场作用下,电介质材料可以保持一定的介电极化。其中,有些材料是中心对称的,也就是在晶胞内一定可以找到一个点,使得结构中的每一个原子在对称位置上都能找到一样的原子;那么另外那些材料就称为晶格结构缺乏对称中心,或者说是非对称结构。在其中晶格结构无对称中心的二十种点群(除 432 点群外,由于其对称性较高)的晶体会具有压电性,为压电晶体(表 3.5)。在压电晶体上施加力的作用将会在晶体表面产生电荷(直接压电效应),或者当在压电晶体上施加电场作用,将会在晶体内产生应力作用(反压电效应)。这两种效应在电子器件中很常用,比较常见的一种压电材料是石英晶体,可以制成压电振荡器应用在滤波器以及电子表中。图 3.13 为电介质、压电体、热释电体和铁电材料的从属关系示意图。

表 3.5　具有唯一单向极轴的晶格点群以及无极轴的非对称点群

晶　　系	具有唯一单向极轴(非对称)	无极轴(非对称)
三斜晶系	1	
单斜晶系	2, m	
斜方晶系	$mm2$	222
三方晶系	3, $3m$	32
六方晶系	6, $6mm$	$\bar{6}$, $\bar{6}m2$
四方晶系	4, $4mm$	$\bar{4}$, 422, $\bar{4}2m$
立方晶系	无	23, $\bar{4}3m$, 432

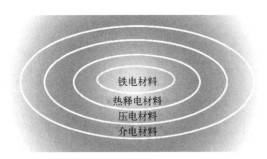

图 3.13　电介质、压电体、热释电体和铁电材料的从属关系

在压电晶体中,有十种点群的晶体具有唯一单向极轴,存在自发极化,其电子自发极化还会随温度而变化,即具有热释电性,为热释电晶体。而在热释电晶体中,有若干种点群的晶体不但在其温度范围内具有自发极化,而且其自发极化的取向可通过外电场重新定向,在外加电场撤除时,其极化场仍然可以保持,即具有铁电性。显然,具有铁电性的晶体必具有热释电性和压电性。具有热释电性的晶体必具有压电性,却不一定具有铁电性。同时,压电体、热释电体和铁电体均属于电介质。

铁电体的研究有悠久的历史,许多杰出的科学家都参与了铁电体技术的早期开发,包括最早研究热释电效应的 Brewster,发现压电性的 Curie、Boltzman、Pockels 和 Debye 等人。实际上,铁电一词最早是由薛定谔提出的。值得一提的是 Joesph Valasek 的发现,他在 1920 年发现酒石酸钾钠(罗息盐)的极化可以通过外加电场来改变,从而首次证明了这一过程。

据此,铁电材料可以定义为:一种具有轴对称性的电介质,在施加电场的情况下,其极化状态可以在两个或多个稳定态中进行切换。但是也有例外,有些铁电体是半导电的,所以不是电介质,也无法保持极化状态;有些铁电体中的自发极化无法切换,因为材料不能承受切换所需的足够大的电场强度,在电场强度增大的过程中,它们就先达到电击穿状态,从而阻止了两端电压的进一步升高。

自从在罗息盐中首次发现铁电现象以来,这种作用已经在多种材料中得到证明,从水溶性晶体到氧化物,再到聚合物、陶瓷材料甚至液晶等。铁电体表现出的一些有趣的特性包括:

(1)铁电材料的电滞回线(铁电回滞)可用于非易失性存储器;

(2)铁电体具有很高的相对介电常数(几千),广泛应用于电容器;

(3)压电效应(应力产生电荷)应用于加速度计、麦克风、水听器等;

(4)逆压电效应(电场产生应变)应用于谐振器、滤波器、超声波发生器、致动器等;

(5)热释电效应(材料温度变化产生电荷)应用于非制冷红外探测;

(6)电光效应(电场改变材料的双折射特性)应用于激光 Q 开关、光学快门和集成光子学设备;

(7)铁电体所表现出的强烈的非线性光学效应,可应用于激光倍频和光学混合;

(8)透明铁电体在足够强的光照下,可以将载流子激发进入导带,在自发极化场的作用下可调制材料的折射率,该效应可以用于多种光学应用,包括四波混频和全息信息存储;

(9)铁电材料在应力和双折射效应间有很强的耦合能力,可用于将声波耦合到光信号上,应用于雷达信号处理;

(10)在某些铁电陶瓷中掺杂电子供体,可以形成半导体,在居里温度下加热这些陶瓷会在很窄的温度范围(约 10℃)内使电阻率发生很大的可逆增加,这种大的正电阻温度系数(PTCR)在电动机过载保护设备和自稳定陶瓷加热元件中得到广泛应用。

在红外波段研究的范围内,我们将主要关注其热释电效应以及大的电阻温度系数等特性。

铁电体中可切换的自发极化产生了铁电材料的回滞特性。图 3.14 所示为在典型铁电体上观察到的极化强度随外电场强度变化的曲线。随着电场从零开始增

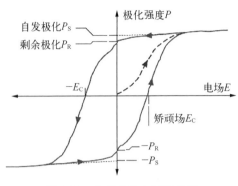

图 3.14　典型的铁电回滞曲线

加,晶体总的极化强度随着不同偶极区域中极化的排列而增加,最终达到饱和点,极化强度进一步的增加只能由材料的介电常数改变而引起。(线性电介质的 P/E 曲线的斜率等于其介电常数。)将极化饱和部分的曲线反向延长至纵坐标,它们的交点就是自发极化的饱和度值 P_S。当电场减小到 0 时的极化强度为剩余极化 P_R,通常剩余极化 P_R 略小于 P_S。施加反向电场将导致极化强度减小,直到在矫顽场 $(-E_C)$ 处达到 0。反向电场的进一步增加最终将导致反向饱和极化 $(-P_S)$,当外加电场恢复到 0 时,铁电体的剩余极化强度为负 $(-P_R)$。再次增加正向电场,可将极化强度从 $-P_R$ 增加到 E_C 处的 0,然后再增加到 $+P_S$,从而完成铁电回滞曲线的测量。铁电材料这种在两个状态之间极化切换与保持的能力可以应用于非易失性存储器中,也可以用于将多晶铁电体(尤其是陶瓷铁电材料)极化。极化过程可能在同一晶体的不同区域内形成不同的铁电极化方向,这些极化方向不同的区域我们称为铁电畴,根据相邻区域之间的极化方向的夹角来区分这些畴。例如当两个相邻区域的极化方向呈 180° 时,称为 180° 畴。很多铁电体中,相邻区域的极化可以在多个方向上存在,形成 90° 畴等。

对于大多数铁电体,极性状态仅在有限的温度范围内存在。随着温度的升高,会到达一个从极性铁电相到非极性铁电相(顺电相)的过渡点。在所有情况下,顺电相都比其转变成的铁电相具有更高的晶体对称性。发生这种情况的温度称为居里温度 (T_C)。铁电到顺电的相变是大多数铁电体的特征,但同样有例外,某些铁电材料在达到 T_C 前就融化或分解了,聚合物铁电体(聚偏二氟乙烯 PVDF)就是这样一种材料。

对于大多数铁电体(称为适当铁电体),当从上方接近居里温度时,观察到相对介电常数增加,在 T_C 达到峰值,在 T_C 以下降低。同时,另一类铁电体,称为非本征铁电体,其介电常数没有峰值,这是一种反常现象,将在后面加以介绍。在 T_C 时,适当铁电体的相对介电常数可以达到 10^4,处于这样状态下的铁电体可以很好地用于高电容器件中,作为电介质。T_C 的相变可以是连续的,称为 2 阶相变,也可以是不连续的,称为 1 阶相变。在任一种情况下,介电常数 ε 于高于 T_C 的温度之间的关系可以通过 $\varepsilon = C/(T - T_0)$ 来表示。T_0 称为居里-怀斯温度,仅在二阶相变时等于 T_C;C 为居里-怀斯常数。图 3.15 给出了 T_C 附近铁电体饱和极化强度 P_S 和介电常数 ε 作为温度函数的典型曲线。图 3.15(a) 和(b)显示了 1 阶相变的情况,可以看出,P_S 在相变温度下随温度升高而不连续地下降到 0。介电常数随温度降低而升高,在过渡处达到峰值,存在不连续的下降。1 阶相变趋于在转变中显示出热滞,因此当从低温侧升温时,相比于从高温侧降温的情况时,该转变将发生在更高的温度下。实际上,在实际观察中通常会存在一个共存的区域,在同一个区域中,两个相在同一个温度下会同时存在。在这种情况下,居里温度被定义为铁电相和顺电相具有相同的吉布斯自由能的温度。图 3.15(c)(d)显示了 2 阶相变的行为,在这种情况下,P_S 在 T_C 处连续下降到 0,介电常数上升到一个陡峭的峰值,过渡中没有滞后现象。

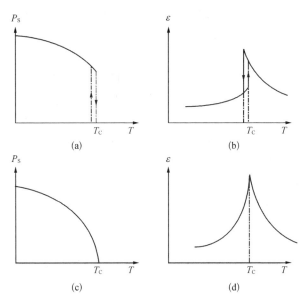

图 3.15 典型铁电体的饱和极化强度[(a)(c)]以及介电常数[(b)(d)]与温度的关系

注:(a)(b)为 1 阶相变;(c)(d)为 2 阶相变。

描述铁电现象的理论模型有两种。第一个是德文郡最早提出的热力学理论。在此,铁电系统的吉布斯自由能以自发极化的幂级数来描述。在这种情况下,P_S 被定义为相变的阶数,该理论在形式上类似于朗道理论的广义相变理论。此处不宜详细讨论该理论,Lines 和 Glass 已对其进行了很好的描述。该理论根据可测量的宏观特性成功地预测了铁电材料的许多行为特征,包括铁电回滞和 T_C 附近的介电常数行为。但是,它没有告诉我们有关铁电的微观起源。这可以推出产生铁电性的两种微观模型:铁电的有序-无序模型以及位移模型。

根据有序-无序模型,电偶极子存在于 T_C 上方顺电相的结构中,但在两个或多个状态之间具有热无序性,因此平均极化为零。在这种情况下,有几种材料,例如磷酸二氢钾(KDP),它在 123 K 以上呈顺电性,四方晶系(42 m),在 123 K 以下是铁电性的,正交晶系(mm2)。极化方向沿着正方晶系的 c 轴。在这种晶体结构中,PO_4 基团形成四面体,四面体在其角部通过氢键连接。这些氢核位于双势阱中。高于 T_C 时,它们会离开双阱的两个极小值位置。在 T_C 以下,它们被限制在双势阱中,PO_4 四面体将发生形变,磷和钾离子相对于氧构成的骨架会发生位移,从而在晶格中形成极化。用同位素氘置换结构中的氢会使居里温度 T_C 升高至约 220 K,因为较重的氙需要更高的温度,才会离开双阱的两个极小值位置。有序-无序铁电模型的另一个例子是亚硝酸钠(NaNO₂),其中的极性基团是 NO_2^- 离子,在 T_C(163℃)以下有序排列,其偶极子都指向晶体结构的 b 轴。

在位移铁电体中,T_C 以上时,结构中没有偶极子。但是由于离子的协同运动,偶极子才出现在结构中。通常,这被视为区域中心光学声子的软化(软化模式)。这意味着具有零波矢量的光子模式的频率在 T_C 处变为 0。这种声子模式涉及结构中阳离子和阴离子在相反方向上的位移。当该模式的频率变为 0 时,将产生偶极位移。这种铁电体的例子包括钙钛矿结构的氧化物,例如 BaTiO₃,将在下面进一步讨论。软化模式理论为 T_C 处介电常数的峰值提供了令人信服的机制。根据 Lyddane-Sachs-Teller 关系,区域中心声子的软化将使介电常数在 T_C 处发散。

在实践中,有序-无序和位移铁电之间的区别变得相当模糊,因为一些可能被认为是纯位移的铁电体可能会显示出远高于 T_C 的显著无序阳离子位移,而某些有序-无序铁电体则表现出软模行为。

3.3.2 主要铁电材料分类

1. 氧化物铁电体

从技术上来讲,氧化物铁电体是最为重要的铁电材料,从晶格结构上又可以分为钙钛矿、钛铁矿、钨青铜等,以下将进一步展开,对这些铁电体的结构进行介绍。

1)钙钛矿铁电体

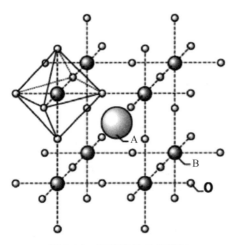

图 3.16 钙钛矿的晶格结构

这些材料具有与钙钛矿(CaTiO₃)同形的晶体结构。它们都具有通用化学式 ABO₃,其中 A 和 B 是阳离子。通常,A 阳离子的半径约为 1.2~1.6 Å(接近于氧离子),而 B 阳离子的半径约为 0.6~0.7 Å。晶体结构如图 3.16 所示。它由与角相连的 BO₆ 八面体组成的网络组成,大 A 阳离子被包围在其中。观察结构的另一种方法是立方紧密堆积的 AO₃ 层,小的 B 阳离子位于这些紧密堆积的层之间的八面体位置。层状堆积的结构如图 3.17 所示。该结构是一种非常宽容的结构,可以容纳许多不同的离子。因此大量的氧化物都以这种结构存在。结构稳定的基本标准是离子的价态应该是平衡的,而且离子半径应符合 Goldschmidt 标准。耐受系数 t 定义为

$$t = \frac{r_A + r_x}{\sqrt{2}(r_B + r_x)} \tag{3.15}$$

式中,r_x 是 X 离子的离子半径。理想立方钙钛矿结构中,离子间互相紧密排列,$t=1$。该结构在 $0.85 < t < 1.05$ 的情况下将保持稳定。表 3.6 给出了通常形成钙钛矿的离子及其离子半径的列表。t 越接近于 1,该结构越可能是立方结构。$t < 1$ 的钙钛矿显示出畸变,这些结构经常是铁电性的。表 3.7 列出了一些钙钛矿材料及其耐受系数 t。该表还列出了化合物在室温下形成的结构,以及它们是否为铁电体。从应用的角度来看,一些最有趣的钙钛矿是钛

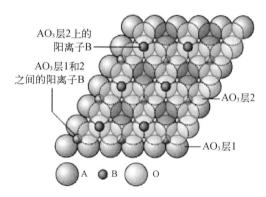

图 3.17　钙钛矿结构的两个 AO_3 层密堆积的示意图,B 阳离子位于层间的六重配位位点

酸钡 $BaTiO_3$、钛酸铅 $PbTiO_3$ 和铌酸钾 $KNbO_3$。钛酸钡在 135℃ 以上为立方晶系,但在此温度以下转变为四方晶系,具有铁电性。在这种情况下,Ba 和 Ti 离子相对于阴离子骨架沿 001 方向位移。这意味着极轴在四方相中有六个方向选择。在 5℃ 时,存在从四方相到正交相的第二相变,该极化是由于沿着 110 方向之一的阳离子位移而出现,因此有 12 种选择。最终,在 -90℃ 过渡到斜方六面体,阳离子沿着 111 方向之一位移,因此有 8 种选择。在 $PbTiO_3$ 的情况下,只有一个发生在 490℃ 的到四方晶系的相变,这是沿着 100 方向的阳离子位移引起的。另外也有一些钙钛矿的相变不是铁电性的。例如钛酸锶 $SrTiO_3$ 在 110 K 时显示出向四方相的转变,这涉及 TiO_6 八面体绕 100 方向的旋转或倾斜。八面体的倾斜是钙钛矿结构中发生的相变的共同特征,可能导致一系列非常复杂的相变,如 $NaNbO_3$ 中所查到的。Glazer 详细描述了这种类型的结构相变以及常用的符号。

表 3.6　钙钛矿氧化物材料的 A 位离子、B 位离子及其离子半径

A 位离子	氧离子(O^{2-})12 重配位时的离子半径/Å	B 位离子	氧离子(O^{2-})6 重配位时的离子半径/Å
Na^+	1.32	Nb^{5+}	0.64
K^+	1.6	Ta^{5+}	0.68
Ba^{2+}	1.6	Zr^{4+}	0.72
Sr^{2+}	1.44	Ti^{4+}	0.605
Pb^{2+}	1.49	Pb^{4+}	0.775
Bi^{3+}	1.11	Sc^{3+}	0.73
Ca^{2+}	1.35	Fe^{3+}	0.645

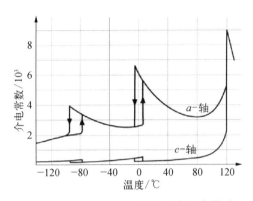

图 3.18　钛酸钡 $BaTiO_3$ 的相对介电常数随温度的变化(分别沿着[001]和[100]轴进行测量)

制备端基钙钛矿的固溶体非常容易,表 3.7 中列出的固溶体,已被用于提供具有广泛性能的材料。图 3.18 显示了 $BaTiO_3$ 单晶的相对介电常数的温度依赖性。在每个跃迁处都有一个峰值,介电常数可达到几千,使该材料成为电容器电介质的有趣材料。但是,这种特性随温度的变化降低了其应用的可能性。$BaTiO_3$ 与 $SrTiO_3$、$CaTiO_3$ 或 $PbTiO_3$ 的陶瓷固溶体的形成可以控制介电常数的温度依赖性,从而在宽温度范围内以 2 000 或更高的平均介电常数可以满足应用的需求。Herbert 曾专门讨论过这些固溶体及其对 $BaTiO_3$ 相变温度的影响。$BaTiO_3$ 基陶瓷被广泛用于陶瓷电容器中,并构成了每年价值数十亿美元的行业基础。它们也曾用于压电陶瓷,但在该领域不再那么重要,因为 $PbZrO_3$-$PbTiO_3$ 固溶体(锆钛酸铅 PZT)已取代了 $BaTiO_3$ 基陶瓷的位置。然而目前,为了减少环境中的铅含量,人们对基于 $BaTiO_3$ 的无铅压电陶瓷又有了新的兴趣。

表 3.7　典型钙钛矿材料的耐受系数 t 以及居里温度等特性

钙钛矿氧化物	耐受系数	室温下的晶体结构	类　　型	居里温度/℃
$BaTiO_3$	1.06	四方相	铁电	135
$SrTiO_3$	1.00	立方相	顺电	
$CaTiO_3$	0.97	四方相	顺电	
$PbTiO_3$	1.02	四方相	铁电	490
$PbZrO_3$	0.96	斜方相	反铁电	235
$NaNbO_3$	0.94	单斜相	铁电	−200
$KNbO_3$	1.04	四方相	铁电	412
$KTaO_3$	1.02	立方相	铁电	−260
$BiScO_3$	0.83	菱方相	铁电	370
$BiFeO_3$	0.87	四方相	铁电	850

$PbZrO_3$ 和 $PbTiO_3$ 组成的钙钛矿固溶体系统具有重要的技术重要性,因此值得详细讨论。图 3.19 中给出的相图显示了几个阶段。从 $PbTiO_3$ 开始,铁电四方相(F_T)在整个图中一直保持良好状态,直到达到 $Pb(Zr_{0.53}Ti_{0.47})O_3$ 的组成为止,在此过渡到铁电菱方相。发生这种情况的成分称为变晶相界(MPB)。斜方相区域分为两个部分:高温相($F_{R(HT)}$),其中阳离子沿[111]方向位移;低温菱方相($F_{R(LT)}$),

其中$(Zr,Ti)O_6$八面体绕[111]轴旋转。这使单位晶胞大了一倍。接近于$PbZrO_3$[图3.19(b)]，室温下该结构转变为反铁电相，斜方(A_O)结构。这是一个复杂的结构，其中阳离子沿着[110]方向以双反平行的形式移位，并伴有八面体倾斜。较高温度的A_T相在文献中引用该相图时经常显示出来，但已显示在纯固溶体中不存在。此相位图后来有了更新的版本。Noheda等已经证明了这一点（2000）。MPB存在单斜相[图3.19(c)]，其中部分数据引自Noheda文章中的引文（Noheda et al.，1999；Ari-Gur et al.，1974；Jaffe et al.，1971）。该系统的巨大技术和商业重要性源于非常高的压电系数、热电系数和电光系数，这些系数可以从相图中不同部分的陶瓷组合物获得，尤其是当基础组合物掺杂有选定的离子时。这些将在下面更详细地讨论。尽管严格地说，PZT是由Clevite公司制造的一组压电陶瓷组合物的商标，但该固溶系统通常被统称为PZT。

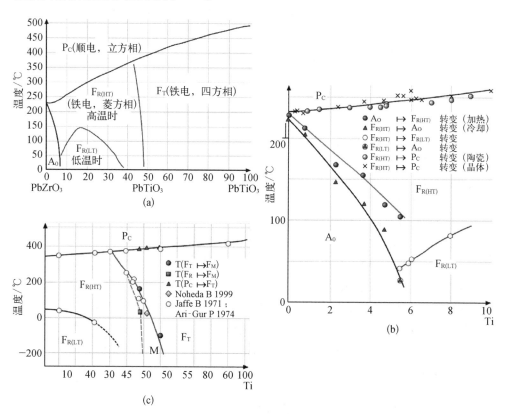

图 3.19　$PbZrO_3$和$PbTiO_3$组成的钙钛矿固溶体系统（锆钛酸铅）的相图

注：（a）横坐标为摩尔百分比；（b）与（c）横坐标为原子百分比。

还有另一类非常重要的氧化物，称为复合钙钛矿，其中结构中的A位点（或更常见的B位）被固定在不同摩尔比的不同价态的离子占据。这些不是固溶体，因为它们具有固定的组成。实例是$PbMg_{1/3}Nb_{2/3}O_3$（PMN）、$PbSc_{1/2}Ta_{1/2}O_3$（PST）和

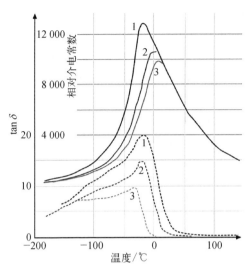

图 3.20　PMN 中介电常数随
温度和频率的变化

$Bi_{1/2}Na_{1/2}TiO_3$。这些在技术上也很重要，可以单独形成固溶体的端元物质，例如 $PbMg_{1/3}Nb_{2/3}O_3$ - $PbTiO_3$（PMN - PT）。许多复杂的铁电体（PMN - PT 是经典示例）都表现出铁电弛豫特性。在这些材料中，居里点不再是一个急剧的转变，而实际上在很宽的温度范围内都能观察到。观察到宽的介电常数峰，并且峰对应的温度和高度强烈取决于测量频率。图 3.20 显示了 PMN 中介电常数随温度和频率的典型变化。

钙钛矿结构对不同阳离子的广泛耐受性启发人们广泛探索不同的等价掺杂剂，以获得不同的电子性质。该结构也可以包括宽范围的异价族掺杂剂，可以通过引入阳离子或阴离子空位或自由电荷载流子来实现。例如，可以将 Nb^{5+} 掺入 $BaTiO_3$ 系统的 B 位，并通过存在自由电子来保持电荷平衡。同样，可以将 Fe^{3+} 引入系统的 B 位，这种取代产生氧空位。

绝大多数钙钛矿以陶瓷形式使用，但是薄膜和厚膜材料变得越来越重要，并且单晶材料开始出现，其压电系数非常高。

2）钛铁矿铁电体

钛铁矿结构与钙钛矿结构有关，因为它也是由通式为 ABO_3 的材料构成，其中 A 阳离子太小，无法填充钙钛矿结构的[12]配位点。该结构由六边形紧密堆积的氧离子层组成，其中 A 和 B 离子占据层之间的八面体配位位置。因此，该结构也被认为与钙钛矿结构有关，因为两者均基于氧八面体。两种最著名的钛铁矿铁电体是 $LiNbO_3$ 和 $LiTaO_3$，其结构如图 3.21 所示。这些材料的 T_C 值较高（分别约为 1 200℃ 和 620℃）。在 $LiNbO_3$ 的情况下，T_C 仅比熔点低 50℃。参见图 3.21，可以看到阳离子占据了沿 c 轴以 Nb、空位、Li、Nb、空位、Li 等顺序排列的八面体位点。极化是通过阳离子沿着三轴位移而发生的。折叠轴，因此结构在 T_C 处从 $\bar{3}m$ 对称转换为 $3m$。这

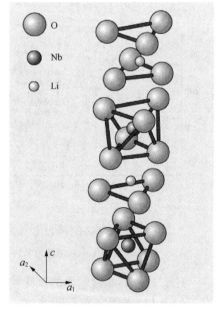

图 3.21　铌酸锂 $LiNbO_3$ 的结构示意图

些是单轴铁电体,极化只能向上或向下,并且仅存在 180° 畴。该材料主要以单晶形式用于压电和电光设备。

3) 钨青铜铁电体

这是另一个具有通式 $[A1_2 A2_4 C_4]$ $[B1_2 B2_8] O_{30}$ 的氧八面体铁电家族。晶体结构复杂,如图 3.22 所示。B1 和 B2 位点由氧八面体配位,其大小和化合价与钙钛矿中的 B 位点相似。A1 和 A2 站点分别被四列和五列 BO_6 八面体包围。结构中的三重配位 C 位通常是空的,但可以被小的一价二价阳离子(例如 Li^+ 或 Mg^{2+})占据。有各种各样的铁电钨青铜,经常显示出非化学计量。它们在顺电相中都是四方的,并且可以转变为四方铁电相(在其中极性轴沿顺电相的四轴出现),或者(通常)转变为正交相,在该正交相中,极性轴

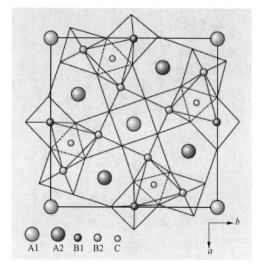

图 3.22　钨青铜铁电体的晶格结构示意图

垂直于原始四轴。钨青铜的例子是 $PbNb_2O_6$(偏铌酸铅),其中六个可用的 A 位中有五个位被 Pb^{2+} 占据,而 B 位被 Nb^{5+} 占据。该晶体及其他类似物在约 1 200℃ 以下是亚稳态的。它们可以通过快速冷却,或更常见地通过掺杂来稳定。偏铌酸铅陶瓷很难制造,但可商业购买获得,并且由于其居里温度高于 PZT 系列材料的居里温度,并减少了横向压电耦合因子,因此有时可用于压电器件。Ba^{2+} 替代 Pb^{2+} 还可用于生产有用的压电陶瓷材料 $Pb_{1/2}Ba_{1/2}Nb_2O_6$。已经研究了其他钨青铜铁电体,例如 $Sr_x Ba_{1-x} Nb_2 O_6$、$Ba_2 NaNb_5 O_{15}$ 和 $K_3 LiNb_5 O_{15}$,作为用于电光器件的单晶。然而由于成分波动引起光学条纹,高度均匀的单晶的生长是很困难的。

4) 奥利威利斯(Aurivillius)化合物

奥利威利斯化合物构成了基于氧八面体的另一类重要的铁电体。它们与钙钛矿有很多共同之处,它们由钙钛矿块的层或平板组成,通式为 $(A_{m-1} B_m O_{3m+1})^{2-}$ 的钙钛矿块被 $(M_2 O_2)^{2+}$ 层隔开,其中 M 阳离子呈金字塔形与四个氧配合,M 位于金字塔的顶点。该结构具有通式 $M_2(A_{m-1} B_m O_{3m+3})$。在铁电相中,M 通常为 Bi,$m$ 通常为 1~5。A 和 B 阳离子遵循钙钛矿的常规离子半径和化合价标准,我们看到铁电化合物,其中 A = Bi、La、Sr、Ba、Na、K 等,B = Fe、Ti、Nb、Ta,图 3.23 中示意性地显示了部分晶体结构,在这种情况下,说明了 $m = 3$ 的结构,这刚好超过晶胞的一半,显示了一个钙钛矿单元平板和两个 $(Bi_2 O_2)^{2-}$ 平板层。该结构在其顺电相中为四边形,四分之一的 c 轴垂直于 $(Bi_2 O_2)^{2+}$ 平面。在大多数情况下,它们在铁电相中变成

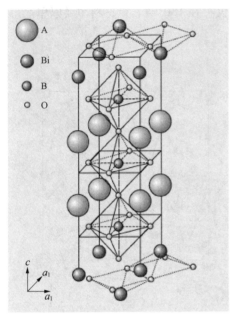

图 3.23　奥利威利斯化合物的晶格结构，此处画出了 $m=3$ 时的半个原胞

正交晶,自发极化出现在 a–b 平面中,相对于正交轴为 $45°$。钛酸铋($Bi_4Ti_3O_{12}$)是铁电性铁电体的一个例子,其中 M = A = Bi,B = Ti,$m=3$,因此在钙钛矿结构中有三个区块。在这种情况下,在 a–b 平面之外会有一小部分自发极化(大约 $4\ \mu C/cm^2$),而大部分极化(大约 $50\ \mu C/cm^2$)在该平面内,因此铁电体结构是单斜的。T_C 很高($675℃$),并且已经探究了将陶瓷用作高温压电材料。当用作陶瓷时,这些化合物的问题在于压电系数非常小。已经研究了用于光开关中可以使用的单晶,但是由于生长的问题,单晶没有得到广泛的使用。$SrBi_2Ta_2O_9$(SBT)薄膜在铁电非易失性存储器中的应用受到了广泛的关注。

5）其他氧化物铁电体

尽管其他氧化物铁电材料的应用比起上述氧八面体铁电应用要少得多,但还是有很多种类。已经发现有两组磷酸盐(其中磷离子被氧四面体配位)在光学系统中得到了应用。磷酸二氢钾(KDP)族在上面被称为有序-无序铁电体的一个例子。KDP 及其氘代类似物 KD^*P 可以从水溶液中生长成大质量的单晶。这些可以被研磨和抛光成用于纵向电光调制器的平板,其中平行于晶体中光传播方向施加调制电场。在该应用中,晶体在室温下以顺电相使用。这些晶体的一个引人注目的应用是用于核聚变研究的大型超高功率激光器中的 Q 开关,其中需要非常大(约 1 m)的晶体切片。另一类磷酸盐铁电体是磷酸氧钛钾盐体系(KTP)。这些晶体可以很容易地从熔体中生长出来,并用于光学倍频应用,特别是使用周期性极化的晶体。这是一个大家族,其中钾可以被铯或铷替代,而磷可以被砷替代。最近在外科手术中发现了使用 KTP 的激光的重要用途。

氧四面体铁电体还有其他例子。锗酸铅($Pb_5Ge_3O_{11}$)是一种有趣的材料,已制成单晶。它是六角形的单轴铁电体,也具有光学活性。Ge 最多可被 Si 替代 50%,这将居里温度从 $177℃$ 降低到 $60℃$。旋光的方向随自发极化的方向切换。对于光学设备和热释电红外探测器已经考虑了这一点,但尚未达到任何商业应用。它以陶瓷和薄膜形式制备,偶尔用作含铅铁电陶瓷的烧结助剂。钼酸 $Gd_2(MoO_4)_3$(GMO)具有由角连接的 MoO_4 四面体组成的结构。这是反常铁电材料的例子,其中来自顺电相的相变通过区域边界模态的软化来控制,这将导致非极性低温相,该相实际上是铁弹性的。高温相是非中心相,铁弹性晶格畸变通过压电系数耦合而产生自发极化。可以通过电切换自发极化来反转晶格畸变,反之亦然。GMO 没有商业应用,尽管曾经考虑将其用于光开关。

2. 硫酸三甘肽(TGS)

TGS 家族是最简单的氨基酸甘氨酸(NH_2CH_2COOH)与硫酸的盐。在晶体结构中,甘氨酸基团几乎是平面的,并且它们成对地通过氢键连接。

两个单斜晶相在 49.4℃之间的铁电跃迁是由这些氢键中质子的有序驱动的。将这些质子替换为氘核(可以通过重水中 TGS 的反复结晶来完成)以得到 DTGS,从而使 T_C 升高 10℃。由于 TGS 具有良好的二阶无序铁电相变,因此它引起了很多研究人员的兴趣。此外,在非制冷热释电红外探测器和热成像设备中也具有相当大的技术兴趣。为了改进性能或增加 T_C(例如可以通过氘来实现)的目的,在更换各种组分方面进行了大量的工作。已经证明用 1-丙氨酸替代甘氨酸会在晶体中产生内部偏置场,这意味着即使加热到 T_C 以上,晶体也将保留其单畴结构。

3. 高分子铁电体

最早发现的聚合物铁电体是聚偏二氟乙烯(PVDF)。单体具有CH_2CF_2的构型。Kawai 首先发现它是压电的,后来 Bergman 等推测它可能是铁电的,因为一直到聚合物熔融都没有显示居里温度存在。聚合物的结构很复杂,因为聚合物主链可以采用多种构型,具体取决于相邻的碳-碳键采用全反式(T)还是间扭/偏转(G)型。在全反式构型中,键合至碳原子的基团位于碳-碳键的相对侧;在间扭/偏转型的配置中,它们位于同一侧。在全反式构型中,聚合物的碳主链形成简单的锯齿形。

对于 PVDF,存在四个不同的相,它们具有不同的 T 和 G 序列,并且以不同的方式将聚合物堆叠在一起形成晶体结构。聚合物从熔体中结晶成 II 型(也称为 α 相),其中的键排列成 $TGT\bar{G}$ 序列,见图 3.24。氟原子是强电负性的,这使 CF 键具有极性,因此分子具有垂直于其长度的净偶极矩。但是,聚合物分子将其自身排列在晶胞中,从而使偶极子相互抵消。晶型 II 既不是铁电也不是压电的,但是施加电场会将其转换为 II_p(也称为 δ 相),其中聚合物分子排列成使得晶胞具有净偶极矩。这些形式中

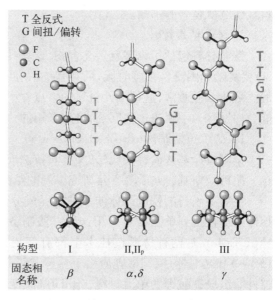

图 3.24　PVDF 聚合物键合结构示意图

的任何一种都可通过高温退火,从而生成形式 III(γ 相),该形式具有新的
TGT$\overline{T}$TGT$\overline{T}$构型,该构型还具有垂直于长轴的净偶极矩,并且它们排列成晶体结构
也具有极性。对形式 II 或 III 进行拉伸将产生形式 I(β 相),该形式为全反式构型
(图 3.24)。从图 3.24 可以看出,在三种分子构型中,极性键都几乎指向同一方向,
并且在晶胞中可以保持。电极化可以形成 PVDF 的最强压电相。拉伸可以在单个
方向上进行,称为单轴,通常通过拉伸辊来实现;也可以在两个垂直方向上进行,称
为双轴,通常通过对聚合物管进行充气来实现。极化需要强电场,而强电场通常是
通过将聚合物置于电晕放电下来施加的。偏二氟乙烯与 10%~46% 的三氟乙烯
(TrFE)的共聚物的形成会导致聚合物从熔体或溶液中直接结晶为晶型 I(β 相),
可以将其极化,产生与纯 PVDF 一样活性的材料。共聚物还显示出铁电-顺电转变
的清晰迹象,例如在 T_c C 处显示介电常数的峰值,而 T_c 取决于共聚物中 TrFE 的
量。外推至 0%TrFE,也就是纯的 PVDF 的 T_c 为 196℃。PVDF 容易获得,并已作
为压电传感器材料获得了广泛的应用。在轻巧和柔韧性很重要的地方,或者需要
很大面积或很长长度的地方,它特别有用。P(VDF－TrFE)共聚物不是很容易获
得,也没有广泛使用。其他表现出铁电性能的聚合物包括奇数尼龙,但它们仅是弱
压电性的,尚未实现任何技术用途。

3.3.3 铁电材料的制备

铁电材料是一种非常常用的材料,应用的形式也很多,包括单晶、多晶陶瓷、薄
膜以及有机材料等。以下将对铁电材料的制备技术大致进行一些初步的介绍。详
细的内容读者可以参考特定形式铁电材料类书籍,比如关于铁电陶瓷、有机铁电材
料或铁电薄膜等的书籍。

1. 铁电单晶材料

铁电材料包括了许多复杂化合物,这就导致铁电单晶的生长比单元素晶体(如
Si)要复杂和困难。很多时候,最具有技术应用价值的化合物是几种铁电端元材料
的固溶体。但通常,这些端元材料的熔点并不一致,有时其中的一个或多个成分可
能会挥发。为了解决这些问题,目前采用的一些技术如下:

1)柴可拉斯基法(Czochralski Growth)

柴可拉斯基法简称柴氏法,又称直拉法或提拉法,这个方法得名于波兰科学家
扬·柴可拉斯基,他在 1916 年研究金属的结晶速率时,发明了这种方法。

在需要制备的铁电晶体的几种端元成分熔点一致时,可以采用柴氏法从混合
熔体中提拉得到单晶材料。用这种方法制备的材料包括铌酸锂($LiNbO_3$)和钽酸
锂($LiTaO_3$),这两种材料在技术上都有广泛的应用。铌酸锂材料用于声表面波
(SAW)和光电器件,钽酸锂应用于热释电红外探测器、压电探测器、SAW 以及光电
器件。组成铌酸锂的单元材料在 1 240℃ 时熔化,但此时熔体的化学计量成分比并
不是要求的 Li:Nb=1:1,而是含有 49% 的 Li_2O。从铂熔炉中提拉出来的晶体虽

然已经可以完全适用于压电和大多数光学应用,但化学计量比具有一致性的材料将会具有更好的光学特性。通过对于提拉技术的改进,目前已经有更高端的商用铌酸锂单晶,可以更好地实现 Li∶Nb=1∶1。对于钽酸锂而言,在 1 650℃其端元材料可以一起熔化,类似的,在这样得到的固溶体中,Ta 的成分略低。同时由于该生长温度高于铂的熔点,钽酸锂的制备必须采用铱熔炉,这是非常昂贵的金属材料。此外,氧化铱是会挥发的,所以在高温制备过程中,为了保护铱不被氧化并挥发,需要使用氮气进行保护,从而导致整个熔体中氧组分偏低,必须在之后通过进一步的氧气氛下退火来加以改善。铂铑合金熔炉也可以用在钽酸锂单晶生长中,但部分铑元素会被晶体吸收,从而导致最后的产物呈现棕色。这样生长出来的材料可以用于压电和热释电探测器,但无法用于光学组件中。几乎所有的铁电材料都需要在使用前经历极化过程。对于钽酸锂,在垂直于极轴 c 的表面上连接银电极,在晶体通过居里温度 T_c(620℃)缓慢冷却的过程中,施加一个大约 10 V/cm 的脉冲电场(脉冲宽度 1 ms,占空比为 50/50)。同样的,在铌酸锂晶体的极化中,也可以采用类似的过程。由于铌酸锂的居里温度与生长温度接近,可以在生长中的晶体与熔炉之间施加极化电场。如果施加的是周期变化的电场,那就可以制备出极化方向周期变化的晶体。这样的晶体在光学倍频等领域具有独特的应用。

2) 溶液/熔体生长法

对于水溶性的材料,如罗息盐(KDP)和硫酸三甘肽(TGS),可以采用从水溶液中制备的方法。常用的方法有两种:一种是将籽晶在饱和溶液中旋转,慢慢冷却,使溶液中析出的材料沉积在籽晶上进行生长;另一种则是将材料溶液循环流经较为高温的进料部分以及相对低温的籽晶部分,从而循环带动材料在低温的籽晶上进行生长。这两种技术都要求对于生长温度的精准控制(优于 0.002℃),整个生长过程可能需要很多天。

从溶液或者熔液中生长氧化物单晶的过程也是非常类似的,晶体可以从饱和溶液中或者熔化的流体中随着温度的逐渐降低而析出。在最简单的情形下,氧化物密封在铂熔炉中,加热到一定的浸润温度,然后再缓慢冷却到室温。通常只有几毫米大小的晶粒可以从凝固的熔体中回收。这样的过程已经应用于各种小单晶的生长,如锆钛酸铅(PZT)以及铌镁酸铅-钛酸铅(PMN-PT)固溶体等。PZT 可以从氧化铅和其他两种氧化物的混合熔体中制得,或者用纯的氧化铅熔体与另外两种氧化物来进行混合。钛酸钡($BaTiO_3$)晶体的制备可以采用氟化钾(KF)或氧化钛(TiO_2)的熔体。在制备含铅的铁电材料时最主要的困难来自氧化铅会从处于结晶温度下的高温熔体中蒸发出来,由于制备大尺寸晶体需要很长的时间,在此期间所产生的大量氧化铅蒸气会造成环境污染。采用密封的熔炉可以在一定程度上避免这个问题。另外一种改进的生长技术是顶部籽晶溶液生长技术,将籽晶浸没在材料过饱和溶液中,随着溶液温度的进一步降低,实现晶体析出生长。虽然这项技术

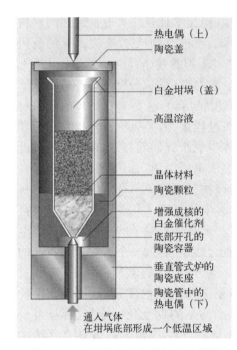

热电偶（上）
陶瓷盖
白金坩埚（盖）
高温溶液
晶体材料
陶瓷颗粒
增强成核的
白金催化剂
底部开孔的
陶瓷容器
垂直管式炉的
陶瓷底座
陶瓷管中的
热电偶（下）
通入气体
在坩埚底部形成一个低温区域

图 3.25　改进的布里奇曼方法示意图

已经成功应用在 PMN‐PT 以及 PZT‐PT 的固溶体晶体制备中,但这个过程很难控制,也存在一些问题,当熔体是氧化铅时,由于这个过程是开放式的,会导致含铅熔体很容易蒸发出来。布里奇曼提拉法通过将材料混合物放在带有锥形端的密封熔炉内来解决这个问题(图 3.25)。籽晶被放置在圆锥体的底座上,由空气冷却来保持较低的温度。然后通过控制熔融区的移动,使得晶体能够逐渐沿着垂直的方向上生长。通过这种方法可以生长高质量的晶体,这也是固溶体铁电材料生长的首选技术。当然所有的溶液/熔体制备技术都存在一个问题,溶液/熔体中的成分在生长过程中总是不断变化的,因此最终得到的晶体往往存在不均匀性的问题,对于较大的晶体或者固溶体晶体材料来说,这个问题尤其显著。

2. 铁电陶瓷

铁电材料在商业应用中最多的形式是多晶陶瓷。非常多的应用中都会涉及铁电陶瓷,包括压电、热释电、热敏电阻(PTCR)以及光电子器件等。针对不同的材料,这些年来发展出很多种制备技术,但它们都基于一个简单的制备流程。由于大量的商业应用的铁电材料都是氧化物,以下的讨论也将围绕氧化物铁电陶瓷展开,对通用的制备流程进行介绍,见图 3.26。

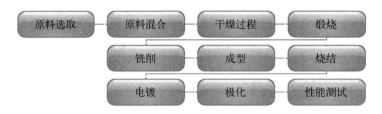

原料选取 → 原料混合 → 干燥过程 → 煅烧
铣削 → 成型 → 烧结
电镀 → 极化 → 性能测试

图 3.26　铁电陶瓷材料制备的一般流程

1）原料选取

陶瓷材料制备的最初阶段需要考虑的是原料选择。对于氧化物铁电材料,原料通常是氧化物或者碳化物,偶尔也会有其他能够在高温下分解为所需氧化物的化合物形式,比如氮化物或者柠檬酸盐。高纯度的原料(通常高于 99.9%,相对于杂质离子而言)是最终产物质量稳定的重要保证。少量杂质掺杂就可能对材料电学特性造成显著的影响,这和其他电子材料一样,同时也会对最终陶瓷材料的烧结特性以及颗粒尺寸造成很大的影响。这里提到的高纯度和在半导体材料中需要的纯度要求也并不相同。实际上,由原材料制造方提供的超高纯度(高于 99.99%)原料往往需要特殊的生产工艺,这样的原料可能会严重影响氧化物粉体的反应活性。在陶瓷材料制备过程中,粉体的反应活性对于后续流程是非常重要的。这通常取决于原材料的颗粒大小以及特定的表面积大小,尽管选择合适的晶相也很重要。比如在使用氧化钛粉体时,通常锐钛矿相比金红石相具有更强的活性。这些因素会影响最后的陶瓷产品质量,需要通过不同的手段来进行分析,如激光颗粒尺寸分析、特异性气体吸收、X 射线衍射等。大多数陶瓷材料都是通过粉末原料混合制成的,偶尔也会使用溶液混合技术。

2)原料混合

通常使用球磨机来进行原料混合,多采用由钢、硬石、氧化锆等制成的小球或圆柱体的混合物。氧化物原料被准确地称重到球磨机中,连同预定数量的铣削液(通常是去离子水,偶尔用有机溶剂,如丙酮)。同时,会添加分散剂来帮助聚集物的分散。然后,球磨机被密封和旋转,以混合成分。精确的铣削条件由所使用的材料决定,但混合时间通常为几个小时。使用由磨损产品在最终陶瓷中不会产生影响的材料制成的铣球是有利的。因此,氧化锆类的铣球是首选,因为少量的铁和二氧化硅污染物可能会对许多铁电陶瓷的特性产生不利影响。出于类似的原因,球磨机经常是橡胶衬里的。研究人员已经探讨了这一过程的许多变化。高能球铣技术正受到相当大的关注。在此过程中,铣球通过积极振动球磨机或用桨高速搅拌,获得非常高的能量。夹在球之间的原材料都是共通的,如果能量足够高,可以被迫一起反应。在这个过程中,晶体原料可以无定形。这个过程后,粉末中可以储存大量的能量,以便在较低的温度下进行后续烧结。在适应这一工艺时,可以在连续流式轧机中完成,即泥浆通过高能轧机泵送,简化制备过程。

3)干燥过程

混合过程产生的原料浆体需要在去除铣球后进行干燥。少量时,可以采用烘箱干燥,在大批量制备时,一般采用喷雾法进行干燥。

4)煅烧

此过程的目的是使原料反应成所需的晶相。将干燥后的粉末放入密封的坩埚中(通常是由高纯度的氧化铝或氧化锆制成的),将其在足够高的温度下在炉中烘烤以分解任何非氧化物前驱体并引起原料之间的固相反应,但又不会高到烧结颗粒的程度,一旦烧结的话会形成难以破碎开的硬块,不利于后续处理。一个简单的例子是 $BaCO_3$ 和 TiO_2 反应形成 $BaTiO_3$ 的过程:

$$BaCO_3 + TiO_2 \longrightarrow BaTiO_3 + CO_2 \uparrow$$

该反应将在约 600℃ 完成。但如果没有氧化钛的参与,碳酸钡分解为 BaO 和 CO_2

的温度要高得多(>1 000℃)。

5) 铣削

通常以与上述混合工艺类似的方式进行,但处理时间较长。目标是分解硬聚集物,并将粉末减少到其原始颗粒大小。同样,可以使用高能铣削技术。通常添加分散剂以帮助加工,并控制 pH,使粉末不絮凝。在此阶段可以添加有机黏合剂。铣削过程中的浆料通常是喷雾干燥或冷冻干燥的,因为需要自由流动的聚合粉末。目标是形成软聚合体,在随后的压制过程中会破裂。或者,可以直接将浆料送入下一步工艺。

6) 成型

干燥后,通常使用钢冲头和模具将上述过程中的粉末单轴压制成所需的生坯形状。在此过程中,重要的是要确保将力均匀地施加到顶部和底部冲头。通常,模具被设计成具有轻微的锥度,以易于在压制之后脱模。在该过程的此阶段可能发生的故障包括工件上的压盖或径向裂纹,这通常是由于压力分布不均引起的。避免这种情况的一种方法是使用冷等静压。在此过程中,将粉末(或更常见的是轻度单轴冷压的生坯)真空密封到橡胶模具中,然后将其浸入油浴中。油压缩到一个高压,该压力将块均匀压缩。使用此过程的优势在于,它避免了单轴冷压时经常出现的压力不均匀分布问题。高压使附聚物破裂,该过程通常会导致更高的生坯密度,从而有利于烧结过程。可以用来形成生坯的另一种工艺是滑模铸造,它是将陶瓷浆料倒入通常缓慢旋转的石膏模具中,石膏可以吸收浆料中的水分,陶瓷颗粒将沉积为一层。将多余的浆料倒掉,然后可以把干燥后的沉积层与模具分离。该工艺已用于制造大尺寸的压电陶瓷圆柱体。经常用于制造陶瓷薄板的第三种方法是流延铸造,通过这种方法,将料浆通过图 3.27 所示设备中的一组刮刀。在这种情况下,浆料就浇铸到连续的塑料带卷上,并向浆料中添加塑料黏合剂,当干燥时,粉末就黏合在一起并制成柔性生坯。有时,浆料可以直接浇铸到玻璃板上,再采用金属电极墨水的图案对生坯带进行丝网印刷,然后通过热压进行层压,以制成带有交错电极的多层结构。这种类型的制造被广泛用于多层陶瓷(MLC)电容器和多层陶瓷压电启动器。

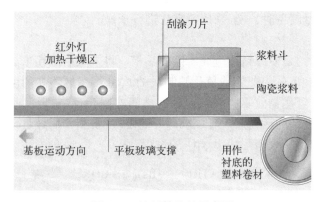

图 3.27　流延铸造的示意图

7）烧结

生坯陶瓷体在 1 150~1 300℃ 的熔炉中烧结,具体取决于所生产的陶瓷。在陶瓷体的烧结中有大量的工艺细节会影响到最终的产物。比较关键的问题包括:

（1）必须精细地控制加热曲线,尤其是在 500℃ 的较低温度范围内［有机物（分散剂和黏合剂）会被去除］。加热太快会导致形成大的孔洞,甚至形成裂纹。

（2）对于含铅陶瓷,重要的是让流动的空气带走汽化的有机物,否则这些汽化的材料会在高温下进一步碳化,这可能会把陶瓷中的 PbO 还原为游离 Pb。

（3）在更高的温度（≥800℃）下挥发引起的 PbO 损失意味着需要在富含 PbO 的环境中烧结陶瓷体,这通常是通过将陶瓷体填充在锆酸铅（$PbZrO_3$）中或锆钛酸铅（PZT）片状结构中,并封装在密封良好的陶瓷坩埚里。这会限制空气进入烧结陶瓷体,这与前一条要求是互相冲突的,因此在实际操作中需要有权衡的考虑。

（4）陶瓷体在烧结过程中必须能自由移动,因为整个过程中材料会存在明显的线性收缩（大约 15%~18%）。如果材料无法在承载表面上滑动,则可能导致破裂,特别是对于大型的陶瓷体部件。解决此问题的一种方法是将陶瓷体放在氧化锆颗粒层上。

烧结过程是非常复杂的,在其他书中已有很详细的描述。通过仔细控制烧结条件,可以获得非常高的密度（>98%）。对于含铅的铁电陶瓷,通常会添加少量过量的 PbO,以补偿蒸发引起的 PbO 损失。这也相当于液相烧结助剂,当在烧结过程中材料彼此滑动时可以润滑陶瓷颗粒,并提供将陶瓷颗粒聚拢在一起的表面张力。PbO 还可以充当溶剂,在烧结过程中帮助陶瓷成分运动并进一步使陶瓷致密。可以将这种材料烧结成透明的,这意味着孔隙率实际上为零。还可以通过热压获得非常高的密度,其中将生坯放置在陶瓷冲头内部并进行压模,在约 35 MPa 的压力下将其升高到烧结温度。或者,可以使用热等静压（HIP）。在此过程中,压力传递介质是高压气体（通常是氩气,但是如果陶瓷包含 Pb,则必须包含百分之几的氧气以防止陶瓷还原）。在这种情况下,可以使用 100 MPa 或更高的压力。如果对陶瓷进行预烧结以确保没有孔洞,则无需额外容器封装,但是如果仍存在孔洞,则必须将主体封装在合适的金属容器中,通常该金属容器必须是贵金属,例如铂。

8）金属电镀

出于各种原因,高质量的电镀对于所有铁电器件都是必不可少的。电极和铁电材料之间的任何低介电常数层都将导致整体电容的下降,并且随着测量频率的增加,损耗也会增加。劣质电极,甚至是错误类型的导电材料都可能导致器件老化,甚至导致器件无法达到预期性能。大多数压电材料都带有烧成的银电极,该电极是银粉、玻璃粉和助熔剂的混合物。在金属和玻璃含量之间取得正确的平衡很重要,因为金属含量过多会导致电极黏附性差,而玻璃含量过多会导致电极导电性差。此类电极可使用适当的助焊剂焊接。也可以使用溅射或蒸发的金属电极,例如 Ni 或 Cr/Au,也可以使用通过自催化反应沉积的金属电极(例如 Ni)。电极与陶瓷接触的欧姆特性通常对于高度绝缘的材料(例如压电材料)并不重要,但是对于半导体陶瓷(例如 PTCR、$BaTiO_3$)则很重要。在这种情况下,通常使用镍电极,在沉积后需要退火以形成欧姆接触。在某些情况下,有必要在陶瓷烧结的同时烧制电极(共烧制电极)。当电极埋在结构中时,这尤其重要,例如多层陶瓷 MLC 电容器和启动器。显然,这里存在电极材料的潜在氧化或熔化方面要解决的问题。用于这种电极的常规材料是贵金属,例如钯(有时与银合金化)或铂。科研人员已经开展了很多工作来研究可以用成本较低的金属电极(例如 Ni)烧制的铁电化合物。对于基于 $BaTiO_3$ 的介电材料,这需要开发出高度受主掺杂的化合物,这些化合物可以在中性或略有还原的气氛中燃烧。在 MLC 启动器的研发中,最近已经成功开发出使用 Cu 作为电极的压电 PZT 材料,该材料可以在这样的气氛中燃烧。

9)极化

许多由铁电陶瓷制成的器件(所有压电和热电器件)都需要进行极化处理,然后才能发挥有用的性能。这通常是在高温下施加明显超过矫顽场(通常为 3 倍)的电场。通常极化时的温度不需要超过居里温度。例如,可在 150℃ 下,通过施加 35 kV/cm(取决于 PZT 的类型,软 PZT 比硬 PZT 需要更低的极化场)的电场,并在降至室温的过程中保持该电场,使得居里温度 T_C 在 230~350℃ 范围内的 PZT 陶瓷极化。在此过程中,通常将陶瓷浸入油浴中(矿物油或硅油)。这样的缺点之一是在极化之后需要仔细清洁陶瓷。硅油很难完全去除,其残留物的存在会损害电极的可焊性。由于这个原因,一些工人开发了一种方法,使陶瓷在 SF_6 气体下极化。极化后器件性能会迅速衰减。这种衰减在几个小时后才稳定下来,因此通常需要至少等待 24 小时才能测量器件的电学性能。

研究人员多年来已经详细探索了上述基本工艺路线的许多变化。其中之一是使用溶液技术来制备氧化物粉末。这里的基本原理是,如果将阳离子混合在溶液中,那么它们将以原子间尺度混合,而无需进行会引入杂质的研磨过程(这其中仍可能存在由于沉淀和分解行为所导致的组分分离)。已探索了许多途径,包括使用无机前驱体(例如硝酸盐)和金属有机前驱体(例如草酸盐、柠檬酸盐或醇盐)以及醋酸盐。尽管与混合氧化物路线相比,溶液路线更加复杂且原材料价格昂贵,但其中一些已经取得了一定程度的商业成功。草酸钛酸钡钛合金在生产用于电容器行业的高质量细晶粒钛酸钡粉末方面非常成功。金属柠檬酸盐(通常称为 Pechini 工艺)已小规模成功用于制备许多不同类型的铁电氧化物,但是这种类型的方法尚未在商业规模上应用。金属醇盐(例如异丙醇钛)易溶于醇,会与水快速反应,沉淀出氢氧化物凝胶。目前已经有使用钛和锆的醇盐与乙酸铅和镧的混合物共沉淀混合的氢氧化物凝胶,然后将其煅烧和烧结,制成透明的锆钛酸铅镧陶瓷(PLZT),用于电光应用。

3. 厚膜

将铁电材料的厚膜（$10\sim50~\mu m$ 厚）与蓝宝石（氧化铝）和其他类型的基底（例如硅）进行集成，可以实现不同于现有的其他厚膜工艺所制备的器件，可以涵盖导体、电介质、磁性等多种材料，尤其在制造某些类型传感器时，这样的厚膜处理具有许多潜在优势，特别是在大规模生产中使用丝网印刷来实现所需材料的图形化。丝网印刷涉及使用一块覆盖有光敏聚合物的丝网（丝网）。聚合物的曝光和显影可以去除选定的区域，从而可以使用橡胶刮板或橡皮刮板将所需材料的糊剂推过开口区域。原理很简单，但是在糊剂的配方中有大量的专门知识，它由活性材料（在这种情况下是铁电粉末，如 PZT），有机载体（溶剂和有机物的混合物）和玻璃料。屏幕在模板上拉伸，并紧靠但不接触需要印刷的表面。将糊状物放置在丝网上，然后用刮刀将其涂抹在网面上，从而将糊状物透过设定的孔洞印刷到衬底上。如果不同材料之间具有良好的兼容性，则可以将其依次印刷和共烧。尽管压电厚膜的性能仍远低于体材料，但该方法已被开发用于压电膜的制备，并可以获得足够的性能（有关更多详细信息，请参阅 Dorey 和 Whatmore 的综述）。

4. 薄膜

将高质量的铁电材料薄膜（厚 $0.1\sim5~\mu m$）集成到诸如硅之类的基板上，引起了人们对潜在应用的极大兴趣，这些应用范围从非易失性信息存储到在微机电系统（MEMS）中用作活性材料，它们可以潜在地用于微传感器和执行器。几乎所有的兴趣都与使用氧化物铁电体有关，但对 P（VDF‑TrFE）共聚物膜的使用也颇有兴趣。这些可以从甲基乙基酮溶液中纺丝到带电的基材上。它们在相对较低的温度（<100℃）下干燥，并在 180℃ 下退火数小时而结晶[27.27]。这样的膜已被应用于热电器件。然而，可以从这种膜获得的活度系数比从氧化物材料获得的活度系数低得多。目前已经开发出一系列用于生长铁电氧化物薄膜的沉积技术，总结如下。

1）化学溶液沉积（CSD）

该术语适用于广泛的过程，包括将金属离子带入金属有机溶液中，然后通过旋转将其沉积在基材上，然后进行干燥和退火，以去除挥发性和有机成分并将其转换为结晶氧化物。CSD 过程分为两大类：金属有机沉积（MOD）和溶胶凝胶。MOD 工艺通常涉及将金属络合物与长链羧酸溶解在相对较重的溶剂（如甲苯）中。前驱体的碳含量很高，因此在烧制过程中会有很多厚度收缩。MOD 溶液往往随着时间的推移非常稳定，并且耐水解。溶胶-凝胶法在醇溶液中使用金属醇盐、乙酸盐和 β‑二酮酸盐之类的前体（例如，一组沉积 PZT 的前体应该是异丙醇钛、正丙醇锆和乙酸铅）。醇盐前体非常容易水解，因此在溶胶合成过程中仔细控制水分含量至关重要，通常将稳定剂（如乙二醇）添加到溶液中以延长溶胶的使用寿命。MOD 中的溶液是真正的溶液，而溶胶实际上是尺寸为 $4\sim6~nm$ 的金属氧化物/有机配体颗粒的稳定分散体。溶胶具有较低的黏度，并且倾向于在比 MOD 工艺稍低的温度下产生氧化物层，但是单次旋转产生的层厚度往往更低。单个无裂纹层的厚度通常在 100~200 nm。CSD 工艺的优点是成本低,组成易于更改,且可以产生非常光滑的层表面。该工艺是平面化的沉积方式,不会受下层表面微观结构的影响,这可能是不利的。而且,该方法不是工业标准,因为它们涉及多种溶剂,属于湿法沉积,并且有非常多的因素可能影响制备的结果。

2)金属有机化学气相沉积(MOCVD)

这是工艺的一种变化,已非常成功地应用于 III - V 族半导体层的生长。原理很简单:将挥发性金属有机化合物通过加热的基材,然后在其中分解形成所需化合物层。铁电氧化物生长的问题在于大多数可用的金属有机前体在室温下相对不挥发。因此,已经对所需化合物的可用前驱体进行了大量研究。烷基金属(例如四乙基铅)非常易挥发,但仅可用于相对较少的目标金属离子(Pb 是主要的金属离子)。问题在于这样的前驱体多数是易燃的,且属于剧毒物质。一些金属醇盐,如异丙醇钛,是合适的 MOCVD 前驱体。金属 β -二酮酸盐和相关化合物[如四甲基庚二酮酸盐(THDs)]作为 Ba 和 Sr 的前驱体备受关注。所有这些前驱物都需要加热以使其具有适当的挥发性,这意味着将前驱物源连接到生长室的管线也需要加热。一些前驱体(尤其是 THDs)是固体,这意味着它们并不真正适用于常规蒸发源。使用这些化合物在四氢呋喃(THF)中的溶液已经取得了相当大的成功。将溶液喷入蒸发器中,该蒸发器由一个装有金属丝棉或滚珠轴承的圆柱体组成,并加热到该溶液的闪点温度。载气通过气缸,将载气前体带入生长室。通常将生长室保持在负压下,并引入一定量的氧气以帮助氧化物沉积。通常还引入射频(RF)或微波等离子体,以帮助高密度膜的生长并降低所需的基板温度。对于具有许多阳离子成分的复杂铁电氧化物,MOCVD 工艺的主要问题是找到能够在相同衬底温度(通常为 550~650℃)下分解的前驱体的正确组合,其分解速率可以达到所需的材料化学计量比的速率。该方法在生长 BaSrTiO$_3$ 等材料的薄膜方面非常成功,并具有应用于动态随机存取存储器(DRAM)的潜力。MOCVD 的主要优点是它是一种真正的保形生长技术,对于具有复杂拓扑结构的半导体器件具有工艺优势,但是由于需要复杂的生长和控制系统,因此建立起来非常昂贵。而且,对于许多材料而言,前驱体的可用性仍然是一个问题。

3)溅射

一系列溅射工艺已应用于铁电薄膜的生长,包括射频磁控溅射、直流(DC)溅射和双离子束溅射。射频磁控管工艺可能是最受欢迎的工艺。在所有的过程中,主要问题是在生长的薄膜中获得正确的阳离子平衡。已经发现许多不同的解决方案可以用来解决这个问题。在反应溅射中,可以使用复合金属靶。这可以由要溅射的金属组成,例如,PZT 材料就需要 Pb、Zr 和 Ti 这三种材料并按其对应的组分进行复合,以获得薄膜中正确的分子计量比。或者可以使用多个靶,控制基板在不同时间内暴露于每个靶源,或者施加到每个靶上的溅射功率可以不一样。在反应溅射中,溅射气体(通常为 Ar)中必须有一定量的氧气。可以使用陶瓷或混合粉末靶,溅射制备铁电薄膜,但必须根据目标组分进行调整靶材的配比,以配合不同元素各自的溅射速率。在任何溅射过程中,有许多变量需要调整以优化工艺,包括溅射功率和射频或直流偏置(这将影响成膜过程中离子束对于生长中的薄膜的轰击)、溅射时的腔内气压、气体混合比以及衬底温度等。所有这些都会影响薄膜的生长速率、组分、晶体大小和结晶相以及薄膜中的应力。因此,为复杂的铁电氧化物开发溅射工艺可能是非常耗时的一项工作,而如果为一种特定成分设定了一组条件,那在改变成分时,所有的溅射参数都需要进行重新调整。双离子束溅射与射频和直流工艺的不同之处在于,使用低得多的腔内气压,使用一个离子束从靶材轰击出材料,使用另一个能量较低的离子束同时轰击在生长中的薄膜表面,以实现激活表面和使形成的薄膜致密的作用。溅射工艺的优点是工业上公认的,因为它们不需要用到溶液,属于干法制备,同时在大面积生产上易于实现。

4)激光烧蚀

这一过程是使用脉冲激光轰击陶瓷靶材,通常采用的是大功率的 ArF 气体激光器,这种方法也可以称为脉冲激光沉积(pulsed laser deposition, PLD)。靶材处于真空腔内,激光的轰击将产生等离子羽流,从靶材上飞出的微小的材料颗粒将通过真空腔内的一段距离,落在加热的基板上。这个过程的优点是目标成分和成长中的薄膜之间通常有良好的对应关系。使用相对尺寸较小的陶瓷靶材在工艺上是可以接受的,因此它是快速评估给定材料薄膜特性的好方法。该工艺的缺点是等离子体羽流只能覆盖相对较小的基板区域,尽管现在有系统使用基板平移来覆盖大面积区域;另一个缺点是,靶材上飞出的颗粒尺寸并不均匀,可能会在生长的薄膜中造成缺陷。

在用于铁电氧化物薄膜生长的所有技术中,关键问题是控制成分和所需结晶相的形成(通常是钙钛矿结构)与所需的结晶度(晶体大小、形态和方向)。所有铁电钙钛矿材料在低温下都有结晶成非铁电萤石状烧绿石相的倾向。在 CSD 工艺中,这意味着当薄膜从室温加热时,在失去有机成分后,首先形成非晶氧化物,然后结晶成纳米晶体层,最终形成所需的钙钛矿相。发生这种情况的温度在很大程度上取决于正在生长的铁电氧化物材料特性和所需的成分。在 PZT 的情况下,300~350℃下会形成非晶的烧绿石相。根据固体溶液中 Zr∶Ti 的比例,钙钛矿相将在约420℃以上开始形成。接近 $PbTiO_3$ 的成分将比接近 $PbZrO_3$ 的成分更容易结晶成钙钛矿相。对于复杂的过氧化物,如 $Pb(Mg_{1/3}Nb_{2/3})O_3$ 或 $PbSc_{1/2}Ta_{1/2}O_3$,烧绿石相更稳定,需要更高的温度(±550℃)才能将其转换为过氧化物。过量的 PbO 往往有利于钙钛矿的形成,而缺陷则有利于烧绿石相的形成。较高的退火温度将促进PbO 损耗,并且有可能随着 PbO 损耗,而令烧绿石相成为最稳定的状态,这样即使采用高温退火,也无法得到钙钛矿相。残留的烧绿石相将降低薄膜的介电常数、压电/热释电系数,损害薄膜的电学性能。

其他生长技术的优点是薄膜可以沉积在加热基板上,在高温下,可以直接得到钙钛矿相的薄膜。虽然有许多报道指出可以在较低的衬底温度沉积(例如通过溅射),并通过沉积后高温退火得到所需的钙钛矿薄膜,但之前所提及的烧绿石相仍然会有一定的残留。薄膜结晶度(晶体方向和尺寸)的控制非常重要,因为它会直接影响薄膜的电学性能。这通常是通过控制成核过程来实现的。溅射制备的铂(Pt)经常被用作铁电薄膜生长的衬底。与许多金属衬底一样,这会使得材料自然地以(111)为首选方向进行生长。它是面心立方结构(FCC),晶格参数约为3.92 Å,与许多铁电钙钛矿材料的晶格参数匹配(约为 4 Å)。这意味着,通过适当的过程控制,在 Pt 上获得高度(111)取向的铁电薄膜,晶体尺寸约为 100 nm,这是完全可能的。更改衬底可以诱导其他晶相的生长。例如,在 Pt 衬底上增加 TiO_2 或 PbO 的薄层可以诱导(100)晶相的生长。控制钙钛矿相的成核密度非常重要。如果成核密度太低,会导致直径几个微米的大颗粒的形成,在它们的边界处就容易产生缺陷。关于薄膜铁电生长技术的进一步详情,见 Araujo 等的著作(de Araujo et al.,2004)。

3.4　低维结构–量子限制效应

从红外功能材料的特殊性上考虑,首先提出的就是单光子能量较低,从而研究人员将研究视角投向了窄禁带半导体,寻找带隙足够窄的半导体材料,并沿用可见光波段半导体光电器件的结构进行红外波段的拓展;另一个方面,利用红外波段显著的热效应,也可以实现对红外波段的探测/发射。那么对于其他材料,通过新的材料工艺和技术手段,是否也可以在红外波段得到应用,展现出更优良的性能呢?

对在整个可见光谱范围内运行的高效发光二极管和激光器的需求,以及近红外 1.3 μm 和 1.55 μm 的光纤窗口的需求推动了对新型直接带隙半导体作为活性材料的研究。由于半导体的发射波长与其带隙能量相对应,因此这些研究集中在寻找新的半导体材料上,这些新材料在所需的特定能量处具有带隙。这种科学称为带隙工程(band-gap engineering)。

在半导体光电子的早期,能达到的带隙在很大程度上取决于关键的 III - V 族材料(如 GaAs 及其合金,如 AlGaAs 和 InGaAs)的物理性能。然后在 1970 年,Esaki 和 Tsu 发明了半导体量子阱和超晶格(Esaki et al., 1970),获得了重大突破。他们意识到外延晶体生长技术的发展可能会为利用量子限制效应设计出具有定制设计电子态的新材料打开大门。他们预见到,这些量子限制下的结构将使科学家(探索基础物理学的未知领域)以及工程师(将其独特特性用于器件应用)感兴趣,这些人的参与将为全新的器件研发铺平道路,如今这些设备在从光盘播放器到交通信号灯等各种日常应用中都可以找到。

在这里,我们讨论的重点集中在量子阱和超晶格结构的红外光电特性。我们首先概述带隙工程和量子限制的基本原理。然后,我们将讨论量子受限结构中的电子态以及由此产生的光学性质。我们将解释采用量子阱和超晶格的主要光电器件的原理,即发射器、检测器和调制器。最后,我们会对研究领域中出现的基于二维材料的光电应用中一些有趣的最新进展进行介绍,这些进展为未来的设备提供了令人兴奋的前景。许多文本更详细地介绍了这些主题(Kasap, 2013;Weisbuch et al., 1991;Jaros, 1989;Bastard, 1988),有兴趣的读者可以参考这些资源以进行更全面的处理。低维结构的纯电子性质的描述可以在 Kelly 的论述(Kelly, 1995)中找到。

3.4.1　能带结构理论以及量子限制效应

1. 晶格匹配

能带工程在很大程度上取决于晶体生长科学的发展。从熔体中生长的块状晶体通常包含大量的杂质和缺陷,因此,必须采用通过外延生长的方法[例如液相外延(LPE)、分子束外延(MBE)和金属有机气相外延(MOVPE),也称为金属有机化学气相沉积(MOCVD)]生长光电器件。外延的基本原理是在作为衬底的块状晶体上生长出纯度很高的薄层。当外延层和衬底的晶格常数相同时,认为该系统是晶格匹配的。晶格匹配减少了外延层中的位错数量,但由于仅有少量的容易获取的衬底材料,能带工程所设计的材料类型实际上受到晶格常数匹配所带来的严格限制。

参考图 3.28,我们可以更清楚地了解这一点。该图绘制了许多重要的 III－V 半导体的带隙能量 E_g 与晶格常数 a 的函数关系。用于红色/近红外光谱区域的大多数光电器件都生长在 GaAs 或 InP 衬底上。要考虑的最简单的情况是在 GaAs 衬底上生长的 GaAs 外延层,其发射波长为 873 nm(对应的带隙为 1.42 eV)。对于涉及短距离下载光纤的应用,该波长是完全可以接受的;但是对于长距离应用,我们

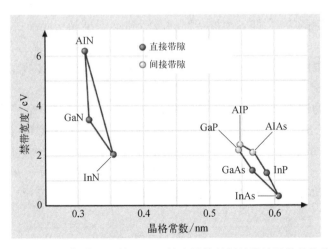

图 3.28　室温下部分重要的 III－V 族半导体材料的带隙及其晶格常数

需要发射 1.3 μm 或 1.55 μm 的光;而对于许多其他应用,我们需要在可见光谱范围内的光。

我们考虑首选的光纤波长为 1.3 μm 和 1.55 μm。没有在这些波长处具有带隙的二元半导体,因此我们必须使用合金通过改变成分来调节带隙。典型的例子是三元合金 $Ga_xIn_{1-x}As$,当 $x = 0.47$ 时,它与 InP 晶格匹配,带隙为 0.75 eV(发射波长对应 1.65 μm)。在 InP 衬底上生长的 $Ga_{0.47}In_{0.53}As$ 光电二极管在 1.55 μm 波段有优良的探测性能,但是要制造此波长的发射器,我们必须在保持晶格匹配条件的同时增加带隙。通过将第四种元素(通常为 Al 或 P)掺入合金中来实现,该元素提供了额外的设计参数,可在保持晶格匹配的同时进行带隙调整。因此,四元合金 $Ga_{0.27}In_{0.73}As_{0.58}P_{0.42}$ 和 $Ga_{0.40}In_{0.60}As_{0.85}P_{0.18}$ 分别在 1.3 μm 和 1.55 μm 处发射,并且都与 InP 衬底晶格匹配。

现在转到可见光谱区域,巧合的是 GaAs 和 AlAs 的晶格常数几乎相同。这意味着我们可以在 GaAs 衬底上生长相对较厚的 $Al_xGa_{1-x}As$ 层,而不会引入位错和其他缺陷。$Al_xGa_{1-x}As$ 的带隙随 x 呈二次方变化:

$$E_g(x) = (1.42 + 1.087x + 0.438x^2)\,eV \tag{3.16}$$

但当 $x > 0.43$ 时,材料的带隙变为了间接带隙。可以制得的材料带隙为 1.42 ～ 1.97 eV,发出的光从近红外的 873 nm 到红色光谱范围的 630 nm。在四元合金(如 AlGaInP)上已经做了很多工作,但是由于砷和磷化合物趋向于间接转换为砷和磷的趋势,迄今为止,仍不可能制造基于 GaAs 衬底的发蓝光和发绿光的器件。

当前优选的光谱的蓝端的方法是使用基于氮化物的化合物。早期的氮化物研究表明,氮化物的巨大直接带隙使它们成为用作蓝/绿光源的极有前途的候选材料(Pankove, 1977)。但是直到 20 世纪 90 年代,这种潜力才得以充分实现。快速发展中有两个关键的突破,即 p 型掺杂剂的激活和不满足晶格匹配条件的 $In_xGa_{1-x}N$ 量子阱的成功生长(Nakamura et al., 2000)。后者违背了能带调控的传统常识,强调了量子结构限制下所能提供的额外自由度,这将在下面进行讨论。

2. 量子限制结构

量子限制的结构是其中电子/空穴的运动被势垒限制在一个或多个方向上的结构。表 3.8 给出了对量子受限结构进行分类的一般方案。我们将主要关注量子阱,并简要介绍量子线和量子点。当材料层的厚度变得与电子或空穴的德布罗意波长相当时,量子尺寸效应变得很重要。如果我们考虑质量为 m 的粒子在 z 方向上的自由热运动,则在温度 T 下的德布罗意波长 λ_{deB} 由式(3.17)给出:

$$\lambda_{deB} = \frac{h}{\sqrt{mk_BT}} \tag{3.17}$$

表 3.8 量子限制结构的定义

量子限制结构	限制的维度	自由维度
量子阱	$1(z)$	$2(x,y)$
量子线	2	1
量子点(盒)	3	无

注:在量子阱中,一般设定的限制方向为垂直于表面的 z 轴。

对于有效质量为 0.067 m_0 的 GaAs 中的电子,我们发现 300 K 时 $\lambda_{deB} = 42$ nm。这意味着我们需要厚度约 10 nm 的结构才能在室温下观察量子约束效应。通常使用 MBE 或 MOVPE 技术来生长此厚度的层。

图 3.29 显示了 GaAs/AlGaAs 量子阱的示意图。量子约束是由界面处带隙的不连续性提供的,这导致了导带和价带的空间变化,如图 3.29 的下半部分所示。根据式(3.16),通常将 Al 的浓度选择为 30% 左右,这将使带隙不连续性达到 0.36 eV。这对导带和价带的影响大致为 2∶1,因此电子的束缚势垒为 0.24 eV,空穴的束缚势垒为 0.12 eV。如果 GaAs 层足够薄,则根据上述准则,电子和空穴的运动将沿生长轴 z 方向量子化,从而产生一系列离散的能级,如内部虚线所示。图 3.29 中的量子阱运动在其他两个方向(即 x-y 平面)上仍然是自由的,因此我们具有准二维(2-D)行为。z 方向上的运动量化有三个主要结果。首先,量子化将提高有效带隙的能量,这在能带工程提供了额外的自由度。其次,量子结构限制使电子和空穴在空间上

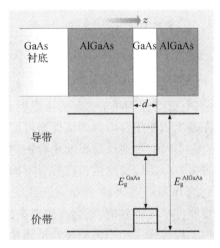

图 3.29 GaAs/AlGaAs 量子阱的结构示意图和能带示意图。量子阱中的量子化的能级用虚线表示。在真实结构中,一般情况下,在 GaAs 衬底上都会首先生长一层 GaAs 缓冲层

更为靠近,从而增加了辐射复合的可能性。最后,与三维(3-D)材料的态密度与 $E^{1/2}$ 成比例的状态相反,态密度变得与能量无关。量子阱的许多有用特性都来自这三个方面。

图 3.29 中将电子和空穴都限制在量子阱中的能带排列称为 I 型能带排列,如果仅限制某一种载流子的能带排列也是可以实现的,称为 II 型能带排列。此外,MBE 和 MOVPE 生长技术可以灵活地生长出超晶格(super lattice, SL)结构,SL 结构包含许多重复的量子阱,用很薄的势垒将它们隔开,如图 3.30 所示。超晶格的行为类似于人造的一维周期晶体,周期性是通过量子阱的重复结构而实现的。当相邻井中的波函数通过分隔它们的薄势垒耦合在一起时,SL 的电子状态形成了离

域的微带。区别于超晶格结构,在包含较少数量的量子阱重复结构或具有厚的势垒层的结构中,相邻阱之间的耦合较弱,这种结构可以称为多量子阱(MQW)结构。

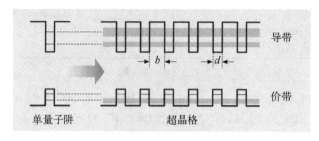

图 3.30 超晶格结构 SL 的示意图

单个量子阱中的分立能级将形成分立的微能带。在一维排列方向上,以(d+b)的周期构成人工一维晶体,d 为量子阱的宽度,b 为势垒层宽度。微带的宽度是由势垒间的耦合强度决定的,通常最低的空穴态之间的耦合较弱,无法形成微带,仍以分立能级的形式存在于各自局域的势阱中

在下一节中,我们将更详细地描述量子阱和超晶格的电子性质。在这样做之前,有必要强调两个实际的考虑因素,它们是有助于其实用性的重要附加因素。首先是无需使用合金作为活性材料即可实现带隙可调,这是应用中必须考虑的,因为合金不可避免地比简单的化合物(如 GaAs)包含更多的缺陷。第二个因素是,量子阱可以作为应变层生长在具有不同晶格常数的衬底上。一个典型的例子是上面提到的 $In_xGa_{1-x}N/GaN$ 量子阱。这些层不满足晶格匹配条件,但是只要 $In_xGa_{1-x}N$ 的总厚度小于临界值,就会产生势垒抑制位错的形成。实际上,这个特点给实际的能带工程带来了相当大的额外灵活性。

3.4.2 量子限制结构中的光电特性

1. 量子阱与超晶格中的电子态

1) 量子阱

可以通过求解由能带不连续性产生的势阱中的电子和空穴的薛定谔方程来理解量子阱中的电子状态。最简单的方法是图 3.31(a)所示的无限阱模型。薛定谔方程为

$$-\frac{\hbar^2}{2m_w^*}\frac{d^2\psi(z)}{dz^2} = E\psi(z) \tag{3.18}$$

其中, m_w^* 是量子阱中载流子的有效质量;z 是生长方向。由于势垒是无限的,电子不能穿透势垒,因此必须在界面处具有 $\psi(z) = 0$。 如果我们选择原点,以使量子阱从 z = 0 到 z = d,其中 d 为阱的宽度,则归一化波函数采用以下形式:

$$\psi_n(z) = \sqrt{2/d}\sin k_n z \tag{3.19}$$

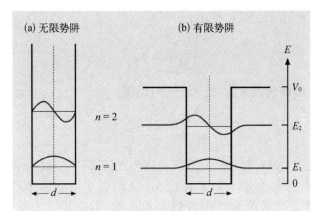

图 3.31 宽度为 d 的量子阱中的局域态

（a）理想状态下的单个量子阱；（b）势垒高度为 V_0 的有限量子阱。
图中画出了两种边界条件约束下，$n=1$ 和 $n=2$ 两个能级的波函数

其中，$k_n = (n\pi/d)$，量子数 n 是整数（$\geqslant 1$）。能量 E_n 由

$$E_n = \frac{\hbar^2 k_n^2}{2m_w^*} = \frac{\hbar^2}{2m_w^*}\left(\frac{n\pi}{d}\right)^2 \tag{3.20}$$

在图 3.31（a）中画出了 $n=1$ 和 $n=2$ 两个能级的波动函数。

尽管无限阱模型非常简化，但它为理解量子约束的一般效果提供了一个很好的起点。式（3.20）向我们显示，能量与 d^2 成反比，这意味着狭窄的阱具有较大的约束能量。此外，约束能量与有效质量成反比，这意味着较轻的粒子会受到较大的影响。这也意味着，重空穴和轻空穴状态具有不同的能量，这与在体半导体材料中，价带的顶部的两种空穴状态会退化的情况是相反的。

现在让我们考虑图 3.31（b）所示的更现实的有限阱模型。阱中的薛定谔方程不变，但在势垒区域中我们有

$$-\frac{\hbar^2}{2m_b^*}\frac{\mathrm{d}^2\psi(z)}{\mathrm{d}z^2} + V_0\psi(z) = E\psi(z) \tag{3.21}$$

其中，V_0 是势垒；m_b^* 是势垒中的有效质量。边界条件要求波函数和粒子通量 $(1/m^*)\mathrm{d}\psi\mathrm{d}z$ 在界面处必须连续。这给出了分别满足式（3.22）和式（3.23）的一系列偶校验和奇校验解决方案。

$$\tan(kd/2) = \frac{m_w^*\kappa}{m_b^* k'} \tag{3.22}$$

和

$$\tan(kd/2) = -\frac{m_b^* k}{m_w^*\kappa} \tag{3.23}$$

k 是阱中的波矢量,由式(3.24)给出:

$$\frac{\hbar^2 \kappa^2}{2m_{\mathrm{w}}^*} = E_n \tag{3.24}$$

而 κ 是势垒中的指数衰减常数,由式(3.25)给定:

$$\frac{\hbar^2 \kappa^2}{2m_{\mathrm{b}}^*} = V_0 - E_n \tag{3.25}$$

通过简单的数值技术即可轻松找到式(3.22)和式(3.23)的解(Gasiorowicz,1996)。与无限阱一样,本征态由量子数 n 标记,并且相对于围绕阱中心的对称轴具有 $(-1)^{n+1}$ 的奇偶性。波函数在阱内近似为正弦波,但在势垒中呈指数衰减,如图 3.31(b)所示。由于势垒的穿透,本征能量小于无限阱的本征能量,这意味着波函数的约束程度较差。在这样的约束条件下,实际的解的数量有限,但是无论 V_0 多小,至少有一个解。

举例来说,当我们考虑一个典型的 GaAs/Al$_{0.3}$Ga$_{0.7}$As 量子阱,阱的宽度 $d =$ 10 nm。电子的约束能量为 245 meV,空穴的约束能量为 125 meV。无限阱模型下,可以算出电子的 $E_1 = 56$ meV,$E_2 = 224$ meV,而式(3.22)和式(3.23)给出的有限阱模型下,$E_1 = 30$ meV,$E_2 = 113$ meV。对于重(轻)空穴,无限阱模型预测前两个束缚态为 11 meV(40 meV)和 44 meV(160 meV),而不是根据有限阱模型计算出的更准确的 7 meV(21 meV)和 29 meV(78 meV)。注意,在 300 K 时,电子能级的分离已大于 $k_{\mathrm{B}}T$,因此在室温下就可以容易地观察到量子限制效应。

2)应变量子阱

通过外延堆叠具有不同晶格常数的半导体层可以形成应变量子阱,以实现可用于定制电子状态的更大的设计自由度。已有的一些研究包括:GaAs 上的 In$_x$Ga$_{1-x}$As 和 Si 上的 Si$_{1-x}$Ge$_x$。大的双轴应变可以在具有不同晶格常数的基板上生长的量子阱的 xy 平面内产生。为了避免在界面处产生位错,应变层需要比某个临界尺寸更薄。例如,当 $x = 0.2$ 时,GaAs 上的无缺陷应变 In$_x$Ga$_{1-x}$As 层要求的厚度小于 10 nm。由于带隙与晶格常数有关,应变会引起能带边缘的偏移,进而影响到许多其他属性。由于这些效应,应变量子阱结构已在光电器件中得到广泛研究和利用。

应变的最显著效果是改变带隙并消除 Γ 谷附近的价带简并性。价带的分裂是晶格畸变的结果,晶格畸变将晶体的对称性从立方降低到四方(O'Reilly,1989)。本质上有两种类型的应变。当外延层的晶格常数大于衬底的晶格常数时,例如在 GaAs 上的 In$_x$Ga$_{1-x}$As 中,就会发生压缩应变。在这种情况下,带隙增大,最高空穴带的有效质量减小,而下一价带的有效质量增加。相反的情况是拉伸应变,当外延层的晶格常数小于衬底的晶格常数(例如 Si 上的 Si$_{1-x}$Ge$_x$)时,就会发生拉伸应变。价带的顺序与压缩应变的情况相反,并且总带隙减小。

3）超晶格

超晶格(SL)中的允许能量值的解析推导与单个 QW 的解析推导相似,其中 SL 周期性施加的边界条件有适当的变化。超晶格的数学描述类似于一维晶格,这使我们可以借用固体的能带理论的形式主义,包括著名的 Kronig-Penney 模型 (Gasiorowicz, 1996)。在该模型中,电子包络波函数 $\psi(z)$ 可以表示为沿 z 轴传播的 Bloch 波的叠加。对于势垒高度为 V_0 的 SL,允许能量以数值形式计算为涉及 Bloch 波矢量的先验方程的解:

$$\cos(ka) = \cos(kd)\cos(\kappa'b) - \frac{k^2 + \kappa'^2}{2k\kappa'}\sin(kd)\sin(\kappa'b), \; E > V_0 \quad (3.26)$$

$$\cos(ka) = \cos(kd)\cos(\kappa b) - \frac{k^2 - \kappa^2}{2k\kappa}\sin(kd)\sin(\kappa b), \; E < V_0 \quad (3.27)$$

其中, $a \equiv (b + d)$ 为周期; k 和 κ 分别由式(3.24)和式(3.25)给出; $E > V_0$ 时的衰减常数 κ' 由下式给出:

$$E - V_0 = \frac{\hbar^2\kappa'^2}{2m_b^*} \quad (3.28)$$

通过参考图 3.30 并利用与固体中能带形成的紧密结合模型的类比,可以更定性地理解超晶格中的电子态。孤立的原子具有离散的能级,其位于单个原子位点上。当原子彼此靠近时,能级扩展为能带,并且重叠的波函数发展为扩展状态。以相同的方式,具有大的势垒厚度 b 的重复的量子阱结构具有离散的能级,其波函数位于阱内。随着势垒厚度的减小,相邻阱的波函数开始重叠,并且离散能级扩展为微带。在整个超晶格中,微带中的波函数是非局部的。微型频带的宽度取决于跨阱耦合,该耦合由势垒厚度和衰减常数 κ [式(3.25)]确定。通常,高位态会产生更宽的微带,因为 κ 随着 E_n 的减小而减小。此外,重载空穴的微带比电子微带的宽度窄,因为随着有效质量的增加,势阱耦合会减小。

2. 带间光跃迁

1）吸收

量子阱中的光跃迁发生在限制在 z 方向但在 xy 平面内自由的电子状态之间。可以根据费米的黄金法则来计算跃迁速率,该定律指出,从能量 E_i 的初始状态 $|i\rangle$ 到最终能量 E_f 状态 $|f\rangle$ 的光学跃迁的概率由下式给出:

$$W(i \to f) = \frac{2\pi}{\hbar} |\langle f| er \cdot \varepsilon |i\rangle|^2 g(\hbar\omega) \quad (3.29)$$

其中, er 是电子的电偶极子; ε 是光波的电场; $g(\hbar\omega)$ 是在光子能量 $\hbar\omega$ 下的状态联合密度。能量守恒要求对于吸收而言, $E_f = (E_i + \hbar\omega)$,对于发射而言, $E_f = (E_i - \hbar\omega)$ 。让我们考虑从量子数为 n 的价带中的受限空穴状态到量子数为 n' 的

导带中的受限电子状态的过渡。我们应用布洛赫定理写出波函数:

$$|\,i\,\rangle = u_{\mathrm{v}}(r)\exp(\mathrm{i}\boldsymbol{k}_{xy}\cdot r_{xy})\psi_{\mathrm{hn}}(z)$$

$$|\,f\,\rangle = u_{\mathrm{c}}(r)\exp(\mathrm{i}k_{xy}\cdot r_{xy})\psi_{\mathrm{en}}'(z) \qquad (3.30)$$

其中, $u_{\mathrm{v}}(r)$ 和 $u_{\mathrm{c}}(r)$ 分别是价带和导带的包络函数; $\boldsymbol{k}_{xy}$ 是面内波在 xy 平面上自由运动的矢量; r_{xy} 是位置矢量的 xy 分量; $\psi_{\mathrm{hn}}(z)$ 和 $\psi_{\mathrm{en}}'(z)$ 是在 z 方向上受限空穴和电子态的波函数。我们在此处应用了动量守恒,以使电子和空穴的面内波矢相同。

将这些波函数代入式(3.29)后,我们发现跃迁速率与波函数和态密度的相交部分的平方成正比(Fox, 2001):

$$W \propto |\,\langle\,\psi_{\mathrm{en}}'(z)\,|\,\psi_{\mathrm{hn}}(z)\,\rangle\,|^{2}g(\hbar\omega) \qquad (3.31)$$

除非 $n=n'$,否则无限阱的波动函数是正交的,这给出了 $\Delta n = 0$ 的选择规则。对于有限阱,情况有所不同, $\Delta n = 0$ 的选择规则在此近似成立,尽管不同奇偶性状态之间的跃迁仍然是严格禁止的(即 Δn 不能为奇数)。由于量子阱的准二维性质,总的态密度与能量无关。

图 3.32(a)说明了典型量子阱中的前两个强跃迁。这些是第一和第二空穴与电子能级之间的 $\Delta n = 0$ 跃迁。这些跃迁的阈值能量等于

$$\hbar\omega = E_{\mathrm{g}} + E_{\mathrm{hn}} + E_{\mathrm{en}} \qquad (3.32)$$

其最小值等于($E_{\mathrm{g}} + E_{\mathrm{hn}} + E_{\mathrm{en}}$),这表明光学带隙发生了移动,大小相当于电子和空穴量子化能级改变之和,一旦光子能量超过式(3.32)设置的阈值,由于量子阱中二维态密度恒定,会出现一个连续的吸收带,其吸收系数与光子能量无关。具有无限势垒的理想量子阱与对应体材料之间的吸收差异如图 3.32(b)所示。在量子阱的情况下,注意到一系列具有恒定吸收系数的台阶,而在总体上,对于 $\hbar\omega > E_{\mathrm{g}}$,吸

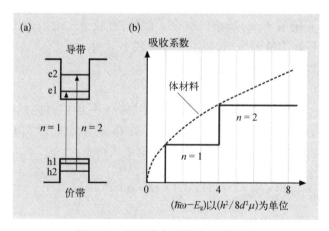

图 3.32　量子阱内的带内光学跃迁

(a) $\Delta n = 0$,在对应子带间的跃迁示意图;(b)宽度为 d 的无限量子阱,电子/空穴有效质量为 μ ,在没有激子效应的情况下的吸收谱。体材料情况下的吸收谱在图中用虚线表示

收变化了 $(\hbar\omega - E_g)^{1/2}$。因此,从三维到二维会改变吸收曲线的形状,并且还会导致带隙有效偏移 $(E_{h1} + E_{e1})$。

以上的讨论中,我们忽略了跃迁中所涉及的电子和空穴之间的库仑相互作用。这种吸引力可导致称为激子的束缚电子-空穴对。可以将量子阱的激子态视为具有相对介电常数 ε_r 的材料中的二维氢原子。在这种情况下,结合能 E^X 可以由下式给出(Shinada et al.,1966):

$$E^X(\nu) = \frac{\mu}{m_0} \frac{1}{\varepsilon_r^2} \frac{1}{(\nu - 1/2)^2} R_H \tag{3.33}$$

其中,ν 是 $\geqslant 1$ 的整数;m_0 是电子质量;μ 是电子-空穴对的还原质量;R_H 是氢的里德堡常数(13.6 eV)。与三维半导体的标准公式对比可以发现,在标准公式中,E^X 的变化为 $1/\nu^2$,而不是 $1/(\nu-1/2)^2$,这意味着对于基态激子,二维下的结合能是三维情况下的四倍。这给在室温下观察到量子阱中的激子效应提供了可能,而通常对于体半导体,只有在深低温下才能观察到激子效应。

图 3.33 比较了室温下 GaAs MQW 样品和 GaAs 体材料的带边吸收(Miller et al.,1982)。MQW 样品包含 77 个周期 10 nm 厚的 GaAs 量子阱以及将它们隔开的 $Al_{0.28}Ga_{0.72}As$ 势垒。可以清楚地观察到 MQW 的频带边缘向更高能量的偏移,以及由于每个 $\Delta n = 0$ 跃迁而导致的一系列吸收峰。尖锐的线是由于激子引起的,激子出现在由下式给定的能量下:

$$\hbar\omega = E_g + E_{hn} + E_{en} - E^X \tag{3.34}$$

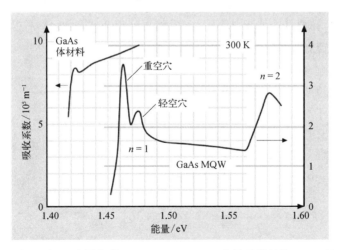

图 3.33　室温下,77 个周期的 GaAs/$Al_{0.28}Ga_{0.72}As$ 多量子阱结构 MQW 的吸收谱
(阱宽 10 nm)。GaAs 体材料的吸收谱在左上方,以供比较

用式(3.33)可以计算出理想 GaAs 量子阱的基态激子的结合能 E^X 应当为 17 meV 左右,而体材料的约为 4.2 meV。实际的 QW 激子结合能由于电子和空穴

进入势垒的隧穿而略小,典型值约为 10 meV。但是,这仍然比体材料中的值大得多,这解释了为什么量子阱的激子吸收谱线比体材料的具有更精细的结构。由于二维态密度恒定,激子结合能上方的 QW 的吸收光谱大致平坦,这与由于体材料中抛物线型态密度引起的吸收的增加形成鲜明对比。对于重空穴和轻空穴,观察到分立的峰。这是由它们的有效质量不同而引起的,也可以看作是量子阱结构与体材料相比,对称性较低的结果。

2）发射

当被激发到导带的电子下降到价带并与空穴复合时,会发生辐射跃迁,产生光发射。光强 $I(\hbar\omega)$ 与式(3.29)给出的跃迁速率乘以初始状态被占据而最终状态为空的跃迁概率成正比:

$$I(\hbar\omega) \propto W(c \rightarrow v)f_c(1 - f_v) \tag{3.35}$$

其中,f_c 和 f_v 分别是导带和价带中的费米–狄拉克分布函数。在热平衡的情况下,能带底部基态的占用率最大,而在较高的能量处呈指数衰减。因此,典型的 GaAs 量子阱在室温下的发射光谱通常由有效带隙为 $E_g + E_{h1} + E_{e1}$、宽度约为 k_BT 的峰构成。在较低的温度下,由于阱厚度会不可避免地波动,光谱宽度会受到不均匀加宽的影响。此外,在采用合金半导体的量子阱中,组分的微观波动会导致额外的不均匀展宽。对于 InGaN/GaN 量子阱尤其如此,其中铟的成分波动甚至在室温下也会产生明显的不均匀展宽。

量子阱中发光峰的强度通常比体材料的发光峰强度大得多,这是因为量子限制效应会增加电子-空穴的交叠。这能导致更快的辐射复合,从而抑制竞争性的非辐射衰变机制,并导致更强的发射。这种增强的发光性能也是量子阱现在如此广泛地用于二极管激光器和发光二极管的主要原因之一。

3. 量子限制的斯塔克效应

量子限制的斯塔克效应(QCSE)描述了量子阱中受限的电子/空穴会对在生长方向上(z 轴)施加的强直流(DC)电场的响应。通常通过在 pn 结内生长量子阱,然后向二极管加一个反向偏压来施加电场。电场 F 的大小由下式给出:

$$F = \frac{V^{\text{built-in}} - V^{\text{bias}}}{L_i} \tag{3.36}$$

其中,$V^{\text{built-in}}$ 是二极管的内置电压;V^{bias} 是偏置电压;L_i 是本征区的总厚度。$V^{\text{built-in}}$ 大约等于掺杂区的带隙(对于 GaAs 二极管约为 1.5 V)。

图 3.34 给出了施加强直流电场的量子阱的

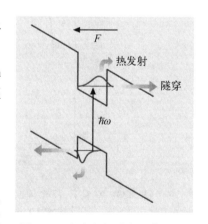

图 3.34　直流电场强度 F 作用下的量子阱中,能带和波函数的示意图

能带示意图。当电子趋于向阳极移动而空穴趋向于阴极移动时,该场会使电势倾斜并使波函数失真。这对光学性能有两个重要的影响。首先,由于电场感应的电偶极子与场本身之间的静电相互作用,最低的跃迁对应的能量会进一步减小。在弱场下,偶极子与 F 成正比,因此红移与 F^2 成正比(二阶斯塔克效应)。在较高的电场中,偶极子的饱和度受 ed 的限制(其中 e 是电子电荷,d 是阱宽度),Stark 位移与 F 成线性关系。其次,奇偶选择定则不再适用,因为关于量子阱中心的反对称性被外场破坏。这意味着允许 Δn 等于奇数的跃迁。同时,随着波函数的畸变,电子-空穴的重叠减小,$\Delta n = 0$ 的跃迁会随着场的增加而逐渐减弱。

图 3.35 显示了 GaAs/Al$_{0.3}$Ga$_{0.7}$As 多量子阱 p-i-n 二极管的归一化室温光电流谱,偏压为 0 V 和 −10 V,量子阱的宽度为 9.0 nm。这两个偏置值分别对应于大约 15 kV/cm 和 115 kV/cm 的场强。由于电场的作用,量子阱中的光生载流子会逸出到外部电路中,因此光电流谱与吸收光谱是非常相似的。该图清楚地显示了在较高的场强下吸收边的斯塔克位移,在 −10 V 偏置下 hh1→e1 跃迁的红移约为 20 meV($\approx$ 12 nm)。由于电子-空穴重叠的减少,谱线的强度有所减弱,并且由于场致隧穿会导致峰的展宽。从图中也可以清楚地观察到几个奇偶禁止跃迁。最明显的两个用箭头标识,分别对应于 hh2→e1 和 hh1→e2 跃迁。

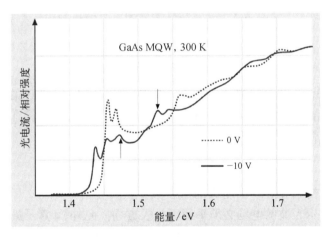

图 3.35　GaAs/Al$_{0.3}$Ga$_{0.7}$As 多量子阱 p-i-n 二极管的归一化室温光电流谱,
偏压为 0 V 和 −10 V,量子阱的宽度为 9.0 nm

图 3.35 的一个显著特征是,即使在非常高的场强下,激子线仍然可以分辨。在砷化镓体材料中,激子电离场约为 5 kV/cm(Fox, 2001),但在量子阱中,势垒会抑制电场的电离作用,甚至在约等于 300 kV/cm 的情况下,激子特征也可以保留(Fox, 1991)。通过 QCSE 控制吸收光谱的能力是许多重要调制器设备背后的原理,这将在后续关于红外器件的内容中进行讨论。

在图 3.30 所示超晶格的情况下,由于图 3.34 所示的带隙倾斜效应,强垂直电场可以将微带分解为每个 QW 局部的离散能级。使用电场来修改超晶格的微带的可能性是能带工程技术的另一项显著优势,可以直接使用量子力学的基本原理来实现对电子特性的控制。

4. 子带跃迁

通过能带工程,可以调节量子阱的能带结构从而产生子带间(Inter-sub-band,ISB)的跃迁,该跃迁发生在导带或价带内的不同量子局限态之间,如图 3.36 所示。这种跃迁通常发生在红外光谱区域。例如,在 10 nm GaAs/AlGaAs 量子阱中的 e1↔e2 ISB 跃迁发生在 15 μm 左右。对于 ISB 吸收跃迁,我们必须首先掺杂导带,以使 e1 能级中有大量电子,如图 3.36(a)所示。这通常是通过势垒的 n 型掺杂来实现,非本征电子从势垒进入量子阱中较低的局限态,产生大的电子密度。而未掺杂的量子阱可以用于子带发射跃迁,此时需要首先将电子注入较高的量子局限态,如图 3.36(b)所示。

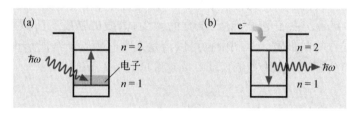

图 3.36　(a) n 型量子阱中的子带吸收;(b) 电子注入导带中能量较高的量子局限态后向下一子能级跃迁,产生子带跃迁

通过扩展 3.4.2 节第二部分中概述的原理,可以了解 ISB 跃迁的基本属性。主要区别在于初始状态和最终状态的包络函数相同,因为这两个状态都位于同一价带中。因此,导带 ISB 跃迁的跃迁速率由下式给出:

$$W^{\mathrm{ISB}} \propto |\langle \psi'_{en}(z) | z | \psi_{en}(z) \rangle|^2 g(\hbar\omega) \tag{3.37}$$

其中,n 和 n' 是初始和最终子能级的量子数。狄拉克括号内的 z 算子来自电偶极子相互作用,表示光波的电场必须平行于生长方向。此外,z 算子的奇偶校验意味着波函数必须具有不同的奇偶校验,因此 Δn 必须为奇数。子带跃迁在红外发射器和检测器中的应用将在下一章中讨论。

5. 垂直输运

1) 量子阱

垂直输运是指电子和空穴沿量子阱生长方向移动的过程。与垂直输运有关的问题对于大多数量子阱光电设备的性能和频率响应都很重要。当同时涉及电子和空穴时,输运过程通常是双极型的,或者当仅涉及一种类型的载流子(通常是电子)时,输运过程是单极型的。在这里,我们将主要集中在量子阱 QC 探测器和量子限制的斯塔克效应 QCSE 调制器中的双极型输运。下一章我们还会讨论发光器

件中的双极型输运,以及量子级联激光器中的单极型输运过程。

在 QW 探测器和 QCSE 调制器中,二极管处于反向偏置工作状态。如图 3.34 所示,这会产生一个强直流电场并使能带倾斜。如图 3.34 所示,通过吸收光子,在量子阱中产生的电子和空穴可以通过隧穿和/或热发射逃逸到外围电路中。

量子阱中隧穿的物理原理与核物理中的 α 衰变基本相似。受限粒子在阱中振荡,并在每次撞到障碍物时试图逸出。逃逸速率是和尝试频率 ν_0 以及势垒的输运概率成正比的。对于厚度为 b 的矩形势垒的最简单情况,逸出时间 τ_T 由下式给出:

$$\frac{1}{\tau_\mathrm{T}} = \nu_0 \exp(-2\kappa b) \tag{3.38}$$

其中,κ 是由式(3.25)给出的隧穿衰减常数。由于传输概率对 $|\psi(z)|^2$ 的依赖性,指数中有因子 2。由于势垒的非矩形形状,因此偏置量子阱中的情况更加复杂。式(3.38)可以反映其中的基本趋势。为了获得快速隧穿,我们需要薄的势垒 b 和小的 κ。通过使 m_b^* 尽可能小并以较小的限制电势 V_0 来实现第二个要求。由于平均势垒高度降低,隧穿速率随电场的增加而增加。

电子在限制电势上的热发射是一个古老的问题,最初是应用于真空管中的热阴极。研究表明,热电流符合经典的理查森公式:

$$J_\mathrm{E} \propto T^{1/2} \exp\left(-\frac{e\Phi}{k_\mathrm{B} T}\right) \tag{3.39}$$

其中,功函数 Φ 可以用 $[V(F) - E_n]$ 代替,$V(F)$ 是在场强 F 时必须克服的势垒高度。发射速率由玻尔兹曼因子决定,玻尔兹曼因子表示的是载流子具有足够的热动能逃逸到势垒顶部的概率。在低电场时,$V(F) \approx V_0 - E_n$,但随着场的增加,$V(F)$ 随着势垒的倾斜而减小。因此,发射率(如隧穿率)随着场的增加而增加。决定玻尔兹曼因子的唯一与材料有关的参数是势垒高度。由于势垒高度对有效质量和阻挡层厚度均不敏感,因此在某些条件下,尤其是在具有较厚阻挡层的样品中,热发射速率可能会超过隧穿速率。例如,在室温下,$GaAs/Al_{0.3}Ga_{0.7}As$ 量子阱中最快的逸出机制可能是空穴的热发射,其比电子要克服的势垒层小得多(Fox et al., 1993)。

2)超晶格

超晶格结构的人为周期性会引起与布洛赫振荡(Bloch oscillations)现象有关的其他垂直传输效应。众所周知,当施加直流电场时,周期性结构中的电子会产生振荡。在自然晶体中从未观察到这种效应,因为振荡周期(等于 h/eFa,其中 a 是晶胞尺寸)比电子的散射时间长得多。相比之下,在超晶格中,晶胞尺寸等于 $(d+b)$(图 3.30),并且振荡周期可以大大缩短。这允许电子在被散射之前执行几次振荡。电子在超晶格中的振荡运动首先是由两个小组在 1992 年观察到的(Feldmann et al.,1992；Leo et al., 1992）。第二年，另一个小组直接检测到了振荡的电子波包发出的辐射（Waschke et al., 1993）。从那时起，这个问题得到了很大的发展，并且即使在室温下，GaAs/AlGaAs 超晶格也已经实现了太赫兹频率的振荡发射（Shimada et al., 2002）。

6. 载流子俘获与弛豫

在量子阱发光器件中，在从电极注入的载流子被传输到有源区，然后被量子阱俘获之后产生光发射。因此，载流子的俘获和随后的弛豫过程至关重要。让我们考虑一个典型的量子阱二极管激光有源区域的能带结构，如图 3.37 所示。有源区被嵌入在带隙较大的包覆层之间，包覆层可以防止热辅助载流子泄漏到有源区之外。在正向偏置下，从 n 和 p 掺杂的包层中注入电子和空穴，并且在经历了 4 个不同的过程之后进行了发光：① 载流子从包层到限制势垒（CB）的弛豫；② 通过扩散和漂移跨 CB 层的载流子传输；③ 将载流子俘获到量子阱中；④ 将载流子弛豫到基态能级。

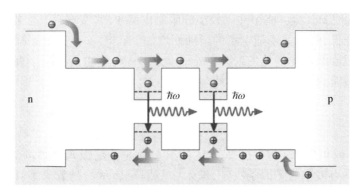

图 3.37　注入载流子的迁移以及被量子阱俘获的示意图。当电子和空穴被俘获
在同一个量子阱中的时候，它们发生复合，产生光发射

限制势垒层的载流子弛豫主要通过纵向光学（LO）声子发射发生。CB 层传输受经典电子流体模型控制。空穴比电子重并且迁移性较小，因此双极传输主要是由空穴支配的。在阻挡层的设计中要考虑到载流子的不均匀性，例如由于空穴迁移率较低而在 p 型一侧 CB 区域堆积的载流子。量子阱中的载流子捕获受声子散射限制的载流子平均自由程控制。实验中观察到，捕获时间随 QW 宽度而波动。详细的建模表明，这与 LO 声子能量与势垒之间的能量差以及阱中的约束状态之间的能量谐振有关（Blom et al., 1993）。作为另一设计准则，在工作温度下，QW 宽度必须大于或至少等于声子散射限制的载流子平均自由程，以加快载流子捕获。最后，如果子带间的能量间隔大于 LO 声子能量，则载波会在亚皮秒级的时间尺度上弛豫到最低的子带。在飞秒级的激光二极管内部存在高载流子密度的情况下，载流子-载流子的散射也可以促进载流子的超快热化。这些过程很多已经通过超快

激光光谱学进行了详细研究(Shah, 1999)。

载流子俘获和弛豫是多量子阱结构 MQW 中最基本的垂直传输机制。在基于垂直传输的 MQW 器件的设计中,通常必须加快一个过程,但会以使另一个过程变慢为代价。例如,为了增强量子阱激光二极管的性能,必须根据最小化载流子俘获和弛豫时间之间的比率来优化 MQW 有源区的载流子限制能力(Ispasoiu et al., 2000)。

3.4.3 二维材料

1. 二维材料概述

随着石墨烯的发现及其奇异特性的不断挖掘,二维材料开始进入人们的视野,并引起越来越多的关注,现在已成为一类具有奇特光电子特性的材料,涵盖了石墨烯、拓扑绝缘体、过渡族金属硫化物、黑磷、锑烯、铋烯等几十种不同的层状材料。纳米尺度的材料所具有的表面效应、小尺度效应以及量子效应等引发了许多神奇的效应,使二维材料具有宏观尺度材料所不具备的一系列优异的光电性能。它们具有可调控的光电属性、超宽的工作带宽、较高的电子迁移率、较低的光散射损耗、较高的热导系数以及半导体工艺可兼容性等诸多优点,在光学工程、激光技术、电子芯片、生物工程等诸多领域有广阔的应用前景,被科学界和工业界誉为新一代的"梦幻材料"。

二维光电材料可以采用"自上而下"的方法制备,如机械剥离法、液相剥离法、水热插层法、激光减薄法、低能球磨-超声法、微波辐射等,也可以采用"自下而上"的分子束外延生长法、水热生长法、气-液-固生长法、热蒸发法、多元醇法、化学气相沉积法、物理气相沉积法等多种制备方法获得多层、少层、单层结构的纳米片、量子点等结构形态。

当今世界科技发展迅猛,一日千里。石墨烯从被发现到应用于可折叠式显示屏以及新能源电池等仅仅间隔了十余年时间。二维材料领域国际竞争异常激烈,原创性成果不断涌现。国际上最近相继发现了二维磁体、二维锗烯以及二维半导体材料 SnO 等新型二维材料,将有助于研制新型存储器、设计量子计算机。

2. 二维材料光电探测器的进展、机遇及挑战

二维材料的研究从石墨烯的发现开始。经历了短短十多年的快速发展,基于二维材料的电子、光电子器件的研究取得了一系列引人注目的成果。随着新的材料合成技术、异质结制备方法及微纳米尺度器件加工技术的发展,具有优异物理性质的新型器件不断被成功研制。其中具备优异光电性能的新型结构被不断地设计和制备,快速推动了二维材料光电探测器的发展。一系列高性能光电探测器相继被报道,如超宽波段二维材料光电探测器可以实现从紫外到红外甚至太赫兹波段的高灵敏探测,超快响应速度的石墨烯探测器带宽高于 100 GHz,部分基于二维材料异质结的中、长波红外探测器实现了室温工作。此外,大面阵高灵敏近红外焦平面器件也被成功研制,已经实现了 388×288 的阵列成像(Goossens et al., 2017),逐

步向实用化方向发展。

在光电探测方面,传统的薄膜半导体(如 Si、GaN、InGaAs、InSb、HgCdTe 等)一直占据着市场的主导地位。下一代光电探测器正朝着室温、宽波段、超灵敏、超小像元、超大面阵及多维度光信息探测等方向发展。新型二维材料光探测器及其异质结构探测器的发展迎来了新的机遇和挑战。目前一些二维半导体材料及其带隙对应的光电谱段如图 3.38 所示。相比较于传统三维薄膜半导体,二维材料在一个维度的尺寸远小于光波长,能够获得较低的暗电流及噪声。然而,原子层厚的二维材料透光率很高,光吸收不如薄膜材料,怎么实现超强光与物质相互作用,如何实现室温红外探测?是什么物理机制使得能在如此薄的材料上获得优越的光电探测性能?是否存在难以克服的缺点?未来发展方向如何?该类器件的工作机制和应用价值值得探索和总结。

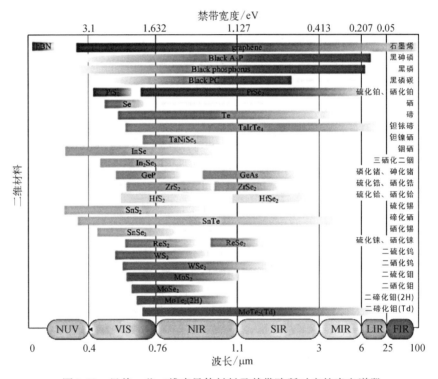

图 3.38　目前一些二维半导体材料及其带隙所对应的光电谱段

目前二维材料探测器可以实现超高的单项性能指标,例如光响应率可高达 10^{10} A/W 左右,光导增益约 10^{12},频率响应约 128 GHz,响应时间约 1 ps。然而器件的实际应用需要考虑器件的综合性能及研制成本。基于 Photogating 效应获得的超高光增益是以牺牲响应时间为代价的。大部分石墨烯探测器能够实现快速光响应,但是响应率非常低。目前需要解决的关键问题是如何同时实现高灵敏和快速探测,以及在抑制暗电流和噪声的同时不损失器件的响应率等。此外,如何实现二维材料的大面积制备,促进单元器件向大规模面阵发展,实现从单一光强度探测到多维度光信息探测的升级,也是正在面临着的严峻挑战。图 3.39 对大量二维材料探测器的性能进行了总结,针对不同实际探测所需求的材料选取及器件结构设计提供了有价值的信息和建议。

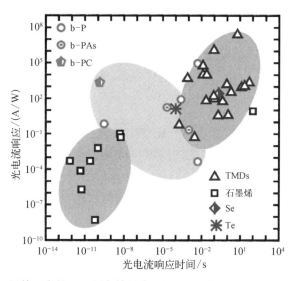

图 3.39　目前已有的一些研究结果中,光电流响应与响应时间之间的关系

　　图 3.39 是基于二维材料光探测器的响应率与响应时间的对比。石墨烯探测器主要适合快速光电探测,但光电流响应偏低;过渡金属硫族化合物响应很高,但相对响应时间较长;黑磷的光响应和响应时间在两者之间。因此,黑磷是可能同时实现高响应和响应速度的重要材料,目前二维材料探测器中仅有黑磷实现了直接的黑体响应,响应波段在中波红外。进一步窄化黑磷材料的带隙及探索新型二维窄带新材料,是努力实现基于二维材料的室温中长波红外探测实际应用的重要途径。另外二维材料的大规模制备也是需要发展的一个重要方向,为未来制备二维材料大面阵器件打下基础。

第 **4** 章

红 外 器 件

红外材料的特性研究都将最终形成特定功能的器件,应用于红外这个特殊波段内,实现不同的器件功能。在这样的器件应用过程中,需要结合不同的器件结构,综合采用多种材料,并配合不同的器件制备工艺,在本章中我们将主要讨论的就是这些器件的基本原理、制备工艺,以及目前的研究进展等内容。

4.1 红外器件概述

红外器件包含在广义的光学器件中,与光学领域内的分类一样,红外器件一样可以包含探测器件、发光器件(光源)以及传输调制(光学)元件。这其中,由于红外波段位于可见光波段与微波波段之间,在短波区域,基本适用可见光波段的很多器件原理和规律,而在长波区域,红外器件可能完全具有不同的结构以及工作原理,采用类似通信中所采用的微天线等结构来实现收发。

同时,由于多种材料的性质会随着作用波段的不同而具有显著的差异,从而给红外器件的研制带来挑战。仅以硅材料为例,硅是一种很好的探测材料,其禁带宽度在 1.12 eV,这个能量对应的光辐射波长为 1.1 μm,短于 1.1 μm 波长的光将可以在硅中将价带电子激发到导带,产生光电流,基于这样的相互作用,硅在短波红外及可见光波段可以作为探测器材料。而更长波长的光将无法激发价带电子跃迁到导带,在通过硅材料时,将与硅晶格相互作用,进行少量能量交换,大部分的能量将穿透硅,也可以说,对于中长波红外,硅材料基本上是透明的。这也就是为什么硅是红外器件常用的窗口材料。

而在可见光波段常用的窗口材料——玻璃,其禁带宽度在 8 eV 以上,但其晶格结构振动的能量区间覆盖了中远红外波段大部分区域,入射的红外光可以通过与玻璃的晶格相互作用而损失大部分的能量,这部分能量会导致玻璃晶格结构振动的增强,在宏观尺度上反映为温度的升高,从而在大部分情况下无法应用于红外波段。

再从另外一个角度来看,如图 4.1 所示,大气对于各个电磁波段的透过率有显著的差异,如果大气对该波段光的能量吸收严重的话,人们就无法利用这个波段来进行远距离的观测。这也是红外观测的波段划分以及红外器件的研究应用中必须要考虑的问题。

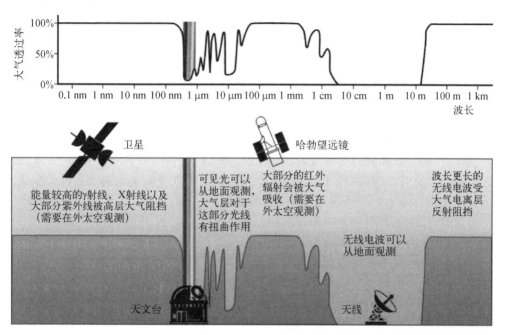

图 4.1　大气对于电磁波谱的吸收

气体吸收差异从应用角度可以用作气体检测和分析,通过对于一定厚度气体的特征光谱段的相对强度测量,就可以得到对应的气体成分的浓度。这是本章讨论的一个典型应用,如图 4.2 所示,以一个红外光源产生红外光,通过一定的光学元件,使其进入包含红外窗口的气体腔室,然后再被红外探测器接收,产生可分析的电信号。

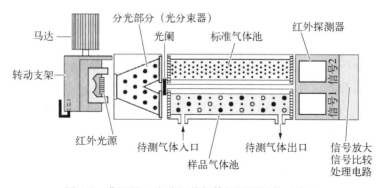

图 4.2　典型的双光路红外气体探测器结构示意图

在这样一个气体探测器中,从左到右分别是红外光源、分光以及光学会聚的部分,包含红外光学窗片的气体室及特定波段的红外探测器件。

在本章的介绍中,我们也将主要分为这样的几个部分来进行介绍。

4.2 红外探测器

红外探测是当前红外光电子领域中最为重要的一个组成部分。在国防和军事上的特殊应用使得这个领域从一开始就决定了是一个多方角力、互相追逐的竞技场。多种材料、各类结构、不同的探测原理以及器件工艺,每一种路径和方法都有代表性的器件,在某个波段或者多个方面具有一定的优势。

以不同的技术路线和器件工艺分类,目前的红外探测器有很多不同的分类方法,红外厂商一般都会同时研发多种红外探测器件,不会局限在一个方向上。比如美国的 Flir 公司、日本的 Hamat asu 横滨、中国的高德红外 Guide,都有多种产品线,那就让我们首先来对红外探测器件的原理做进一步的了解,并就此对其进行细分。

目前,碲镉汞材料的光子型探测器基本已经确立了在高灵敏红外探测器件中的统治地位,III-V 族材料的光子型探测器在中短波也有很大发展,而在非制冷型红外探测领域,基于氧化钒和多晶硅材料的热探测器件占据了市场的主流。在本节中,首先我们按照光子型探测和热探测两种基本分类,对红外探测原理进行一个物理图像的描述,然后对大规模线列/面阵的红外焦平面器件、高灵敏度的单光子探测器件以及探测波段延展至太赫兹波段的探测器件进行单独的介绍。

关于红外探测器件,有这样一些书籍可供参考,包括波兰科学家 Rogalski 的一系列关于红外探测器的著作,从探测原理到最新的进展,以及对于未来红外探测器件的发展,都做出了非常详尽的描述,特别的 2019 年出版的 *Infrared and Terahertz Detectors* 一书,可以说是非常完整地收录了各种现有的红外探测器件(Rogalski, 2019, 2011)。

4.2.1 红外探测原理

红外探测首先是基于对红外光的吸收,对任一物质,如果可以吸收红外线,也就意味着一部分的能量通过光与物质的相互作用被转换成了其他能量形式。通过对于经过该物质转换后的能量形式,采用合适的方式进行测量,就可以将入射的红外光与所得到的测量值对应起来,从而实现红外探测。

对于通常的物质,在接收到红外光时,光子将和构成物质的晶格发生碰撞,从而将能量传递给晶格,导致物质微观热运动的加剧,从而在宏观上表现为温度的升高;从波动的图像来理解,则可以看作是光波与物质的晶格振动频率接近,于是发生共振,从而实现光波能量到晶格振动能量的转换。

对于半导体而言,在接收到红外光时,单光子能量如果大于材料的禁带宽度,那么处于价带中的电子可以在光子能量的激励下跃迁到导带,从而在 pn 结区产生光生电动势(光伏型器件,photovoltaic),或在外部电场的作用下发生定向移动,对外表现为结区电阻的减小(光导型器件,photoconductor)。

表 4.1 对于不同类型的红外探测器进行了一个罗列和大致的比较,优势和劣势部分反映的是在目前工艺水平下,材料和探测器结构给最终器件带来的影响。

表 4.1 红外探测器特性对比

探测器类型			工 作 原 理	优 势	劣 势
热探测(微测辐射热计,热电堆热释电等)			通过对入射红外线的吸收,导致敏感元温度发生变化,带来其他物理性质的改变,并被探测到	轻量级,可靠,室温下工作,低成本	响应较慢(毫秒级),高频下探测率较低
光子型探测	本征型探测器	IV-VI 族(PbS,PbSe,PbSnTe)	少数载流子主导的	易于制备,材料稳定	非常高的热扩散系数,高介电系数
		II-VI 族(HgCdTe)		能带结构可通过组分调节,理论和实验研究充分,可制备多色探测器件	大面积制备时均匀性难控制,生长和制备的成本高,表面由于 Hg 成分的存在而较不稳定
		III-V 族(InGaAs,InAs,InSb,InAsSb)		优良的材料特性,工艺条件先进,可单片集成	较大的晶格失配,77 K 工作温度时探测波长短于 7 μm
	非本征探测器(Si:Ga,Si:As,Ge:Cu,Ge:Hg)		多数载流子主导的	甚长波探测能力,相对简单的制备技术	工作时发热量大,需要深低温工作
	自由载流子(PtSi,Pt_2Si,IrSi)		自由载流子	低成本,高增益,可制备大规模紧密封装的面阵器件	低量子效率,低温工作
	量子阱	I 型(GaAs/AlGaAs,InGaAs/AlGaAs)	二维量子结构的限制效应,子带跃迁	成熟的材料生长工艺,大面积均匀的材料生长,多色探测器件	工作时发热量大,器件设计和制备工艺复杂
		II 型(InAs/GaSb,InAs/InAsSb)			
	量子点	InAs/GaAs,InGaAs/InGaP,Ge/Si	零维量子结构的限制效应	光线正入射,工作中发热量低	器件设计与材料生长复杂

1. 热红外探测原理

仅从热红外探测的名称出发,就可以想象其物理图像:红外光的入射,被探测材料吸收,产生温度的升高,再引起材料其他特性的改变(热敏),转换为可以被测量的电/光信号。这里有非常多的热敏效应可供选择,比如热释电效应,电导率随温度的变化,气体热膨胀,半导体带隙变化或者其他的磁、光的效应。具体的类型如表4.2所示。

表 4.2 不同类型的热探测器及其工作机制以及对应的厂商或研究组

探测器	工作原理/随温度的变化	代表性厂商与国家/研究组
测辐射热计 金属 半导体 超导体 铁电材料 热电子	电导率改变	Ulis,法国;FLIR,美国; 高德,中国;艾睿,中国
热电偶/热电堆	不同材料构成的结区产生热电动势	Hamamatsu,日本;Melexis,比利时; TE Connectivity,美国
热释电	自发极化的改变	Excelitas;Pyreos;尼赛拉;森霸
高莱管/气体微腔	气体热膨胀	Tydex,俄罗斯
光学吸收边	半导体透过率的变化	Hilsum et al.,1961
热磁	磁性的变化	Walser et al.,1971
液晶	光学性质变化	Advanced Thermal Solutions,Inc.

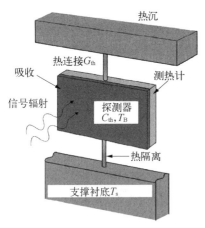

图 4.3 热探测的基本图像

可以分两步探讨热探测器的性能:① 讨论红外光入射吸收导致器件敏感元温度发生变化的过程,即热探测器的一般原理;② 对应于不同的热敏效应,利用升高的温度确定某性质的改变,此处仅对一般性的光-热-电的热探测原理做一个简单介绍,对于多种热探测器件则不具体展开。

图 4.3 是简化的热探测示意图,敏感元的热容为 C_{th},与保持固定温度 T 的散热器通过热导率为 G_{th} 的联结进行耦合,另一侧通过热绝缘材料固定在支撑的衬底上,衬底温度为 T_s。在没有热辐射输入时,即使有一定的温度扰动,敏感元的平均温度仍是 T,当敏感元接收到辐射输入时,通过热平衡方程可以确定温度的升高:

$$C_{th} \frac{d\Delta T}{dt} + G_{th} \Delta T = \varepsilon \Phi \qquad (4.1)$$

式中，ΔT 为光学信号 Φ 所造成的敏感元和周围环境间的温度差；ε 为探测器的发射率。如果将热量的接收和传递与电荷做一个类比的话，我们可以得到表 4.3。

表 4.3　热和电在热探测器中的对比

热		电	
物理量	单　位	物理量	单　位
热能	J	电荷	C
热流	W	电流	A
温度	K	电压	V
热阻抗	K/W	电阻	Ω
热容	J/K	电容	F

假设辐射功率是周期变化的，

$$\Phi = \Phi_o e^{i\omega t} \qquad (4.2)$$

其中，Φ_o 是正弦辐射的振幅，不同热辐射的解为

$$\Delta T = \Delta T_o e^{-(G_{th}/C_{th})t} + \frac{\varepsilon \Phi_o e^{i\omega t}}{G_{th} + i\omega C_{th}} \qquad (4.3)$$

第一项是瞬变项，随着时间推移，该项会按照指数形式减小到 0，在有光辐射输入的情况下，该项可以忽略不计，同时，将式（4.3）中辐射功率的波动项改写，可以得到入射辐射光造成的敏感元温度变化为

$$\Delta T = \frac{\varepsilon \Phi_0}{(G_{th}^2 + \omega^2 C_{th}^2)^{1/2}} \qquad (4.4)$$

从上式可以看到，热探测器的敏感元温度变化 ΔT 是第一阶段热量吸收的关键，需要尽可能大，就是热容以及和周围环境的热耦合度要尽可能地小，也就是在优化敏感元对于入射光辐射的吸收的同时，减小与周围环境的热接触，并尽可能地降低敏感元热容。这就要求敏感元的质量尽可能小，同时，需要与热沉之间连接良好。当 ω 增加，热容的影响 $\omega^2 C_{th}^2$ 这一项可以超过热导项 G_{th}^2，ΔT 将会随 ω 增加而减小。也就是说热探测器随外界辐射输入的影响需要一定的响应时间，当辐射输入的强度 Φ_0 不变而调制频率升高时，探测器的温度改变将减小，可以用热学时间常数来表示：

$$\tau_{th} = \frac{C_{th}}{G_{th}} = C_{th} R_{th} \qquad (4.5)$$

式中，$R_{th} = 1/G_{th}$ 是热阻，这样可以将式(4.4)写成：

$$\Delta T = \frac{\varepsilon \Phi_0 R_{th}}{(1 + \omega^2 \tau_{th}^2)^{1/2}} \qquad (4.6)$$

热学时间常数的典型值是毫秒级，这比光子型探测器件的典型值要长很多。而且对于热探测器，探测灵敏度和频率响应是互相制约的两个方面。高的探测灵敏度需要以牺牲频率响应为代价。

进一步地，热探测器件需要将温度变化转换为输出信号，比如输出电压，可以引入常数 K，反映这样的转换过程：

$$K = \frac{\Delta V}{\Delta T} \qquad (4.7)$$

由温度变化 ΔT 产生的电压信号的均方根可以写成：

$$\Delta V = K \Delta T = \frac{K \varepsilon \Phi_o R_{th}}{(1 + \omega^2 \tau_{th}^2)^{1/2}} \qquad (4.8)$$

探测器的电压响应率 R_V 定义为输出信号电压与输入辐射功率之比，则可以写成：

$$R_V = \frac{K \varepsilon R_{th}}{(1 + \omega^2 \tau_{th}^2)^{1/2}} \qquad (4.9)$$

从上式可以看出，低频电压响应率（$\omega \ll 1/\tau_{th}$）正比于热阻，与热容无关；对高频情况（$\omega \gg 1/\tau_{th}$），则正好相反，电压响应率与热阻无关，而与热容成反比。

前面提及，热探测器对外界环境的热导率应该很小，也就是热阻很高，当探测器完全与外界环境相隔绝处于真空时，仅敏感元与散热片/热沉之间完成热交换，就可以实现最小热导率。这种理想情况可以实现热探测器的最终性能极限，根据斯特藩-玻尔兹曼定律可以确定这个性能上限值。

如果热探测器的敏感元面积为 A，发射率为 ε，当与周围环境处于热平衡状态时，辐射的总光通量为 $A\varepsilon\sigma T^4$。其中 σ 是斯特藩-玻尔兹曼常数。如果探测器温度上升 dT，辐射光通量就增大 $4A\varepsilon\sigma T^3 dT$，热导率的辐射分量可以写成：

$$G_R = \frac{1}{(R_{hh})_R} = \frac{d}{dT}(A\varepsilon\sigma T^4) = 4A\varepsilon\sigma T^3 \qquad (4.10)$$

可以推出电压响应率的形式如下：

$$R_v = \frac{K}{4\sigma T^3 A\ (1 + \omega^2 \tau_{th}^2)^{1/2}} \tag{4.11}$$

当敏感元与热沉处于热平衡状态时,以该热导率传输到探测器的功率扰动为

$$\Delta P_{th} = (4kT^2 G)^{1/2} \tag{4.12}$$

假设 G 为式(4.10)情况下的 G_R,则可以得到理想热探测器的最小可探测功率。我们将最小可探测信号功率或者噪声等效功率 NEP 定义为:入射在探测器上并等于均方根热噪声功率的均方根信号功率。如果与 G_R 有关的温度扰动是唯一的噪声源,则可以得到

$$\varepsilon \text{NEP} = \Delta P_{th} = (16A\varepsilon\sigma kT^5)^{1/2} \tag{4.13}$$

或者

$$\text{NEP} = \left(\frac{16A\sigma kT^5}{\varepsilon}\right)^{1/2} \tag{4.14}$$

如果所有入射辐射都能被敏感元吸收,则 $\varepsilon = 1$,假设 $A = 1\ \text{cm}^2$,$T = 290\ \text{K}$,$\Delta f = 1\ \text{Hz}$(低频响应的情况下,满足 $\varepsilon \ll 1/\tau_{th}$),可以计算得到

$$\text{NEP} = (16A\sigma kT^5)^{1/2} = 5.0 \times 10^{-11}\ \text{W} \tag{4.15}$$

为了确定探测器的 NEP 和探测率 D^*,需要进一步探讨热探测器中的噪声机制,可以说,噪声源及其影响是决定探测器灵敏度极限的主要因素。

一个主要的噪声是电路的约翰逊(Johnson)噪声,阻抗 R 的电阻在 Δf 带宽范围内的约翰逊噪声为

$$V_J^2 = 4kTR\Delta f \tag{4.16}$$

其中,k 为玻尔兹曼常数;Δf 为频带。该噪声又称为白噪声。其他两种噪声源是热扰动噪声和背景扰动噪声。热扰动来自探测器中的温度波动,探测器和周围环境之间的热导率变化会造成热扰动噪声。温度波动可以表示为

$$\overline{\Delta T^2} = \frac{4kT^2 \Delta f}{1 + \omega^2 \tau_{th}^2} R_{th} \tag{4.17}$$

其中,热导率 $G_{th} = 1/R_{th}$ 是影响温度扰动噪声的关键性设计参数。同时,需要注意到信号和温度波动一样会在较高频率处衰减。由温度波动产生的光谱噪声电压可以写为

$$V_{th}^2 = K^2 \overline{\Delta T^2} = \frac{4kT^2 \Delta f}{1 + \omega^2 \tau_{th}^2} K^2 R_{th} \tag{4.18}$$

第三种噪声来自探测器温度为 T_d 和环境温度 T_b 间发生辐射热交换时所产生的背景噪声,当探测器在 2π 视场时,该噪声可以写成:

$$V_b^2 = \frac{8k\varepsilon\sigma A(T_d^2 + T_b^2)}{1 + \omega^2\tau_{th}^2}K^2 R_{th}^2 \tag{4.19}$$

式中,σ 为斯特藩-玻尔兹曼常数。

除了上述三种之外,$1/f$ 噪声是热探测器经常遇到的另一种噪声源,可以用经验公式进行描述:

$$V_{1/f}^2 = k_{1/f}\frac{I^\delta}{f^\beta}\Delta f \tag{4.20}$$

其中,系数 $k_{1/f}$ 为比例系数,δ 和 β 是值约为 1 的系数,这些参数与包括接触层和表面在内的材料制造和处理技术密切相关,很难以解析形式表示 $1/f$ 幂率谱噪声的特性。这样我们就得到了总噪声电压的二次方为所有噪声来源的总和:

$$V_n^2 = V_{th}^2 + V_b^2 + V_{1/f}^2 \tag{4.21}$$

这样我们就可以得到热探测器的探测率:

$$D^* = \frac{K\varepsilon R_{th}A^{1/2}}{(1 + \omega^2\tau_{th}^2)^{1/2}\left(\dfrac{4kT_d^2 K^2 R_{th}}{1 + \omega\tau_{th}^2} + 4kTR + V_{1/f}^2\right)^{1/2}} \tag{4.22}$$

具体到不同的热探测材料和器件结构、封装形式等,都会影响器件最终的探测率,本书不再展开。当前市场上最常见的热红外探测器件主要有微悬臂梁器件、热释电探测器件、热电堆测温器件等,具体厂商或研究组列在表 4.2 中,由于近年来商业应用的发展迅猛,有些内容可能无法及时更新,或者本书成文后又有变化,相关信息仅供应用参考。

2. 光子型探测

就像热探测器是以光的吸收转换为声子振动能为基础,光子型探测器件的工作原理是以半导体材料中的光子吸收为基础的,随着光场在半导体中的传播,产生光生载流子,光能会发生损耗。传统的研究认为,在这个过程中,平衡态下处于价带中的电子在与光的相互作用下,跃迁到导带,从而导致① 半导体材料电阻率的下降,或者② 在 pn 结型器件中,电子与空穴分离,在半导体两侧建立起电势差,前者称为光导型探测器,后者称为光伏型探测器。丹倍(Dember)和光电磁效应(photo-electro-magnetic effect)探测器是不常见的无需 pn 结的光伏器件。当前,异质结器件的发展,如异质结光电导体和薄膜异质结光敏二极管,引入了非平衡工作模式,使得传统的区分方式有些不太清晰。对于一些新型的红外光电探测机制,必须从内部工作原理出发进行讨论,在这个领域,基于光与物质相互作用这样一个基本事实,越来越多的新技术正在涌现。

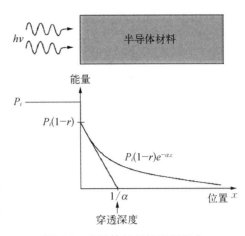

图 4.4　半导体材料的光学吸收

在此,我们仍然可以讨论一个广义的光子型探测器模型(图 4.4)来了解简化的情况下,器件响应与各个参数之间的关系。

在半导体内部,光的吸收可以用吸收长度 α 和渗透深度 $1/\alpha$ 表示该材料的特性。渗透深度是入射光功率减弱到原来的 $1/e$ 强度的位置。将半导体材料吸收的功率写成位置的函数:

$$P_a = P_i(1 - r)(1 - e^{-\alpha x}) \tag{4.23}$$

吸收的光子数等于功率除以光子能量,如果每个吸收的光子产生一个光载流子,那么对于发射率为 r 的材料,可以得到入射光子产生的光载流子数量为

$$\eta(x) = (1 - r)(1 - e^{-\alpha x}) \tag{4.24}$$

其中,$0 \leq \eta \leq 1$ 是探测器的量子效率。图 4.5 给出了一些红外领域常用的半导体材料的本征吸收系数的测量值,不同材料的吸收系数和对应的渗透深度是不一样的。当入射光子能量大于带隙 E_g 时,带间直接跃迁满足二次方根定律,即

$$\alpha(h\nu) = \beta(h\nu - E_g)^{1/2} \tag{4.25}$$

其中,β 是常数,由图 4.5 可以看到,在中波红外区域,吸收边附近的吸收系数在 $(2\sim3)\times10^3\,\mathrm{cm}^{-1}$,在长波红外,吸收系数大约为 $10^3\,\mathrm{cm}^{-1}$。同时,在图 4.5 中我们可以看到,对于 HgCdTe 材料,温度较高时,吸收边蓝移,对应的带隙增大,具有正的温度系数;对于 InAs 和 InSb 材料,温度较高时,吸收边红移,对应的带隙减小,具有负的温度系数。这是由于半导体能带是由固体中的量子效应决定的,而在温度升高时,除了晶格常数会变大,电子声子相互作用也会增强。这些内部效应综合起来影响带隙的宽度,从而改变特定材料的吸收边和吸收系数。尤其在材料带隙附近,吸收系数的变化非常剧烈,在材料可以利用的波长范围内,吸收效率则会有一个明显的随波长增加而下降的趋势。大于截止波长时,吸收系数 α 非常小,以至于无法测得材料的吸收。

非本征半导体的吸收系数 α 为

$$\alpha = \sigma_p N_i \tag{4.26}$$

是光致电离截面 σ_p 与中性杂质浓度 N_i 的乘积,为了尽可能提高 α,可以通过设置

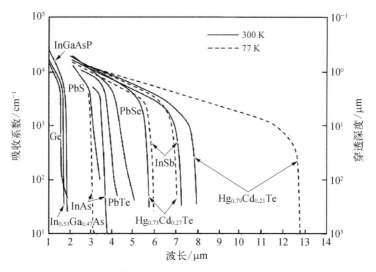

图 4.5 红外波段常用半导体材料的吸收系数(1～14 μm)

杂质能级等方式增加 N_i。对于特定材料,通过掺杂可以实现吸收系数 α 的优值,锗材料为 $1\sim10\ \text{cm}^{-1}$,硅为 $10\sim50\ \text{cm}^{-1}$。也可以说,锗的穿透深度为 $0.1\sim1\ \text{cm}$,硅的穿透深度为 $0.02\sim0.1\ \text{cm}$。增加材料厚度,虽然可以增加吸收,但另一方面,光生载流子具有一定的平均自由程,必须对材料厚度做综合考虑,以实现高的量子效率。

对于低维结构的材料,吸收系数是不一样的。图 4.6 给出了不同 n 型掺杂情况时,50 个周期的 $GaAs/Al_xGa_{1-x}As$ 量子阱红外光电探测器(QWIP)结构的红外吸收光谱,是在室温下采用 45° 入射多通道波导耦合装置测得的结果。

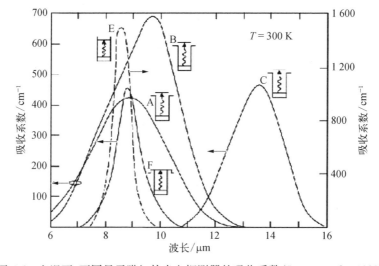

图 4.6 室温下,不同量子阱红外光电探测器的吸收系数(Levine et al., 1993)

在量子阱器件中,存在束缚态-连续态(样品 A、B、C),束缚态-束缚态(样品 E),束缚态-准束缚态(样品 F)的多种跃迁,其中跃迁到连续态时,吸收谱更宽,同时,可以看到样品 E 的吸收系数比其他样品的要高很多。对于束缚态-束缚态的跃迁,也可以称为子带跃迁,与图 4.5 对比,可以发现,子带跃迁的吸收系数低于带间跃迁的吸收系数。

对于量子点(quantum dots,QD)的系统,可以利用下面的高斯曲线形式建立吸收光谱模型:

$$\alpha(E) = \alpha_0 \frac{n_1}{\delta} \frac{\sigma_{QD}}{\sigma_{ens}} \exp\left[-\frac{(E - E_g)^2}{\sigma_{ens}^2} \right] \tag{4.27}$$

式中,α_0 为吸收系数最大值;n_1 为量子点基态中电子的面密度;δ 为量子点密度;$E_g = E_2 - E_1$,是量子点中基态与激发态之间光学跃迁的能量;σ_{QD} 和 σ_{ens} 分别为单量子点中带内吸收和量子点体系能量分布对高斯曲线形状的标准差。因此,$\dfrac{n_1}{\delta}$ 和 $\dfrac{\sigma_{QD}}{\sigma_{ens}}$ 分别描述的就是量子点基态中没有合适的电子以及非均匀展宽造成的吸收下降。

已经发现,基态和激发态之间的光学吸收具有以下值:

$$\alpha_0 \approx \frac{3.5 \times 10^5}{\sigma} (\text{cm}^{-1}) \tag{4.28}$$

其中,σ 为跃迁线宽(meV),上式反映了吸收系数与吸收线宽 σ 之间的关系,对于非常均匀的量子点系统,和窄禁带本征材料的测量值相比,由式(4.27)预测的吸收系数理论值会大很多。

吸收系数的光谱依赖性对量子效率有决定性的影响。铅盐探测器具有中等量子效率,而 PtSi 肖特基势垒型和量子阱红外光电探测器的量子效率较低。InSb 在 80 K 时的响应范围是从近紫外到 5.5 μm。适合于近红外光谱区的是与 InP 匹配的 InGaAs 晶格。各种 HgCdTe 合金,包括光伏和光导结构,覆盖了 0.7 ~ 20 μm 的范围。掺杂型硅杂质阻滞传导型探测器在工作温度为 10 K 时的光谱截止响应范围是 16 ~ 60 μm。掺杂锗探测器可以将响应延伸到 100 ~ 200 μm。

光电探测器的电流响应灵敏度是由量子效率 η 和光电增益 g 共同决定的,量子效率反映的是探测器与入射光的耦合程度,代表了每个入射光子在本征探测器中产生的电子-空穴对的数量,或者在非本征探测器中产生的自由载流子的数量,在光发射型探测器中,量子效率代表的是能够穿越势垒区的载流子数量。光电增益反映的是最终能够穿越接触面的载流子数量,或者说由于光电耦合所产生的载流子最终形成光电流的强烈程度。对于特定的探测器,这两个值都是常数。这样就可以得到光谱电流响应度为

$$R_i = \frac{\lambda \eta}{hc} qg \tag{4.29}$$

其中，$\dfrac{\lambda\eta}{hc}$ 代表一定能量的光子所能激发的载流子数量，q 为电荷量，g 为光电流增益。由于载流子生成和复合过程的统计性质，光生成、热生成和复合过程的扰动时刻存在，由此导致的流过探测器接触面的电流就是噪声电流，假设电流增益同样适用于噪声的产生机制，则可以得到噪声电流为

$$I_n^2 = 2q^2g^2(G_{op} + G_{th} + R)\Delta f \tag{4.30}$$

其中，G_{op} 为光学生成率；G_{th} 为热生成率；R 为由此产生的复合过程的速率；Δf 为对应频带。

需要注意的是，虽然任何方法都不能避免相关扰动的生成，但如果复合过程发生在低光电增益的区域，比如二极管的中性区，光电磁探测器的背面，或者光电导器件的电极接触面，那么复合过程的扰动带来的噪声就相应较小。

对应噪声电流，可以引入比探测率 D^* 来作为探测器归一化的信噪比参数，定义为

$$D^* = \frac{R_i(A_o\Delta f)^{1/2}}{I_n} \tag{4.31}$$

式中，分子为信号的光谱电流，分母为噪声电流，两者的比值代表了探测器的灵敏度。对于光电探测器件，D^* 会随波长改变，同时工作温度对于比探测率影响也是非常显著的。

常见的一些红外探测器的比探测率整理在图 4.7 中，其中也包括了热红外探测器，对于热红外探测器，比探测率在全波段保持一致。

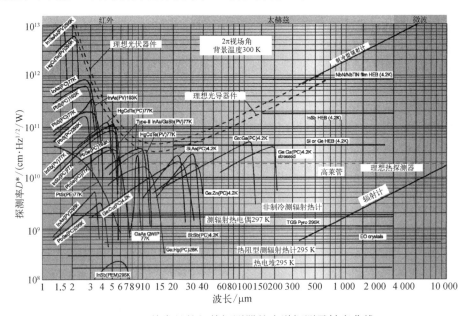

图 4.7　目前常见的红外探测器的光谱探测灵敏度曲线

4.2.2　红外焦平面器件

红外焦平面阵列(infrared focal plane array, IRFPA)可以认为是由多个红外探测单元组合而成,并放置于光学成像系统的焦平面位置,以对目标进行成像的器件。焦平面器件可以是一维线列,也可以是二维阵列,在目前,红外焦平面技术已经发展到可以将 2 048×2 048 个像元集成在一个探测芯片上。在光电成像系统中,光学部分将入射光聚焦在探测器阵列上,利用与探测器阵列集成在一起的电路(read-out integrated circuit, ROIC,即读出电路)以电学方式对各个单元的信号进行扫描,从而得到凝视成像结果。

1. 焦平面器件的特点

从工作原理上来说,焦平面中每一个探测像元都应该具有热探测或光子型探测的结构,满足前述探测理论的基本描述,也可以用比探测率来对于所采用的材料和器件结构进行表征,但从焦平面阵列整体性能的角度来说,还有很多因素会影响其最终性能,因此在焦平面阵列的性能评价中,需要使用噪声等效温差 NEDT 和最小可分辨温差 MRDT 对探测灵敏度进行表征,两者分别对应于热灵敏度与空间分辨率。通过这样两个指标,就可以大致对不同类型、不同厂商的焦平面器件进行对比,或者从应用场景的需求出发,提出针对特定目标特性的指标,从而帮助选择合适的焦平面器件。

焦平面器件的特点在于大量探测单元的阵列排布,这种密集的微结构的排列给器件制备工艺以及放大电路的配置带来更高的挑战,比如器件之间的热隔离、电信号的串扰、单元信号的读取、行列扫描、混成式的芯片间的互连等。

每一个敏感元的微型化是提高焦平面空间分辨率的关键,其中,半导体工艺以及微机电(MEMS)工艺的发展是具有重要意义的基础。通过掺杂设定功能区,通过气相沉积制备功能层,通过深紫外光刻实现图形化,通过蒸发、溅射、原子层沉积实现精准控制的电连接以及介质层,通过反应离子束刻蚀、湿法腐蚀等实现微悬臂梁等结构,以及其他的各种工艺设备,共同实现了将原型红外探测器件单元的微型化,尺度从毫米级下降 3 个数量级到微米级,而这也就意味着平面的整体集成度可以提高 9 个数量级。

这样的提高必须同步提升后续读出电路的集成度,可以说,伴随着集成电路的发展,焦平面器件才正式从第一代走向第二代大规模的面阵,并正在向第三代焦平面发展(图 4.8)。红外焦平面器件在目前的发展阶段仍然大致遵循 19 个月像素翻番的摩尔定律。当前商业化焦平面像元间距已经做到了 8 微米,接近探测波长的尺度,这也给红外探测领域的发展提出了新的问题,在衍射效应不可避免的情况下,如何进一步提高探测器件的空间分辨率?

2. 焦平面的分类

1)根据制冷方式划分

根据制冷方式,红外焦平面阵列可分为制冷型和非制冷型。制冷型红外焦平

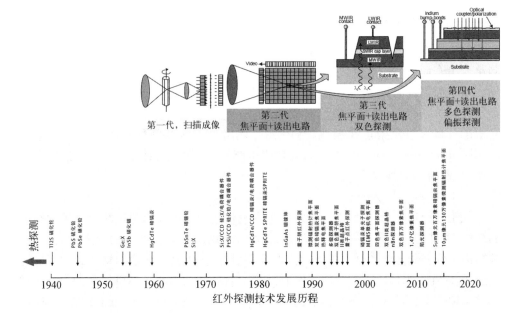

图 4.8　红外焦平面器件发展路线图

面目前主要采用杜瓦瓶/快速起动节流制冷器集成体和杜瓦瓶/斯特林循环制冷器集成体。由于背景温度与探测温度之间的对比度将决定探测器的理想分辨率,所以为了提高探测仪的精度就必须大幅度降低背景温度。当前制冷型的探测器其探测率达到约 10^{11} cm·$Hz^{1/2}$/W,而非制冷型的探测器约为 10^{9} cm·$Hz^{1/2}$/W,相差为两个数量级。不仅如此,它们的其他性能也有很大的差别,前者的响应速度是微秒级而后者是毫秒级。

2）依照光辐射与物质相互作用原理划分

依此条件,红外探测器可分为光子探测器与热探测器两大类。光子探测器是基于光子与物质相互作用所引起的光电效应原理的一类探测器,包括光电子发射探测器和半导体光电探测器,其特点是探测灵敏度高、响应速度快、对波长的探测选择性敏感,但光子探测器一般工作在较低的环境温度下,需要制冷器件。热探测器是基于光辐射作用的热效应原理的一类探测器,包括利用温差电效应制成的测辐射热电偶或热电堆,利用物体体电阻对温度的敏感性制成的测辐射热敏电阻探测器和以热电晶体的热释电效应为根据的热释电探测器。这类探测器的共同特点是：无选择性探测(对所有波长光辐射有大致相同的探测灵敏度),但它们多数工作在室温条件下。

3）按照结构形式划分

红外焦平面阵列器件由红外探测器阵列部分和读出电路部分组成。因此,按照结构形式分类,红外焦平面阵列可分为单片式和混成式两种。其中,单片式集成在一个硅衬底上,即读出电路和探测器都使用相同的材料,如图 4.9(a)所示。混成式是指红外探测器和读出电路分别选用两种材料,如红外探测器使用 HgCdTe,读出电路使用 Si。混成式主要分为倒装式[图 4.9(b)]和 z 平面式[图 4.9(c)]两种。

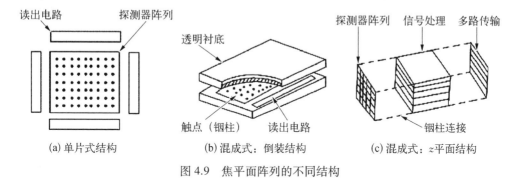

图 4.9　焦平面阵列的不同结构

4) 按成像方式划分

红外焦平面阵列按成像方式分为扫描型和凝视型两种,其区别在于扫描型一般采用时间延迟积分(TDI)技术,采用串行方式对电信号进行读取;凝视型则利用了二维面阵探测元对相场成像,形成一张图像,无需延迟积分,采用并行方式对电信号进行读取。凝视型成像速度比扫描型成像速度快,但是其需要的成本高,电路也很复杂。

5) 根据波长划分

由于运用卫星及其他空间工具,通过大气层对地球表面目标进行探测,只有穿过大气层的红外线才会被探测到。人们发现了三个重要的大气窗口:1~3 μm 的短波红外、3~5 μm 的中波红外、8~14 μm 的长波红外,由此产生三种不同波长的探测器。

商用器件的列表和参数如表 4.4 所示。雷声公司的 HgCdTe 焦平面器件发展历程如图 4.10 所示。

3. 焦平面器件的发展

根据红外焦平面阵列在军事、民用等方面的要求,未来红外焦平面阵列的主要发展方向为:

(1) 集成化——探测器材料与电路集成,杜瓦与制冷、光、机、电的集成;

(2) 长线列,如 10 000×1(高空预警机),大面阵如 4k×4k(中短波)、2k×2k(长波);

(3) 小面元,以利于小型化、质量轻、容易携带;

(4) 双色、多光谱、高光谱,多种探测波段的集成;

(5) 工作温度提升(如 300 K 常温使用);

(6) 曲面型,以简化光学系统设计,优化边缘像素成像质量;

(7) 智能化——片上的信号处理,以及对于不同的目标能自动调节窗口。

表 4.4 主流商用混成式红外焦平面产品列表

厂商 (网站)	尺寸/架构	像元尺寸[①]	探测材料	探测谱段/μm	工作温度/K	探测率 D^*/(cm · $Hz^{1/2}$/W); NETD/mK
Collins Aerospace (www.sensorsinc.com)	320×256	12.5×12.5	InGaAs	0.7~1.7	300	12.9×10[13]
	320×256	25×25	InGaAs	0.4~1.7	300	<5×10[12]
	640×512	25×25	InGaAs	0.7~1.7	300	4.2×10[13]
	1 280×1 024	12.5×12.5	InGaAs	0.4~1.7	300	
Raytheon Technologies (www.rtx.com)	1 024×1 024	30×30	InSb	0.6~5.0	50	
	2 048×2 048 (Orion II)	25×25	HgCdTe	0.6~5.0	32	
	2 048×2 048 (Virgo – 2K)	20×20	HgCdTe	0.8~2.5	4~10	
	2 048×2 048	15×15	HgCdTe/Si	3.0~5.0	78	23
	1 024×1 024	25×25	Si : As	5~28	6.7	
	2 048×1 024	25×25	Si : As	5~28		
Teledyne Technologies (www.teledyne.com)	4 096×4 096 (H4RG)	10×10 或 15×15	HgCdTe	1.0~1.7	120	
	4 096×4 096 (H4RG)	10×10 或 15×15	HgCdTe	1.0~2.5	77	
	4 096×4 096 (H4RG)	10×10 或 15×15	HgCdTe	1.0~5.4	37	
	2 048×2 048 (H2RG)	18×18	HgCdTe	1.0~1.7	120	
	2 048×2 048 (H2RG)	18×18	HgCdTe	1.0~2.5	77	
	2 048×2 048 (H2RG)	18×18	HgCdTe	1.0~5.4	37	
Lynred by Sofradir & Ulis (www.lynred.com)	640×512	15×15	InGaAs	0.9~1.7	300	
	640×512	15×15	InSb	3.7~4.8	80	<18
	1 280×1 024 (Jupiter)	15×15	HgCdTe	3.7~4.8	77~110	18
	1 280×720 (Daphnis)	10×10	HgCdTe	3.4~4.9	110	<20
	640×512 (Scorpio)	15×15	HgCdTe	1.5~5.1	<90	≦16
	640×512 (Leo)	15×15	HgCdTe	3.7~4.8	110	20
	640×512	20×20	量子阱	8.0~9.0	73	31
	640×512	24×24	HgCdTe	中波双色	77~80	15~20
	640×512	24×24	HgCdTe	中长波双色	77~80	20~25

续 表

厂商（网站）	尺寸/架构	像元尺寸①	探测材料	探测谱段/μm	工作温度/K	探测率 D^*/(cm·$Hz^{1/2}$/W)；NETD/mK
Leonardo Company (www.leonardo.us)	320×256(Saphira)	24×24	HgCdTe APD	0.8~2.5		
	640×512(Hawk)	16×16	HgCdTe	3~5	<170	17
	1 280×720(Horizon)	12×12	HgCdTe	3.7~5		
	640×512(Hawk)	16×16	HgCdTe	8~10	<90	32
	640×512(CondorII)	24×24	HgCdTe	中长波双色	80	24/26
AIM (www.aim-ir.com)	640×512	15×15	HgCdTe	1~5	95~120	17
	640×512	15×15	HgCdTe	8~9	67~80	30
	640×512	20×20	HgCdTe	中长波	80	18/25
	384×288	40×40	II类超晶格	中波双色	80	20/25
SCD (www.scd.co.il)	640×512	15×15	InSb	3~5		20
	1 280×1 024	15×15	InSb	3~5	77	20
	1 920×1 536	10×10	InSb	1~5.4		<25
	1 280×1 024	15×15	InAsSb nBn	3.6~4.2	150	20
	640×512	15×15	InAs/GaSb T2SL	中心波长 9.5	80	15
FLIR (flir.com)	640×512	15×15	InGaAs	0.9~1.7	300	10^{10} Ph/(cm^2·s) (NEI)
	640×512	15×15	InSb	3.4~5.2	80	<25
DRS Technologies (www.leonardodrs.com)	1 280×720	12×12	HgCdTe	3~5		20
	640×480	12×12	HgCdTe	3~5		25
	2 048×2 048	18×18	Si：As	5~28	7.8	
	1 024×1 024	25×25	Si：As	5~28	7.8	
	2 048×2 048	18×18	Si：Sb	5~40	7.8	

① 像元尺寸乘号前后数字的单位均为 μm。

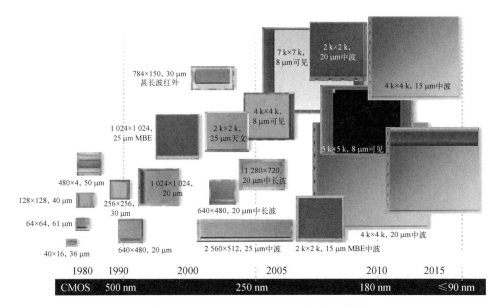

图 4.10　雷声(Raytheon)公司的 HgCdTe 焦平面器件发展历程

4.2.3　单光子探测器

单光子探测器(SPD)是一种超低噪声器件,增强的灵敏度使其能够探测到光的最小能量量子——光子。单光子探测器可以对单个光子进行探测和计数,在许多可获得的信号强度仅为几个光子能量级的新兴应用中,单光子探测器可以一展身手。SPD 有望在生物光子学、医学影像、非破坏性材料检查、国土安全与监视、军事视觉与导航、量子成像以及加密系统等方面取得广泛应用。

利用单光子探测技术,可极大提高光谱测量的灵敏度和精确性,灵敏度提高 3~4 个数量级,可实现对微量物质成分的光谱分析,使化学成分检测和安全检查等系统达到超高灵敏度。在生物学上,利用单光子探测技术能对生物发光进行有效探测,可用于分析生物体内特别体系的功能以及细胞的代谢或破坏过程,还能有效推动现代医学对于脑功能和基因工程的研究。在光纤传感领域,利用单光子探测技术可极大地提高光纤传感的灵敏度和监控长度,在输油管道和海底光缆的安全监控、大型建筑的火灾报警、海岸线或边境安全等领域具有重大意义。

1. 单光子探测器件概述

所谓的单光子探测器件,面临的最大挑战在于创建一个具有足够高信噪比的装置。为做到这一点,探测器应当具有以下特点:能够有效地吸收某一特定波长的光、噪声能量应当低于信号能量、能够与具有类似低噪声特性的读出电子元件相耦合。对于红外单光子探测器来讲,这些要求更具挑战性,因为单光子的信号能量低于 10^{-18} J,将波长增加到长波红外(LWIR)以及远红外(FIR)波段后,单个光子具有的能量会更低,这会引发更多的问题。

此外,如果要在任何波段实现有效吸收,必须要求吸收层(垂直于光传输方向)的宽度与所吸收的特定波长相当。因此,在长波红外和远红外波段,器件的尺寸在几微米到几十微米的尺度内。然而,要想将电子噪声降到低于光子能量,器件的尺寸要降到纳米尺度。由于单光子能量极低并且波长较长,这使得低噪声、高效率的长波红外单光子探测器的制作非常困难。

随着人们对单光子红外探测器的不懈研究,目前已经出现了专门的 p-i-n 探测器、雪崩光电探测器(APD)、单电子晶体管探测器以及超导(边缘转换)探测器。在这些探测器中,雪崩光电探测器是无需低温冷却的固态单光子探测器的首选。但是,兼容红外的雪崩光电探测器面临许多问题,包括由雪崩增益统计性质导致的噪声增长、随机触发的后脉冲以及在所需的强电场下隧穿造成的暗电流的增长。因此,雪崩光电探测器的应用仅限于一些同步触发系统,并且这些系统具有特别的猝熄电路,允许在极短的时间内施加高击穿电压。

APD 工作模式分盖革模式和线型模式,区别在于线型模式偏置电压低于反向击穿电压,盖革模式偏置电压高于击穿电压。线性模式下 APD 就是一个增益高的普通光电二极管。盖革模式下 APD 接收到光子后就会进入并一直处于反向击穿状态,APD 一直通过一个很大的反向电流。这时,通过外部电路使偏置电压暂时下降至击穿电压之下,APD 从反向击穿模式恢复,等待下一个光子,所以盖革模式通常只适用于单光子计数应用。

单光子探测技术的工作性能一般可由以下几个通用的指标来标定。

(1)光谱响应范围:单光子探测器的吸收层材料能带带隙决定了其只能对一定光谱范围内的入射光信号产生有效探测,而它的响应范围也就决定了其应用领域。一般来说,空间光学应用多采用可见光波段和近红外光波段;而 1 310 nm 和 1 550 nm 在光纤中传输的损耗最小,该波段也就成为长距离光纤通信的首选。

(2)恢复时间:也称作探测器的“死时间”,即探测器在实现一次光子探测后无法再次工作的间隔时间。事实上,一种探测器的恢复时间主要取决于其敏感元件的材料和结构类型。然而在很多情况下,探测器的偏置电路和计数电路在很大程度上会影响实际器件的恢复时间,而非敏感元件的材料和结构本身。在半导体单光子探测器的实际应用中,恢复时间常常会被刻意地延长来抑制后脉冲(后脉冲是指在光子引发的信号之后被诱发的不对应光子信号的随机信号)的产生。恢复时间会限制探测器的最大饱和计数率,使其远小于系统的工作时钟频率。

(3)暗计数率:即没有光子入射的情况下产生的输出信号,大多数的探测技术都会或多或少的有这种误触发信号,也可被称为暗噪声或暗电流。该参数一般受到敏感元件材料、电路偏置情况或外来噪声的影响,一般情况下,暗计数率的数值表达为“个/秒”,但有些情况下也可表达为“个/探测门”。将探测器工作在门触发模式或设置猝灭时间可有效缓解暗计数率,最小探测门宽或猝灭时间的间隔由探测器的时间抖动所决定。

（4）探测效率：单光子探测器的探测效率定义为由光子入射引发的成功探测（计数）的概率，即实标计数值/光子入射值。

（5）时间抖动：从光信号输入到电信号输出的延时的不确定性范围。对时间抖动的可靠测量就是对相同时间的入射光子进行多次测量，通过输出信号在时间轴上的统计分布的半高宽（FWHM）来进行度量。探测器时间抖动越小，意味沿该探测器的时间分辨能力和精确度越好。

（6）光子数分辨能力：准确分辨入射光子个数的能力。大多数传统单光子探测器只能分辨和输出"有光子"和"无光子"两种状态，这种二进制输出意味着多光子和一个光子的输出是一样的，不可区分。

（7）信噪比与相对参数：对光电二极管而言，最常被引用的参数就是其噪声等效功率（NEP），该参数在对光能量的测量时是非常有用的。

综合以上几个参数指标，一个理想的单光子探测器应该具有如下特征：探测效率为100%，暗计数率为0，恢复时间为0，时间抖动为0，以及完美的光子数分辨能力。此外，几乎所有的单光子探测器都需要一系列驱动电路来保证其顺利地高效率地将光信号转换成电信号。以盖革模式的APD为例，外围电路的关键需要完成淬灭-重置，在完成一次光子探测之后，快速地将探测器恢复到可以进行另一次探测的完备状态。这是由器件工作原理决定的，驱动电路对于整个探测器性能的重要性不亚于敏感元本身。所以在讨论单光子探测技术/系统时，除了构成敏感元的材料组成、器件结构之外，也必须着重讨论与之匹配的各种不同模式的驱动电路。

2. 探测器件分类

1）光电倍增管（photomultiplier tube）

光电倍增管是最早实现单光子探测并被广泛应用的元器件。光电倍增管的核心器件是包含光阴极、若干级电子束倍增打拿极和电阳极的玻璃真空管。图4.11为光电倍增管示意图。光子入射到光阴极后被阴极材料吸收，由于光电效应释放出至多一个光电子。光电倍增管对入射光波长的敏感范围由光电阴极的材料所决定，其范围可以很大。一般来说，光电阴极包含一层蒸发镀制的很薄的碱金属以及一种或多种V族元素。在光电阴极发射出光电子后，电子在电场的作用下加速并轰击第一级充好电的打拿极，由这个冲击释放出来的电子继续被加速轰击下一级打拿极。连续设置的各级打拿极都被充电至比前一级更高的电势，从而对电子轰击过程持续进行放大，受激电子数不断增加。一般来说，光电倍增管的倍增指数在 $10^4 \sim 10^9$。

与半导体探测器相对较少的感光元面积相比，光电倍增管的优势在于其感光面积可以做得较大，尤其在应用与发散光源的时候，该优势更为明显。尽管随着技术的发展，光电倍增管也越发紧凑和小型化，但其物理尺寸仍然相对较大。同时，其机械稳定性较差，工作中需要很高的偏置电压（10^3 V 左右）。对真空管的依赖

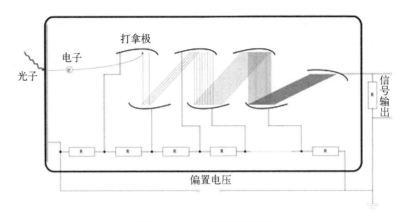

图 4.11 光电倍增管示意图

也导致了其使用寿命有限。虽然光电倍增管的探测效率在可见光范围内基本上不取决于入射光子的波长,但其在探测效率方面的表现仍然比较低,在可见光波段的探测效率一般介于 10%~40%,达不到光子数分辨能力。对光电倍增管而言,其时间抖动主要受电子从光电阳极到电阴极的传输过程的波动影响,输出信号上升时间为 1 ns 左右。这些特点在需要高探测效率和低时间抖动的光子计数应用时显得非常不利。

在光电倍增管中,噪声主要来自离子反射、打拿极材料和玻璃外壳的荧光辐射以及自身的热辐射,如果将工作温度降低到几十摄氏度,可以将暗噪声降至每秒几十个电子的水平,一般来说,光电倍增管没有光子数分辨能力,恢复时间在纳秒级别。

2) 雪崩光电二极管(avalanche photodiodes)

雪崩光电二极管在众多光子探测器件中是一种发展相对成熟的半导体光电器件,相对光电倍增管、超导材料单光子探测器、量子点场效应探测器、光子计数器等技术而言,具有高增益、大动态范围和低功耗等特点,此外,其外围辅助设备成熟简单而且稳定。在过去的几十年里,雪崩光电二极管单光子探测器在超灵敏光学探测和量子光学领域都有着极为广泛的应用。

光电二极管的基本结构原理和普通二极管一样都是由包含空穴的半导体 p 型材料和包含载流子的半导体 n 型材料构成,不同的掺杂元素可以制成不同的 pn 结。当外加的反向偏置电压超过其临界电压的时候,二极管工作在盖革模式下,被入射光子激发出来的漂移电子能获得足够的动能去冲击雪崩区中的原子并产生一个电子-空穴对,冲击产生的载流子会在外电场的作用下冲击电离出更多的载流子,如雪崩过程一样快速增加,最终形成雪崩式反向击穿,输出足以被后续电路检测到的信号。

雪崩光电二极管的暗噪声主要来自半导体材料中的游离电子引发的雪崩效

应,产生游离电子的原因有热效应和隧道击穿效应。以热噪声为例,游离电子的密度与温度直接相关,温度越低游离电荷的活性也就越低,因此这种噪声也称为热噪声,所以雪崩光电二极管一般都需要进行制冷来抑制热噪声发生的概率。此外,雪崩光电二极管还存在一种特殊的噪声——后脉冲。当一次光子或者热电子引发的雪崩效应发生后,雪崩电流流经 APD,其中的晶格缺陷会捕获载流子,这些载流子如果没有在本次释放中耗尽的话,就会积存在雪崩光电二极管中,从而使其处于非常不稳定的状态,在下次 APD 进入盖革模式后(高反向偏压下),这些积存的电荷就可能引发雪崩,产生误计数。这种在前一次雪崩之后出现的非光子引发的雪崩噪声称为后噪声。一般来说,温度越低,晶格缺陷释放载流子的时间越长,也就越容易导致后脉冲的产生。

3)超导单光子探测器

超导现象被发现之后,取得了非常多的进展,除了用于传输电流,其在光电探测中,由于吸收光子会影响超导态,从而具备了探测光子的能力。随着薄膜超导材料、微机电技术和激光技术的发展,超导光电探测器和超导型热探测器也逐渐称为实用型的探测技术。为了满足天文学等学科的应用需求,研究人员设计了工作在极低温度的可以鉴别单光子能量的超导探测器:超导隧道结探测器、超导临界相变传感器、超导动态电感探测器以及基于超导纳米线材料的新型探测器等。目前研究较多的是临界相变传感器和超导纳米线单光子探测器,同时也是对雪崩光电二极管单光子探测器最具竞争力的探测技术。

与半导体探测器一样,高温超导红外探测器可分为热敏型和光子型两大类,以下着重谈谈这两类探测器的探测机制。目前国内外高温超导红外探测器应用研究,主要精力是放在热敏型上,且热敏型探测器的研制已逐渐成熟,并进入实用阶段。其工作原理为:测辐射热计(bolometer)是一种测量红外辐射的热敏电阻,是一种阻值随所接收红外辐射量变化的红外探测器,它是利用超导体从正常态转变到超导态时电阻随温度变化而急剧变化的特性来检测红外辐射的,如图 4.12 所示。在超导转变边缘,微小的温度变化将产生急剧的电阻变化,且转变区越陡越好,曲线越陡,超导器件的灵敏度将越高。并且由于测辐射热计的热效应,高温超导测辐射热计

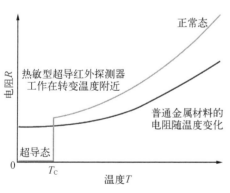

图 4.12 热敏型超导红外探测器的
电阻与温度的关系图

的光谱响应是很宽的,它提供较平坦的响应直到亚毫米甚至毫米波段,且响应仅与吸收的辐射功率有关,而与波长无关。

光子型红外探测器,按工作原理可分为三种:光辅助隧道效应、非平衡光电效

应和光磁量子效应。三种当中以光辅助隧道效应为基础的约瑟夫森(Josephson)结探测器进展较快,现简述其工作原理。光辅助隧道效应(即约瑟夫森效应)的工作原理是:把具有超导体(S)—绝缘体(I)—超导体(S)结构叫做约瑟夫森结。当对这种隧道结加恒定电场时,结区产生高频电流,并辐射或吸引电磁波,其频率 ν 与电压有如下关系: $\nu = e(V)/h$ 。该公式说明光子能量 $h\nu$ 可引起超导隧道结的 $I-V$ 特性发生变化。根据这个原理可以制成性能优良的红外探测器。但目前高温超导约瑟夫森结探测器研究由于机制较为复杂,特性较难控制,仍处于实验室中的探索研究阶段。

常规的半导体红外探测器工作波段受波长范围的限制,应用范围受到局限。而超导红外探测器就不存在这一缺点,它具有非常宽的响应波段范围,不仅可以探测从紫外、可见光、红外到远红外的电磁辐射,还可探测 X 射线、亚毫米波、毫米波、微波,基本上覆盖了整个电磁波谱。在远红外和毫米波谱区内,高 T_c 超导探测器是性能最好的器件,目前在 $8 \sim 14 \ \mu m$ 性能最好的红外探测器是碲镉汞(HgCdTe),但若波长大于 $20 \ \mu m$,它的灵敏度将大大下降,而超导探测器的性能仍保持不变。

3. 新型单光子探测器件

目前的红外单光子探测器件仍然存在诸多问题,在逐渐被广泛应用的同时,对于下一代器件提出了更高的要求。基于新材料、新结构的各种探测器件不断被提出和验证,其中的核心问题还是从探测原理的角度出发,是否可以更有效地利用探测器所接收到的光子能量,将其转换为可以被读取的电信号,提高吸收和抑制噪声是最关键的两个方面。为了克服固态单光子探测器所面临的问题,研究人员从仿生学的角度提出了新的思路(Hooman,2008)。

由于具备一种称为杆状细胞的特定光敏细胞,人眼具有极微弱光线下的探测感知能力(图 4.13)。杆状细胞对弱光下的灰度视觉十分敏感,这主要是因为它们富含一种叫做视网膜紫质(视紫质)的特殊分子。杆状细胞的结构以及视紫质在细胞中的排列能够提供庞大的吸收体积,进而能够有效地俘获光子。此外,视紫质分子与其他一系列催化剂和信使分子一起,在信号被神经系统的噪声干扰之前的

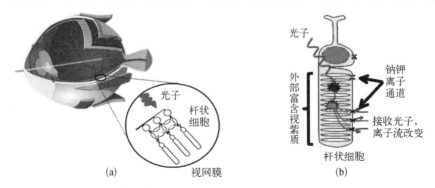

图 4.13　仿人眼功能的单光子探测器件示意图

放大过程中,发挥着重要作用。研究人员试图复制这种人类视觉系统的工作原理,来实现有效的单光子探测(图4.13)。

尽管纳米尺度特征可以提供诸如超低电容以及量子效应等有吸引力的特性,但它们的填充因子较低,从而妨碍了其对光进行有效地吸收。聚焦载流子增强探测器(FOCUS)除了具有纳米尺度的传感特征外,还利用较大的吸收体积来模仿杆状细胞的结构进行工作(图4.14)。

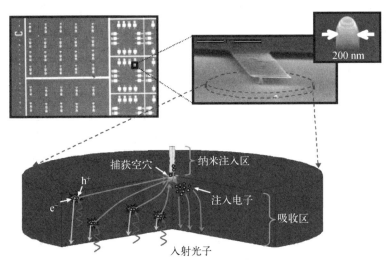

图4.14 FOCUS装置的扫描电子显微成像以及横截面图,显示了
极为灵敏的纳米注入区以及大面积的厚吸收体积

FOCUS的工作原理是在电子领域复制人眼杆状细胞的工作机制:当施加适当偏压时,FOCUS纳米注入区内的电子在内部电场的作用下,将向大面积的吸收区运动。然而,在纳米注入区的末端会形成势垒阻碍电子的这种运动,并且会挡住大多数电子。当一个光子入射到大面积的厚吸收区时,它将以极高概率产生一个电子-空穴对,空穴在内建电场的作用下会立即被吸引到纳米注入区。当光激发的空穴到达纳米注入区时,将导致势垒降低。由于纳米势垒的电容极低,所以它对总电荷的任何变化都极为敏感,即便只有一个额外的空穴,电压也会显著降低。势垒的降低将允许更多的电子到达吸收区,并且随着电势的改变,注入电子的数量会呈指数增长。因此,如果具有适当的内部增益机制和能带结构,FOCUS在俘获到一个单一光子的情况下,就能使注入电流发生显著改变。

研究人员采用三维非线性有限元方法(FEM)进行数值模拟,来设计层结构和FOCUS器件架构,然后采用金属有机化学气相沉积的方法生长外延层,利用电子束刻蚀的方法构造晶片的纳米尺度特征。电子束蒸发器用于将金属沉积在这些纳米特征上,金属膜同时还在接下来的刻蚀步骤中起到硬质掩模的作用:首先对特征区进行反应离子刻蚀,然后进行湿法刻蚀,最终形成纳米注入区。纳米注入区周围的空白区充满钝化层(聚酰亚胺或氧化物),以改善表面质量和结构完整性。最后的镀金属步骤用于制作电子集成所需的金属电极。

　　研究人员制作了直径从 100 nm 到 5 μm 的圆形 FOCUS 器件并进行了测试。这些器件的目标应用主要在近红外波段。在一套定制的准直系统中,研究人员对暗电流、光电流、光增益、空间灵敏度、带宽、瞬态响应以及额外噪声等参数进行了测量。被测 FOCUS 器件均在低于 2 V 的偏压下工作。

　　在暗电流以及光电流测试中,研究人员使用准直的连续波激光器作为光源。测试结果表明:FOCUS 器件的光学响应得到了显著提高,同时暗电流的值与目前最先进的雪崩光电探测器相近(图 4.15)。在低偏压条件下,小型 FOCUS 器件可以获得超过 4 000 的稳定增益,这比现有的其他单光子探测器提高了几个数量级。此外,FOCUS 探测器所必需的偏置电压要比雪崩光电探测器所需的偏置电压(可以高达 50 V)低很多。对于空间灵敏度的测量,研究人员使用了一套自动装置,测量结果显示:FOCUS 探测器能够收集到距纳米注入区 6~7 μm 处的载流子,这一结果也进一步证实了研究人员之前的理论模拟预估。

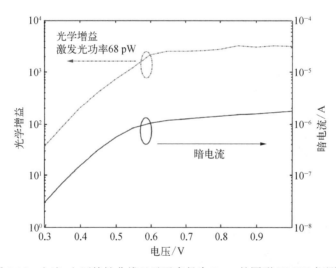

图 4.15　电流-电压特性曲线显示了直径为 5 μm 的圆形 FOCUS 探测器
(在室温下工作,未冷却)在暗态和光照条件下的工作性能

　　研究人员在不同的加工阶段对 FOCUS 探测器的带宽进行了测试,发现带宽对表面质量具有明显的依赖关系,这与具有极高表体比的纳米器件的预期相符。非钝化器件的带宽可达到 400 kHz,而某些特殊钝化器件的带宽可超过 300 MHz。然而,带宽的增加通常伴随着增益的下降,这意味着增益带宽积为一常数,该值超过 3 GHz。雪崩光电探测器由于载流子在深势阱中寿命较长,以及相关的后脉冲会导致带宽受限;与之相比,FOCUS 探测器并没有显示出这种副作用。

　　由于不同形式的钝化之间存在差别,因此可以在增益和带宽之间进行权衡。

与带宽结果相关联,研究人员还使用超快飞秒脉冲激光器以及光学衰减器进行了瞬态响应测量。取平均之后,便能区分出对应于 5 个光子能量的光电效应脉冲。

当然这仅是探索新型单光子探测器件的一个例子,更多的创新性基础研究的成果将可能催生出更为稳定、可靠的单光子探测器件。

4.2.4 太赫兹探测器

1. 太赫兹波段的独特性

正如在单光子探测器部分所提到的,波长越长,单光子所具有的能量越低,同时,材料对于光的吸收也需要更大的厚度。对于太赫兹波段而言,处于电磁频谱的无线电波与远红外波段之间,无线电波我们可以用电子学的方法,使用天线来进行接收。

太赫兹(Terahertz,简称 THz,1 THz = 10^{12} Hz)波是指频率范围在 $0.1 \sim 10$ THz,相应的波长在 3 mm 至 30 μm,介于毫米波和红外光学之间的电磁波谱区域。随着现代科学技术的发展,人们对毫米波和红外光的研究不断深入,其器件和应用技术日趋成熟,形成了毫米波和红外光学两大应用和研究领域。

然而在毫米波和红外光之间的太赫兹频谱区域,由于缺乏高效的太赫兹辐射源、探测器及功能器件,丰富的太赫兹频谱资源尚未被充分开发利用,成为当前学术界的研究热点。

太赫兹技术的研究主要集中在太赫兹辐射、太赫兹探测、太赫兹通信和太赫兹成像等方面。其中,高效的太赫兹辐射源和探测技术是推动太赫兹技术走向应用的关键。

太赫兹探测技术也是太赫兹技术研究的一个重要组成部分,它涉及物理学、光电子学、材料科学和半导体技术等,是一门综合性很强的技术。按照探测的原理可以分为太赫兹热探测器和太赫兹光子型探测器两大类。

2. 太赫兹热探测器

太赫兹热探测器的工作原理为:探测材料吸收太赫兹辐射,引起材料温度、电阻等参数的改变,再将其转换为电信号。

常见的太赫兹热探测器主要包括氘化硫酸三甘肽焦热电探测器、微机械硅微悬臂梁探测器以及钽酸锂焦热电探测器、超导隧道结和热电子混频器等。图 4.16 为超导热电子微测辐射热计天线结构的显微放大图。

图 4.16 超导热电子微测辐射热计天线结构的显微放大图(金飚兵等,2013)

3. 太赫兹光子型探测器

在太赫兹光子型探测器中,电磁辐射被

材料中的束缚电子或自由电子直接吸收,引起电子分布的变化,进而给出电信号输出。

常见的太赫兹光子探测器有太赫兹量子阱探测器(图 4.17)、肖特基二极管和高迁移率晶体管等离子体波太赫兹探测器等。热探测器的极限探测灵敏度与探测器工作温度成正比,因此高灵敏太赫兹热探测器需要在低温下工作。

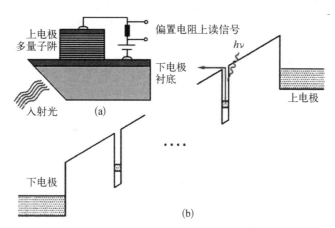

图 4.17　THz 量子阱探测器工作原理示意图:(a) 器件结构;
(b) 器件能带结构和工作原理(金飚兵等,2013)

太赫兹光子探测器通常有高的损伤阈值和大的线性响应范围,探测灵敏度和响应速度间不存在相互制约,可以同时具备高探测灵敏度和快速响应能力。

4.3　红外发光器件

所有温度在绝对零度以上的物体,都会发出电磁辐射,凡是能发出电磁辐射的物体都可以被称为辐射源,或者光源。生活中常见的光源包括太阳、白炽灯、荧光灯、火焰、激光器等。那么红外发光器件或者称为红外光源,就是能够发出红外光(波长在 0.76~1 000 μm,或者频率在 $4 \times 10^{14} \sim 3 \times 10^{11}$ Hz)的物体或者器件。

4.3.1　传统红外光源

赫歇尔正是在对太阳光的研究中发现了红外光的存在,随着研究的深入,人们逐渐意识到这样一个事实,即红外光发射是普遍的现象,所有的物体无时无刻不在对外发出电磁辐射,这是由于组成这个世界的微观带电粒子在高于绝对零度时的热运动导致的。在发光强度和所发出的电磁波的波段组成上,则会由于多方面因素的影响,具有非常大的差异。

在诸多因素中,温度是最重要的因素。黑体辐射定律将物体的辐射与物体的温度联系在一起,也正是利用了这样的性质,通过加热物体,就可以控制物体所发射电磁波的强度以及各波段的组成(图 4.18)。

图 4.18 炭燃烧的煤,高温的部分发出明亮的红光

自然地,如果可以有高温的发热体,那么就可以视为一个连续光源,早期的白炽灯就是这样的一种光源。白炽灯灯丝目前普遍采用的是钨丝,在这样的灯泡发明之前,人们还有过很多不同的尝试,比如碳丝、陶瓷体等。能斯特灯(Nernst glower)就是一种旧式的发光装置[图 4.19(a)],它的灯丝是由二氧化锆(ZrO_2)、氧化钇(Y_2O_3)、氧化铒(Er_2O_3)混合而成的氧化物混合物,大概质量以 90 : 7 : 3 的比例制作。能斯特灯的外形通常被制造成圆柱体棒状或管状,能斯特发光体须以电力加热至 2 000℃才能运作,且加热过程刚开始需要外部热源加热,不能直接通电产生电流热效应,因为在室温下这种材料是绝缘体。它可以提供光谱学所需的近红外线连续光源。后来,能斯特灯逐渐被钨丝白炽灯替代,而在红外光源领域,也被碳化硅发光棒(SiC globar)替代,因为碳化硅在室温下也是导电的,因此工作时不需要预热,同时工作温度在 1100℃附近,相比能斯特灯的功耗要降低很多[图 4.19(b)]。在工作状态下,能斯特灯或碳化硅发光棒相当于一个点光源,向整个空间的各个方向发出光辐射。

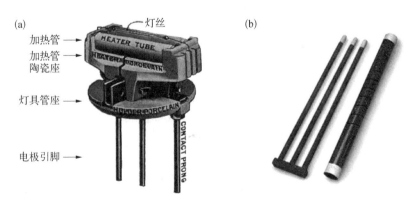

图 4.19 (a)能斯特灯示意图以及(b)碳化硅发光棒的照片

石英钨卤素灯。这也是一种常见的红外光源（图4.20）。使用掺杂的钨丝作为灯丝，封装在石英管内，充入惰性气体以及少量的卤素。流过灯丝的电流将钨加热到 3 000 K 左右,卤素气体在高温下会与蒸发出来的钨发生卤素循环反应,使金属钨重新沉积到灯丝上,这样的一个循环过程可以延长卤素灯的使用寿命,并减少在石英管壁上的杂质沉积,从而保持外壳的出光效率。石英钨卤素灯的优势在于：其在红外波段的发光接近理想黑体,紫外光成分低,应用成本低廉。

图 4.20　石英钨卤素灯的示意图

在不是用作普通照明光源的情况下,很多时候我们并不需要这样全方向发射的光源。可以考虑将高温物体封闭在一个隔热腔体内,仅通过一定的出射孔对外发射,这就是在红外测试系统定标等应用中经常使用到的腔式黑体。或者仅通过一个平面对特定方向发射红外辐射,可以制成面式黑体（图4.21）。一般来说,黑体辐射源要求有高的温度调节范围,从环境温度到 1 200℃,以及高的温度精度,可以在 0.1~0.2℃的范围内对腔内温度进行控制,并稳定保持。在面式黑体的发展上,美国雷神公司使用石墨烯片、碳纳米管材料等制成轻型面式黑体,针对空间红外焦平面器件的在轨辐射校准应用,目前还没有成熟的商业产品面市。

图 4.21　腔式黑体和面式黑体产品

从红外发光器件的角度来说,除了加热或使用半导体 pn 结中载流子的发光复合来得到红外辐射外,近年来,配合半导体激光器的使用,另外一种宽波段光源逐渐走向成熟。激光驱动的宽波段光源（LDLS）使用激光会聚到光源灯室中,加热气体形成高温等离子体,从而获得光发射。传统光源,如弧光灯、氙灯、氘灯等,由于使用了电极耦合产生等离子体,亮度、光功率、寿命都有很大的限制。LDLS 采用无电极激光驱动技术,有高效的光收集能力,亦可在更宽的光谱范围内提供超高发光亮度,而且整个光源的发光寿命相比较于传统光源也高出了整整一个数量级。

LDLS 光源整体结构由一个特殊设计的灯室、驱动激光光源、激光聚焦光路、光源输出光路、光源控制器等主要部分组成（图4.22）。其特点及优势主要在于：170～2 100 nm 波长范围内具有超高亮度，发光点在100 μm 量级；辐照度高，可以应用于超快速测量；光纤耦合或自由空间光束输出，光学灵活性高；无电极结构带来超长寿命、超高稳定性、超低成本。

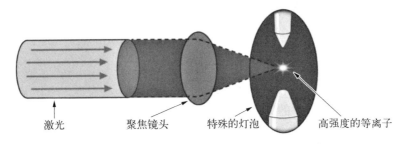

激光　　　聚焦镜头　　　特殊的灯泡　　　高强度的等离子

图4.22　激光驱动的宽波段光源 LDLS 的原理示意图

4.3.2　红外发光二极管

红外发光二极管与可见波段的发光二极管的发光原理是基本一致的（图4.23），利用合适带隙的半导体 pn 结，加上正向电压注入载流子，在 pn 结区将发生电子-空穴的复合，这一过程伴随着能量损失，以光子发射的形式释放。通过这样的方式，发光二极管可以完成高效的电光转换，在发光过程中，热量的产生与传统红外光源相比非常小。在实际的器件中，会采用图4.24的形式，在 p 区和 n 区之间，设置功能层，具有一定的宽度，在能带结构上形成双侧异质势垒。功能层作为载流子发生复合，产生光子发射的区域，其厚度或者宽度也就决定了器件发光面积的大小。

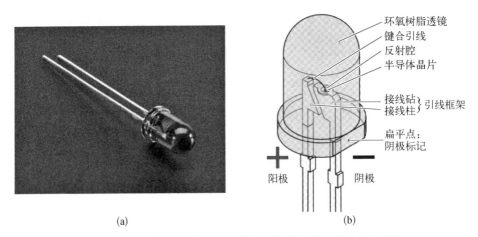

环氧树脂透镜
键合引线
反射腔
半导体晶片

接线砧 } 引线框架
接线柱

扁平点：
阴极标记

＋　阳极　　　阴极　－

(a)　　　　　　　　　　　(b)

图4.23　最常见的红外发光二极管的实物照片及内部结构示意图

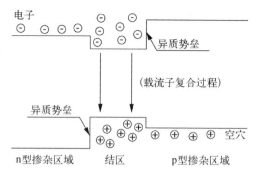

图 4.24　发光二极管器件的能带结构和发光原理

在具体的器件结构上,可以针对不同的应用场景,设定不同的器件结构,如图 4.25 所示。

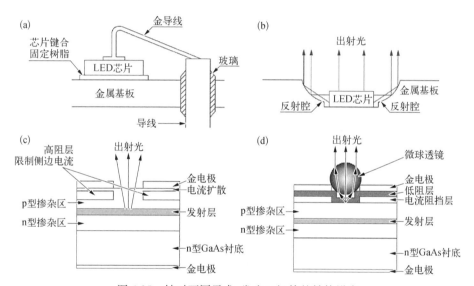

图 4.25　针对不同需求,发光二极管的结构设定

当向 LED 施加正向电压时,pn 结的势垒变小,导致注入的少数载流子(n 区中的电子,p 区中的空穴)移动(图 4.26)。该运动导致发射光的电子空穴复合。但是,并非所有的载流子都复合发光(发光复合),并且也发生不发光的复合类型(非发光复合)。复合过程消耗

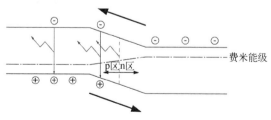

图 4.26　施加正向偏压时的费米能级和能带结构图

的能量在发射重组期间转换为光,而在非发射重组期间转换为热。

电子-空穴复合产生的光将沿各个方向传播。为了提高光发射效率,需要以相

对较高的效率从芯片的上表面提取向上发射的光。通过使用反射器将向侧面发射的光向前反射,也可以将其转换为有效光。对于向下发射的光,如果有 GaAs 衬底,则在那里会发生光吸收。但是,在气相外延生长中,由于外延层太薄,所以不能除去 GaAs 衬底。为了解决这个问题,在发射层下方可以制备一个光反射层,以抑制 GaAs 衬底中的光吸收,如图 4.27 所示。

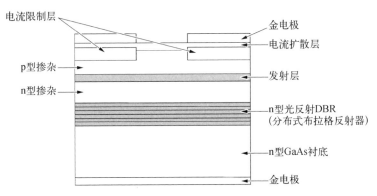

图 4.27　带有反射层的发光二极管结构

当在发射层之上和之下形成光反射层时,发射的光在上光反射层和下光反射层之间反复反射,从而导致弱共振。通过将上反射层的反射率设定为比下反射层的反射率低,可以从 LED 芯片的上侧提取该共振光。具有这种结构的 LED 称为 RC(谐振腔)型 LED,如图 4.28 所示。这个结构和垂直端面发射半导体激光器 VCSEL 的结构非常相似,在 4.3.3 节中将会有进一步的阐述。

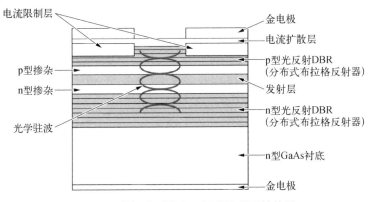

图 4.28　谐振腔型发光二极管的截面结构图

4.3.3　红外激光器

红外激光器是特指发射光的波段在红外范围内的激光产生装置,随着激光器的快速发展,红外激光器在实际应用方面的作用正在迅速改变。由于红外线激光是人眼看不见的,这种光源可以在不易察觉的情况下配合红外探测器件进行辅助照明、实施观测。同时,红外技术还通过向前方位置投射不可见光来增强夜视设备的功能,从而提高这些设备远距离探测的能力。红外波长的激光也已经成为战场上小型武器瞄准具的选择。在生活中,近红外激光投射器件已经开始进入智能手机等设备中,作为人脸识别系统或姿态感应的光源。

按照产生激光的方式不同,可以将红外激光器大致分为:气体红外激光器、半导体红外激光器、自由电子激光器等。气体激光器是最早的红外激光器件,典型的有氦氖激光器、二氧化碳激光器等。由于气体激光器包含气体腔室,一般体积较大,且需要额外的维护,目前其基本仅在实验室环境或工业中应用。相关内容在很多书中都有详尽阐述,这里不再展开。在本书 2.3.2 和 2.3.3 节中,也已经介绍了同步辐射光源和自由电子激光器的原理。此处将仅就半导体激光器中的量子级联型红外激光器的发展进行阐述。

与其他激光器相比较,半导体激光二极管具有体积小、重量轻、寿命长等特点,一直以来都是研究的热点。研究人员沿袭半导体材料结型带间跃迁机制的思路,先后研制成功近红外、可见、紫外、短波中红外 pn 结注入双极型半导体激光二极管,其应用范围覆盖了整个光电子学领域,已成为当今光电子科学的核心技术和信息产业的重要支柱。由于自然界缺少理想的带隙宽度处于中远红外波段的半导体材料,因此利用结型带间跃迁机制很难实现中红外和远红外波段的激射(宋淑芳等,2013)。

1971 年,苏联约飞技术物理研究所 Kazarinov 和 Suris 提出通过强电场下多量子阱中量子化的电子态之间实现光放大的原创概念(Kazarinov et al.,1971)。此后,美国贝尔实验室的 Capasso 和加拿大国家科学院的 Liu 对该理论和导带有源区子能级的设计做了进一步的研究(Liu,1988;Capasso,1987)。20 多年后,伴随着超晶格、量子阱理论和分子束外延(MBE)技术的发展,1994 年贝尔实验室第一次制成量子级联激光器(quantum cascade lasers,QCL)(Faist et al.,1994)。量子级联激光器的激射波长可以包括两个大气窗口,且可以进一步向远红外波段拓展,因此量子级联激光器的发明与发展,开创了中远红外半导体激光的新领域。

中远红外波段位于电磁波 2.5~300 μm 新型激光器的研发引起了世界范围内的广泛兴趣。在军事对抗、毒品和爆炸物监测、环境污染监测、太赫兹成像等方面有非常重要的应用前景。3~5 μm 和 8~12 μm 是红外探测的两个大气窗口,因此该波段高功率激光器可以实现红外对抗,量子级联激光器以小型、相干、可调谐等优点,被认为是红外对抗的理想光源。利用量子级联激光器代替原有的激光器,可以降低系统的重量、提高可靠性。

大多数原子、分子转动振动跃迁在中红外波段具有很强的特征吸收谱线,因此单模、宽波长调谐中红外激光器在毒品和爆炸物监测、环境污染监测、医学诊断等方面占有十分重要的地位,被认为是最理想的半导体吸收光谱仪光源。

量子级联激光器基本的工作原理是基于导带中的子带电子能态间的跃迁和声

子共振辅助隧穿实现粒子数反转。量子级联激光器理论的提出和发展,以及量子级联激光器的发明是超晶格、量子阱波函数能带工程与单原子层分子束外延及界面质量控制相结合的成功典范。

量子级联激光器的有源工作层由有源区和注入区组成一个周期,有源区是耦合三量子阱结构,注入区为递变超晶格。图 4.29 给出了有源区的电子子能级位置、波函数布局、注入区中的微带、微带隙位置及形状。图中清楚地显示了量子级联激光器的有源工作层的基本物理过程。在外场作用下,有源区三个量子阱组成最低三个能级 n1、n2 和 n3。n3 和 n2 能级为电子受激跃迁的上激发态能级和下激发态能级,通过设计各阱的宽度和间隔,使 n3 和 n2 能级的能量差 E_3-E_2 对应于所需激光器的激射波长,并使 n2 和 n1 能级的能量差 E_2-E_1 为一个光学声子的能量;设计注入区中各阱的宽度和间隔,使在外场作用下注入区形成微带和微带隙,使微带与同一周期有源区中的 n2 和 n1 能级对齐并与下一个周期有源区的 n3 能级对齐,使微带隙与同一周期有源区 n3 能级对齐。在有源区 n3 能级上的电子受激跃迁到 n2 能级并发射光子,n2 能级上的电子释放一个光学声子,通过共振输运快速弛豫到 n1 能级,在声子辅助下隧穿经过注入区的微带注入下一个周期有源区的上激发态。重复上一周期的输运物理过程,一级一级传递下去,通过级联过程实现一个电子可发射和级数 N 相等的 N 个光子。异质结构和量子阱结构 pn 结半导体激光二极管是基于带间跃迁,即在 pn 结加正向偏压,把导带的电子与价带的空穴注入有源区,通过带间电子与空穴复合实现激射,激光来源于电子与空穴的复合,一个电子-空穴对可以产生一个光子,激射波长是由材料的禁带宽度决定的;量子级联激光器是基于量子阱中导带子带间的跃迁,激光来源于电子从子带的高能级向低能级的跃迁,一个电子可以产生 N 个光子,激射波长是由子带的高能级和低能级

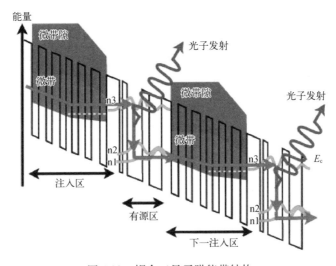

图 4.29　耦合三量子阱能带结构

差决定的,可以通过改变有源区量子阱的宽度,从而改变子带的高能级和低能级差,最终改变激射波长,理论预测可覆盖几微米到几百微米的波长范围。量子级联激光器的发明,从根本上改变了由自然界缺少带隙位于中远红外波段理想的半导体激光材料导致的该领域研究长期停滞不前的状态,是半导体激光理论中的里程碑式进展。

量子级联激光器自发明以来,分子束外延(MBE)是量子级联激光器主要的生长技术。2006 年开始引入金属有机化合物气相沉积(MOCVD)生长技术。数百上千层纳米量级的外延层构成了有源区和注入区,外延层厚度、组分、界面控制精度在单原子层水平,因此给半导体纳米材料生长带来极大的挑战。

量子级联激光器中有源区的热损耗是制约室温连续工作的瓶颈,一直以来是量子级联激光器器件研究的重点。多年来通过优化有源工作层结构设计,选择低热阻波导层材料,采用特殊的器件封装等工艺,实现了高功率、室温工作、多模法布里-珀罗量子级联激光器。为了实现单模、宽波长调谐、面发射,开拓了分布反馈、外腔调谐以及光子晶体量子级联激光器。分布反馈量子级联激光器是在半导体激光器内部建立一个布拉格光栅,依靠光的反馈来实现纵模选择(Lee et al., 2009)。分布反馈激光器的光栅制备是获得高耦合效率、低波导损耗、高分布反馈的关键。外腔调谐量子级联激光器由量子级联激光器、准直透镜、光栅三部分组成,利用可旋转的衍射光栅实现宽波长单模调谐(Hugi et al., 2010)。与分布反馈量子级联激光器相比,外腔调谐激光器波长调谐范围较大,但是器件结构较为复杂。由于子带跃迁横向磁场的偏振,因此量子级联激光器的激光发射平行于材料生长的方向,成为侧面发射,这样的器件结构给焦平面阵列以及器件集成带来了困难,光子晶体量子级联激光器的出现,很好地解决了这个问题。光子晶体量子级联激光器的表面是由二维周期性光子晶体组成的,由于表面等离子激元引起垂直光的限制,从而实现面发射(Colombelli et al.,2003)。分布反馈、外腔调谐以及光子晶体量子级联激光器构筑了实现单模、窄线宽、宽调谐激光器,为今后量子级联激光器的集成开辟了新的方向。

量子级联激光器的理论研究经历了以下几个发展阶段:

1994 年,贝尔实验室发明的第一台量子级联激光器有源区采用耦合三阱单声子共振隧穿斜跃迁机制,注入区采用递变超晶格(Faist et al., 1994);

1995 年,贝尔实验室提出了耦合三阱垂直跃迁有源区结构,注入区采用递变超晶格,垂直跃迁有源区结构的特点是受激辐射跃迁过程的上下能级发生在同一个量子阱中,提高了跃迁概率,从而使量子级联激光器获得更大增益(Faist et al., 1995);

1996 年,贝尔实验室把漏斗注入机制引入量子级联激光器中,所谓"漏斗注入"就是在靠近有源区时,注入区的微带变窄,使得电子被驱赶到有源区的激发态上,并且首次采用热阻更低的材料作为波导层、包覆层和等离子增强层(Faist et al., 1996);

1997年,贝尔实验室提出了超晶格有源区结构,利用电子在微带内快速弛豫实现粒子数反转(Scamarcio et al., 1997);

2001年,Faist研究组分析指出量子阱有源区结构具有高注入效率的优势,但电子隧穿时间长、排空速度慢,而超晶格有源区结构则具有微带排空时间极快的优势,从而提出了束缚态到连续态跃迁的新思路,该结构吸收和综合了量子级联激光器两种有源区结构的优点(Faist et al., 2001);

2002年,Faist研究组提出了耦合四阱、束缚态到连续态子能级跃迁、双声子共振隧穿有源区的新结构。采用该结构研制出第一个室温连续工作中红外量子级联激光器,是量子级联激光器从实验室到实际应用的关键性跨越(Beck et al., 2002)。

通常的激光器反射镜都安装在纵向的两端,对于量子激光器由于尺度大幅压缩,可将反射镜安装在侧面,做成垂直腔面发射激光器(VCSEL)。这个结构改进可使激光输出功率大幅提高。高功率的垂直腔面 $In_xGa_{(1-x)}N$ 多量子阱激光器,波长405.8 nm(蓝光),是1997年研制出来的。1992年9月,双异质结构的氮化镓发光二极管试制成功。2014年10月7日,凭借20世纪90年代初发明的高亮度蓝色发光二极管,中村修二和赤崎勇、天野浩共同获得2014年诺贝尔物理学奖。

垂直共振腔表面发射激光器(vertical cavity surface emitting laser, VCSEL),简称面射型激光器。它以砷化镓半导体材料为基础研制,是半导体激光器的一种。其激光垂直于顶面射出,与激光由边缘射出的边射型激光(edge emitting laser, EEL)有所不同,如图4.30所示。相较于边射型激光器EEL,VCSEL激光器具有低阈值电流、稳定单波长工作、可高频调制、容易二维集成、没有腔面阈值损伤等优点,在半导体激光器中占有很重要的地位。

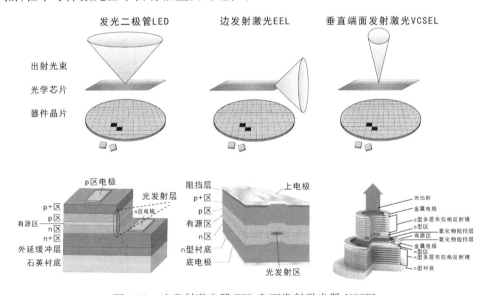

图4.30　边发射激光器 EEL 和面发射激光器 VCSEL

VCSEL 的结构示意图如图 4.31 所示。它是在由高、低折射率介质材料交替生长成的分布式布喇格反射器(distributed Bragg reflector, DBR)之间连续生长单个或多个量子阱有源区构成的。典型的量子阱数目为 3~5 个,它们被置于驻波场的最大处附近,以便获得最大的受激辐射效率而进入振荡场。在底

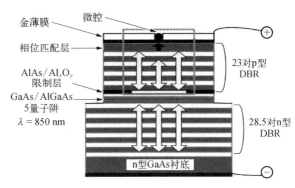

图 4.31　典型 VCSEL 的截面示意图

部还镀有金属层以加强下面 DBR 的光反馈作用,激光束从顶部透明窗口输出。

实际上,要完成低阈值电流工作,和一般的条型半导体激光器一样,必须使用很强的电流收敛结构,同时进行光约束和截流子约束。由图 4.31 可见,VCSEL 的半导体多层模反射镜 DBR 是由 GaAs/AlAs 构成的,经蚀刻成为台面结构。在高温水蒸气中将 AlAs 层氧化,形成具有绝缘性的氧化铝 Al_xO_y 层,其折射率也大大降低,因而成为可以把光、载流子限制在垂直方向的结构。对 VCSEL 的设计集中在高反射率、低损耗的 DBR 和有源区在腔内的位置。

VCSEL 有几个关键工艺,这几个关键工艺决定了器件的特性与可靠性。

1) VCSEL 外延

铟镓砷 InGaAs 阱铝镓砷 AlGaAs 垒(barrier)的多量子阱(MQW)发光层是最合适的,跟 LED 用 In 来调变波长一样,3D 感测技术使用的 940 纳米波长 VCSEL 的铟 In 组分大约是 20%,当铟 In 组分是零的时候,外延工艺比较简单,所以最成熟的 VCSEL 激光器是 850 纳米波长,普遍使用于光通信的末端主动元件。

发光层上、下两边分别由四分之一发光波长厚度的高、低折射率交替的外延层形成 p-DBR 与 n-DBR,一般要形成高反射率有两个条件:第一是高低折射率材料对数够多,第二是高低折射率材料的折射率差别大。出射光方向可以是顶部或衬底,这主要取决于衬底材料对所发出的激光是否透明。例如,940 纳米激光,由于砷化镓衬底不吸收 940 纳米的光,所以设计成衬底面发光,850 纳米设计成正面发光,一般不发射光的一面的反射率在 99.9% 以上,发射光的一面的反射率为 99%,目前的铝镓砷结构 VCSEL 大部分是用高铝(90%)的 $Al_{0.9}GaAs$ 层与低铝(10%) $Al_{0.1}GaAs$ 层交替的 DBR,反射面需要 30 对以上的 DBR(一般是 30~35 对才能到达 99.9% 反射率),出光面至少要 24~25 对 DBR(99% 反射率),由于后续需要氧化工艺来缩小谐振腔体积与出光面积(图 4.32),所以在接近发光层的 p-DBR 膜层的高铝层需要使用全铝的砷化铝 AlAs 材料,这样后面的氧化工艺可以比较快地完成。

2) 氧化工艺

氧化工艺是 LED 完全没有的工艺,也是 LED 红光发明人奥隆尼亚克(Nick

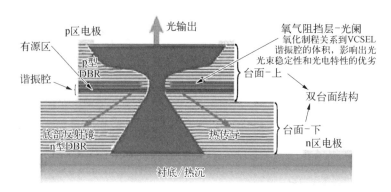

图 4.32　外延与氧化工艺是 VCSEL 良率与光电特性好坏的关键

Holonyak Jr.)发明的技术,如图 4.33 所示,主要利用氧化工艺缩小谐振腔体积与发光面积,但是过去在做氧化工艺的时候,很难控制氧化的面积,只能先用样品做氧化工艺,算出氧化速率,利用样品的氧化速率推算同一批 VCSEL 外延片的氧化工艺时间,这样的生产非常不稳定,良率与一致性都很难控制。精确控制氧化速度让每个 VCSEL 芯片的谐振腔体积可以有良好的一致性,没有过氧化或少氧化的问题,这样在做阵列 VCSEL 模组的时候才会有精确的光电特性。

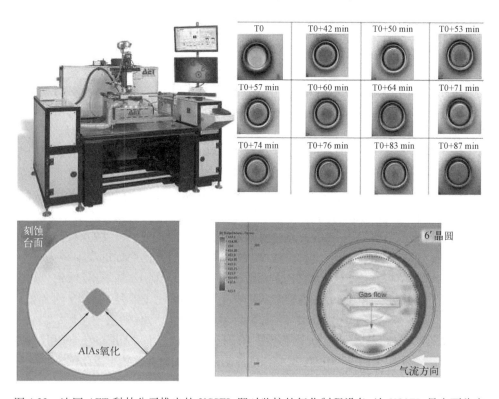

图 4.33　法国 AET 科技公司推出的 VCSEL 即时监控的氧化制程设备,让 VCSEL 量产更稳定

即时监控氧化面积是最好的方法,法国的 AET 科技公司设计了一台可以利用砷化铝(AlAs)氧化成氧化铝(AlO$_x$)之后材料折射率改变的反射光谱变化来精确监控氧化面积并精密控制氧化速率的设备,可以省去过去工程师用试错修正来调试参数,对大量稳定生产 VCSEL 芯片提供了最好的工具。

3) 保护绝缘工艺

跟 LED 一样,最后只能保留焊线电极上没有绝缘保护层在上面,由于激光二极管的功率密度更大,所以 VCSEL 更需要这样的保护层,更重要的是为了不让氧化工艺的 AlAs 层继续向内氧化影响谐振腔体积,造成激光特性突变,保护层的膜层质量非常重要,尤其是侧面覆盖的致密性更为重要,过去都是用等离子增强化学气相沉积(PECVD)来镀这层膜,为了要保持致密性需要较厚的膜层,但是膜层太厚会造成应力过大影响器件可靠度。于是原子层沉积(ALD)技术开始取代 PECVD 成为最好的镀膜工艺。

ALD 可以沉积跟 VCSEL 氧化层特性接近的氧化铝(Al$_2$O$_3$)薄膜,而且侧面镀膜均匀,致密性高,最重要的是厚度很薄就可以完全绝缘保护芯片,除了 VCSEL 工艺以外,LED 的倒装芯片 flip chip 与 IC 的 Fin-FET 工艺都需要这样的膜层,跟氧化技术一样,国内还无法提供这样的设备,目前芬兰的派克森公司(Picosun)与美国应用材料公司(Apply Material)提供这样的设备与工艺(图 4.34)。

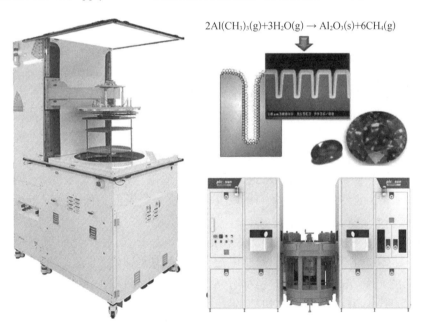

$$2Al(CH_3)_3(g)+3H_2O(g) \rightarrow Al_2O_3(s)+6CH_4(g)$$

图 4.34　芬兰派克森公司推出的 ALD 原子层沉积技术的设备,可以让 VCSEL 的器件更稳定

根据激光出射方向,半导体激光器可以分为两类型:边发射激光器(EEL)和 VCSEL。EEL 有两种主要类型:① 法布里-珀罗(FP)激光器;② 分布式反馈

(distributed feedback, DFB)激光器。

在 FP 激光器中,激光二极管是激光器,其反射镜只是激光芯片末端的平面裂开表面。FP 激光器主要用于低数据速率短距离传输;传输距离一般在 20 km 以内,速率一般在 1.25 G 以内。DFB 激光二极管是在腔内具有光栅结构的激光器,其在整个腔中产生多次反射。它们主要用于高数据速率的长距离传输。

与 EEL 相比,VCSEL 提供更好的激光束质量,更高的耦合效率和空腔反射率。此外,VCSEL 能够以二维阵列进行,使单个芯片可以包含数百个单独的光源,以增加最大输出功率和提升长远的可靠性,EEL 只能在简单的一维阵列中进行。

LED(发光二极管)在早期阶段通常用于 3D 感应技术。由于缺少谐振腔,LED 激光束比 VCSEL 更为分散,耦合效率相对较低。而且,随着 VCSEL 具有更高的精度、更小的尺寸、更低的功耗和更高的可靠性,越来越多的 3D 摄像机正在使用 VCSEL。

此外,VCSEL 还具有其他一些重要优势:① 在晶圆形式中,它们可以在制造过程中的各个阶段进行测试,从而产生更可控且可预测的生产良率,制造成本较其他激光技术低;② VCSEL 可以使用传统的低成本 LED 封装来降低成本,现有应用中亦可使用 VCSEL 取代 LED;③ 可以将 VCSEL 制造成一维或二维阵列以满足特定的应用需求;④ VCSEL 的波长非常稳定,对温度变化的敏感度只有 EEL 的五分之一左右。

4.3.4 太赫兹光源

太赫兹波在频谱上位于远红外和微波之间,由于其独特的"指纹谱性"和光子能量低等特点,在材料科学、生物医疗和国防安全等领域具有广泛的应用。0.1~6 THz 在光谱学中是很有意思的波段,然而要获得该波段的光却不那么容易。如何获得高功率、大能量(百微焦量级)的太赫兹光源是目前太赫兹科学发展的关键问题之一。电子光源,如后级配有倍频器的压控振荡仪,可提供直到几百 GHz 的高功率信号,然而在亚毫米波段,这种方法并不适用。直接太赫兹光源,如量子级联激光,通常来说频率限制在 2 THz 以上,即便在工作温度很低的情况下也很难获得更低频率。

光电太赫兹生成技术是一种非直接的方法,通过近红外激光照射一种特殊的金属-半导体-金属结构,可产生光感电流,进而成为太赫兹波源。该技术可提供脉冲和连续两种解决方案,每种方案都有其优点。脉冲太赫兹辐射提供宽带宽(通常为 0.1~5 THz),并可实现非常快速的测量——可在几毫秒内采集频谱。然而,脉冲太赫兹的频率分辨率则相对有限,在几 GHz 量级。反之,连续太赫兹系统带宽相对较小(0.1~6 THz),并且需要更长的测量时间——频谱采集一般需要几分钟。然而输出光频率具有很高的控制精度(MHz 量级的精度)。

在太赫兹诸多技术的研究中,太赫兹辐射源的研究占据了很重要的位置。太赫兹辐射的产生主要有以下三种途径。

（1）基于电子学技术的太赫兹辐射源，包括返波管、耿氏振荡器以及固态倍频源等，这是毫米波技术向高频方向的扩展，这类太赫兹辐射源工作于 1 THz 以下，输出功率通常在数十微瓦到毫瓦量级。

（2）基于光子学技术的太赫兹辐射源，包括量子级联激光器、自由电子激光器和气体激光器等，这是激光技术向低频方向的延伸，这类太赫兹辐射源输出功率较大，具有很好的应用潜力。基于太赫兹激光器的光频梳技术在高分辨成像和成谱应用方面的前景广阔。

（3）基于超快激光技术的太赫兹辐射源，这类技术是 1 THz 附近向高频和低频方向同时发展的太赫兹辐射源技术，这类太赫兹辐射源具有脉宽窄、峰值功率高等优点，但是存在能量转换效率和平均输出功率低的问题。

因此，探索实现室温、高输出功率、连续可调谐和小型化的辐射源将大大促进太赫兹技术的研究，也是当前太赫兹领域的重要发展目标。

激光等离子体是一种潜在的强太赫兹辐射源，利用相对论强激光或者利用中等强度激光与固体和气体靶作用，通过不同机制可以产生具有不同频谱、振幅、时域特性的太赫兹辐射。

上海交通大学的研究人员利用美国 LLNL 国家实验室的相对论皮秒激光与固体靶作用，研究强太赫兹辐射的产生（图 4.35）。在实验中构建了激光与大尺度等离子体相互作用，发现在激光反射方向，太赫兹辐射随着激光能量增加呈现出非线性增长的特点，并存在一个最佳的预等离子体状态。实验得到了单发强度大于 $200\ \mu J/sr$ 的太赫兹辐射。在数值模拟研究的基础上，提出了受激拉曼散射和自调制不稳定性激发的等离子体波通过模式转换激发太赫兹波的物理模型，很好地解释了实验结果，同时进一步验证了盛政明、张杰等之前提出的模式转换理论（Sheng

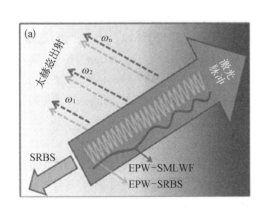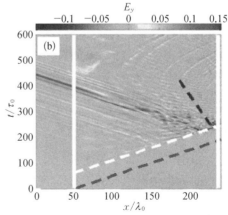

图 4.35　（a）皮秒激光与大尺度等离子体作用产生太赫兹辐射的物理模型；
（b）数值模拟得到的太赫兹辐射场时空演化

et al.，2005）。该工作揭示的这一机制不仅适用于固体靶前的大尺度等离子体，而且可用于气体或团簇靶。利用这个方法，有望实现台面化频谱可调的高重频的强太赫兹辐射源。此外，这种太赫兹辐射也可以作为一种激光等离子体相互作用中参量不稳定激发的新型诊断手段（Liao et al.，2015）。

在强激光与气体作用产生强太赫兹波方面，通过离化电流等机制，通常可以产生线偏振、单周期、宽频谱的太赫兹波。研究人员在实验中利用具有时间延迟的双激光脉冲，实现了双太赫兹辐射脉冲在时域中的干涉现象，由此得到被均匀调制的太赫兹辐射频谱。通过控制双激光脉冲的时间延迟，可以控制被调制频谱的中心频率以及调制峰的间隔。这项工作有助于提高太赫兹时域频谱的信噪比，并为研究激光等离子体间的干涉作用提供了新的手段。

为了拓宽强激光与气体作用产生太赫兹波的应用范围，需要找到能够对太赫兹辐射偏振、频谱等进行调控的有效手段。为此，研究者提出了一种利用强磁场对其进行调控的全新方案，即在原有双色激光与气体靶作用方案的基础上，施加一个沿着激光传播方向的强磁场。加入该场后，产生的太赫兹波由线偏振变成了圆偏振，圆偏振波的旋转方向可以由外加磁场符号来控制；波形由单周期结构（宽谱）变成多周期结构（窄谱）；太赫兹波频率可由磁场强度控制；太赫兹波强度可由磁场强度和气体密度共同控制。目前人们利用强激光可以在实验中产生百特斯拉量级的强磁场。因此，这项工作为以全光学的方式产生一种偏振、频率、波形和场强均可调谐的新型太赫兹辐射源提供了新思路。

4.4 红外光学元件

红外光学元件是红外系统中的重要组成部分，在本章开始的时候我们就明确了一般红外光学系统的组成，为了实现特定的功能，需要使用红外光学元件对红外光进行折射与反射、滤波、偏振分离、介质内传输或者各种特性调制，对应使用的红外光学元件分别是：红外透镜与反射镜、滤光片、偏振片、光纤以及电光调制器等。对应的参考文献包括 Wolfe 撰写的 *Introduction to Infrared System Design*，Harris 撰写的 *Materials for Infrared Windows and Domes: Properties and Performance*，以及 Mann 撰写的 *Infrared Optics and Zoom Lenses*（Wolfe，1996；Harris，1999；Mann，2009）。

4.4.1 红外透镜和反射镜

由于红外光波长长于可见光，因此在通过相同的光学介质传播时，红外光和可见光的行为会有明显的差异。有些材料可以同时应用于红外和可见光，当然也有仅适用于某一个波段范围的，比如硅材料，在可见光波段，硅是不透明的，然而在红外波段的大部分区域，硅的透射率在 50% 以上。对于红外透镜而言，材料的透射率和折射率需要综合考虑。

在光谱的可见部分,几乎所有的镜片和窗户都是由硅酸盐玻璃制成的。它是透明的,坚固的,坚硬的,耐化学腐蚀的,并且总体上是一种极好的材料。但硅酸盐玻璃仅透射到约 2 μm 左右的波长,更长波长的光无法透过。因此,必须在红外光谱的不同部分中使用许多不同的材料。

要考虑的材料特性的相对重要性取决于应用。一组标准适用于不形成图像但为系统提供保护罩的窗片,另一组适用于通常是透镜的内部元件。如果要将镜片冷却至低温或加热至灼热温度,或者必须经历较大的工作温度波动,则需要考虑一些因素。因此,对于窗片,人们按以下顺序考虑以下特性:透明性、防护强度和硬度、热膨胀、导热性、高温应用的比热、反射损耗的折射率,有时还包括防水和耐腐蚀性等。

对于镜片,首先要考虑其透明度。接下来是折射率及其随波长和温度的变化(有时称为热折光系数)。热性能是次要的,通常是因为系统内部处于受控状态。对于制造应考虑硬度,而对于耐刮擦性则不那么重要。

当今微型光谱仪中最常用的光学设计称为切尔尼-特纳配置。在这种配置中,来自入口狭缝的光被一个小的凹面镜准直,然后引导到衍射光栅上(图 4.36)。当光入射到衍射光栅上时,各种波长的光将沿着平行于平台的轴线分散,但它们将保持准直状态。因此,必须使用直径较大的聚焦镜才能将多个狭缝图像聚焦到光谱仪的线性检测器阵列上,但这仅是在一个轴上的情况。

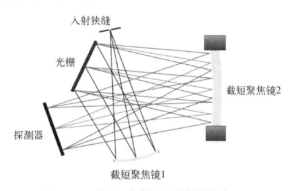

图 4.36　采用两个截短聚焦镜的切尔尼-
特纳光谱仪的原理图

因此,通常是通过切掉顶部和底部来截短较大的圆形镜,以便将其安装在与平台齐平的位置,从而显著降低整个系统的高度。

在一些较新的微型和微型光谱仪设计中,这一趋势被进一步采用,将这些截短的反射镜与基于微机电系统(MEMS)的空间光调制器(而不是衍射光栅)结合。MEMS 技术可以进一步减小光学元件的尺寸,并且检测器阵列可以由单个元件的光电二极管代替,从而在某些情况下将光谱仪的总占地面积减小到和橡皮擦一样小。为了使光谱仪设计达到这种紧凑程度,必须将准直镜和聚焦镜都截短以提供平坦的边缘,从而实现两种光学元件的表面安装。在这种情况下,在将两个反射镜用环氧树脂固定在适当位置之前,采用"拾取和放置"式微定位系统将它们对准。

4.4.2　红外滤光片

红外滤光片(NIR)应用广泛,在我们现代生活中处处可见。它使图像传感器传导出最自然真实的图像;它使数码相机拍出和肉眼视觉一样的照片。夜视系统越来越普遍地应用于警务和营救领域,特殊的近红外滤光片是使用夜视系统的显示和操控设备(NVIS 兼容设备)必不可少的部分。根据其主要应用,分为移动应用类和具有高陡度红外截止边的工业应用类两种。干涉滤光片使用干涉效应获得光谱透射,它通过把不同折射率的薄膜沉积到基片上来进行制造。目前的市场上有供应标准和多种定制化的干涉滤光片,定制的光谱范围涵盖了从紫外到中远红外的电磁谱段。此类产品一般都可以根据实际的规格要求进行开发、设计和制造,图4.37 所示为不同应用的干涉滤波片。对于温度和湿度的变化,干涉滤光片表现出优秀的耐候性以及非常稳定的光谱特性。

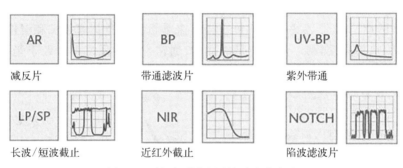

图 4.37　针对不同应用的干涉滤波片

　　从材料上划分,有光学玻璃镀膜的,有有色玻璃制成的,也有塑料红外滤光片。这里所指的是近红外滤光片。如果涉及中远红外,材料还有 Si、ZnSe、Sapphire、CaF_2、石英玻璃等。

　　从光学特性上来划分,有长波通型(IR long pass filter)和带通型(IR bandpass filter)。其中长波通型:① 有色玻璃制作而成,通常为黑色,比如 IPG-800 型号。它将可见光吸收,允许透过红外光。如果透过此红外滤光片去看太阳,依然可以看见一个红红的太阳。适合用于红外成像。② 在光学白玻璃上通过真空镀膜制成红外滤光片,比如 IPGC-720,这种类型的又叫光学冷镜,它将可见光反射,让红外光透过。外观看起来是银色的,像是一面镜子。如果是中远红外的滤光片,要在Si、Sapphire、石英玻璃上镀膜。③ 由特种塑料制成的红外塑料滤光片,外观黑色,如果透过此红外滤光片去看太阳,也可以看见一个红红的太阳。这种塑料的材料可以是 PC 也可以是 PMMA。

　　再说带通型,带通滤光片都是由真空镀膜而成。对于近红外的带通来说,是在白玻璃上镀膜。如果是中远红外,则会在 Sapphire 上镀膜。其中近红外的带通滤光片相应的光源主要是红外 IR LED 和红外激光,所以主要波长有 808 nm、850 nm、905 nm、940 nm、1 064 nm,也有不常用的 780 nm。常用的近红外滤光片的波长主要就是这些,相应的厂商型号有 BPF-850、NBF-808、BPF-940 等。

4.4.3　红外偏振片

薄膜偏振片(TFP)能将激光光束分成偏振方向正交的两束光。同时,TFP 也能将偏振方向正交的两条光束合成为一条光束。TFP 由一个镀膜的平板组成,它与入射光束成布儒斯特角。薄膜涂层可以增强对 s 偏振光的反射率,同时保持 p 偏振分量的高透射率。图 4.38 是 TFP 的示意图,它将一个非偏振光束分为 s 偏振和 p 偏振两个分量。

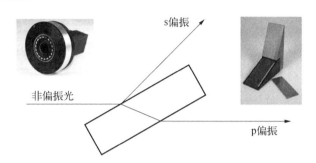

图 4.38　红外偏振片示意图以及实际器件照片

标准 TFP 会反射呈布儒斯特角入射的 s 偏振光;对于那些需要分离 s 偏振和 p 偏振的光束、且使它们分光后光束相互垂直的应用,我们可以添加一个转动反射镜(选件)。贰陆公司提供分别由硒化锌和锗制成的 TFP。

偏振片-检偏器-衰减器是一组堆叠起来的硒化锌平板,与入射光束形成布儒斯特角。在每块平板上,所有 p 偏振分量都会透射过去,而大部分 s 偏振分量则会被反射。其结果是,当光束通过几块平板后,就只剩下 p 偏振光了。

目前的红外偏振片主要应用于使非偏振光偏振化、激光光偏振分析、使线性偏振光束以连续可变的方式衰减、电光调制系统等方面。其主要特性需求包括:大功率承受能力;可透射可见光,易于校直;低插入损耗;高消光比(>500 : 1);宽频作业(波长为 2~14 μm);可选出光孔径或冷却方式;等等。

4.4.4　红外光纤

红外光纤提供了一种通用的方法来引导和操纵红外光,在各种科学学科和技术应用中,红外光变得越来越重要。尽管在过去的几十年中在制造红外光纤方面已做出了公认的努力,近年来,在红外光学技术的相关领域逐渐成熟之际,许多显著的突破使该领域又焕发出新的活力。在这里,我们描述了红外光纤的设计和制造的历史和最近的发展,包括红外玻璃、单晶纤维、多材料纤维以及利用传统晶体半导体的透明窗口的纤维。

我们将红外光纤定义为传输波长为 2~25 μm 的光纤,该光纤在中红外和远红外上均有延伸。红外光纤具有悠久的历史,可以追溯到20世纪60年代中期,当时报道了第一款由红外玻璃三硫化砷(As_2S_3)制成的硫属化物玻璃(ChG)光纤。早期的成功还凸显了与红外光纤相关的两个缺点:高的光损耗(在$2\sim8~\mu m$的波长范围内>10 dB/m)和缺乏机械强度。当前,在红外光纤的这两个方面都取得了巨大的进步,这预示着它们在不久的将来可能被广泛采用。

与仅使用少数几种材料的可见-近红外光纤相比(尤其是石英玻璃),已探究的用于生产红外光纤纤维的材料范围非常广,从硫属化物、碲酸盐、锗酸盐和氟化物玻璃到结晶材料,包括钇铝石榴石(YAG),甚至是最近使用的传统半导体,例如硅、锗和硒化锌。除了研究范围广泛的红外纤维材料之外,工程红外光学导引还采用了新的概念。例如,光子带隙(PBG)的概念是不同空心微结构IR光纤设计的基础。此外,异质材料系列与热纤维共牵伸工艺的兼容性方面的最新突破导致出现了一类独特的"多材料纤维",这可能有助于解决红外纤维的一些常年性的光学和机械缺陷。确实,多材料纤维概念的含义甚至可能超出红外纤维,从而为单片光纤形状因数中的光学和电子器件结合奠定基础。

因此,红外光纤领域处于材料科学、光学物理学和制造工程的交汇处,而最近对此类光纤的兴奋源于这些社区之间的协同作用。红外光纤的主要特征是其传输波长的能力比常规石英玻璃纤维更长。但是,红外光纤的光学和机械性能通常都比传统的二氧化硅光纤要差。例如,大多数红外光纤的传输损耗在~dB/m量级。因此,它们主要限于短距离的应用,仅需要几米而不是几千米的光纤长度,这足以用于化学传感、测温和红外激光功率传输。利用红外光纤的应用范围正在迅速扩大,并且有望在未来几十年内继续如此。在目前已有的研究基础上,未来将可以从制造工艺、新材料和新结构的角度,进一步开发红外光纤,从而为更广泛地应用红外技术铺平道路。

以下给出一些红外光纤的示例。图4.39展示了不同的红外光纤的各种材料和结构。显示了五个不同的IR纤维家族(Tao et al., 2015)。

第一族[图4.39(a)~(c)]包含阶跃折射率光纤,其纤芯和包层均选自同一系列的软IR玻璃,无论是否含氟。(a)亚碲酸盐、(b)碲酸盐或(c)硫属化物玻璃这三类玻璃已被广泛研究,并且由这些玻璃生产的纤维确实已经商业化了。

第二族[图4.39(d)~(f)]包括最近开发的混合IR光纤,其中混合了来自异质材料族的材料:(d)硫族化物玻璃和聚合物;(e)硫族化物和二氧化硅玻璃;(f)硫属元素化物和亚碲酸盐玻璃。在每个示例中,纤维中两种(或多种)不同材料的并置和集成允许利用独有的特征来提高性能,无论是机械强度还是光学功能。

第三族是IR晶体芯纤维。一个这样的例子,YAG光纤[图4.39(i)]已经研究了几十年,而其他的直到最近才被研究,例如图4.39(g)InSb和图4.39(h)ZnSe光纤。后面的例子可能有助于引入一类新的光纤,其中光学、电子和光电子之间的集成可以证明是可行的。

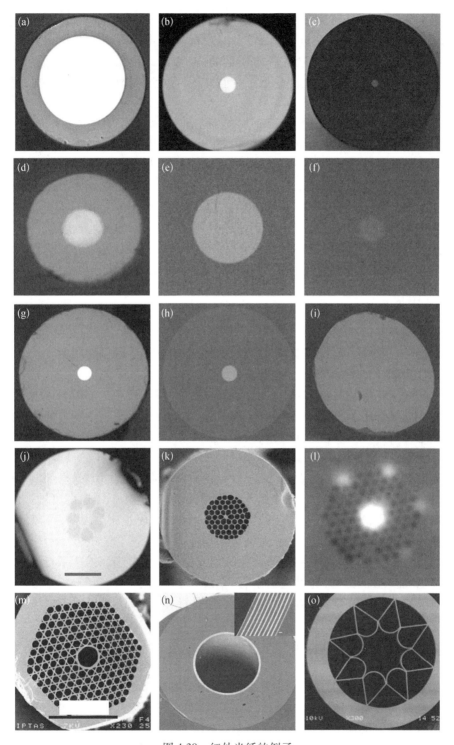

图 4.39 红外光纤的例子

最近已经生产并研究了第四类实芯 IR 光子晶体光纤（PCF）。示例包括图 4.39(j) 全固态 PCF 和气孔包覆 PCF、图 4.39(k) 硫属化物玻璃或图 4.39(l) 氟化物玻璃。人们可能还会在这一类中添加所谓的"悬浮芯纤维"，这种纤维已经使用多种软玻璃实现了，并且正致力于色散工程和非线性增强，这对于非线性红外的波长转换应用至关重要。

最后，图 4.39 中突出显示了从 PBG 光纤延伸出来的第五类空心 IR 光纤。图 4.39(m) 中是在包层中以二维晶格排列有气孔，以利用已被证明在二氧化硅 PBG 光纤中成功的策略，将空心光纤衬成一维周期性光子结构，从而通过全向反射。后者的光纤已被商业化，用于微创手术，迄今为止已帮助挽救或改善了数千人的生命。图 4.39(o) 显示了一种新近出现的具有不同性质的范例，其中具有负曲率的空心石英纤维利用干涉效应将光引导到纤芯中，并使与石英玻璃的重叠最小化。

此处并没有涵盖所有的各种红外光纤。但是，Harrington 的书已成为红外光纤（尤其是晶体光纤）的标准参考书，可供进行更深入的阅读（Harrington，2004）。

4.4.5 电光调制器

电光调制器（EOM）是通过光学元件的电光效应来对光信号进行调制的器件。电光调制可以是对于光的相位、频率、振幅或偏振的作用。通过使用激光控制的调制器，可以将调制带宽扩展到千兆赫兹范围。

电光效应是指材料在一个直流或低频电场的作用下而产生的折射率变化。这是由于在电场作用下，构成材料的分子的位置、方向或形状受到电场力的作用而引起的。通常，在具有非线性光学的材料中（有机聚合物具有最快的响应速度，因此最适合此应用）将看到其折射率的调制。

最简单的电光调制器由晶体组成，例如铌酸锂晶体，其折射率是局部电场强度的函数。这意味着，如果铌酸锂暴露于电场中，光将通过其中传播得更慢。但是，离开晶体的光的相位与光通过晶体所花费的时间长短成正比。因此，可以通过改变晶体中的电场来控制离开 EOM 的激光的相位。

可以通过在晶体上放置一个平行平板电容器来产生电场。由于平行平板电容器内部的场线性地取决于电势，因此折射率线性地取决于场（对于普克尔效应占主导的晶体），而相位线性地取决于折射率，因此相位调制取决于应用于电光调制晶体的电压。

引起相变 π 所需的电压称为半波电压 V_{π}。对于泡克耳斯（Pockels）效应，通常为数百伏甚至数千伏，因此需要高压放大器。合适的电子电路可以在几纳秒内切换如此大的电压，从而允许将电光调制器用作快速光开关。

相位调制（PM）是将信息编码为载波的瞬时相位变化的调制模式。载波信号的相位被调制为跟随调制信号变化的电压电平（幅度）。载波信号的峰值幅度和频率保持恒定，但是随着信息信号幅度的改变，载波的相位也相应地改变。分析和最终结果(调制信号)与频率调制相似。

iXblue 公司的 LiNbO$_3$光相位调制器包括 MPZ－LN 系列和 MPX－LN 系列,是目前市场上较为全面的电光相位调制器系列产品(图 4.40)。MPZ－LN 系列非常适合高带宽工作在 10 GHz、20 GHz 和 40 GHz 的应用。低频率高达 5 GHz,MPX－LN 系列采用 X－Cut 波导,能够提供高度的稳定性,并且驱动电压很低。iXblue 采用成熟的铌酸锂技术设计,由于性能出色,相位调制器能够在众多领域应用。

图 4.40　法国 iXblue 公司的光相位调制器 MPX

MX1300－LN 系列铌酸锂强度调制器是专门为工作在 1 310 nm 波段附近的应用而设计(图 4.41)。其独有的光波导优化设计和特定的 1 310 nm 传输光纤保证了其高性能的表现。器件采用 X 型马赫-曾德尔调制器结构,保证了器件在有超高的稳定性的同时能够把啁啾影响降到最低。器件中使用 Photoline 独有的低插损高消光比的光纤,超低的 V_π 使其非常适合应用在 10~50 Gb/s 光传输系统中。

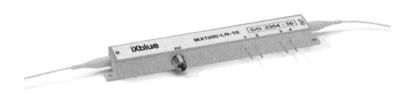

图 4.41　1 310 nm 光强度调制器

通过使用马赫-曾德尔干涉仪,相位调制 EOM 也可以用作振幅调制器。分束器将激光分为两条路径,其中一条具有如上所述的相位调制器。然后重新组合光束。然后,改变相位调制路径上的电场将确定两个光束在输出端是相长干涉还是相消干涉,从而控制出射光的幅度或强度。该设备称为马赫-曾德尔调制器。

法国 iXblue 公司提供工作波段较为丰富的铌酸锂光强度调制器系列产品,涵盖 800 nm 波段、1 060 nm 波段、1 310 nm 波段、1 550 nm 波段(图 4.42)以及 2 000 nm 波段。电光带宽可达 40 GHz,适用于模拟调制和数字调制应用。配合该公司相应的射频放大器使用,M－Z 型光强度调制器具有高功率承受能力、低漂移、长期稳定工作等卓越性能,能够满足科研、光纤传感、光纤通信系统等领域的需求。

根据非线性晶体的类型和方向以及所施加电场的方向,相位延迟可能取决于偏振方向。因此,可以将泡克耳斯盒视为电压控制波片,并且可以将其用于调制极

图 4.42　1 550 nm 光强度调制器

化状态。对于线性输入偏振（通常与晶轴成 45°定向），输出偏振通常将是椭圆形，而不是简单的具有旋转方向的线性偏振态。

电光晶体中的偏振调制也可以用作时间分辨测量未知电场的技术。与使用导电场探头和电缆将信号传输到读出系统的常规技术相比，由于光信号是由光纤传输的，因此电光测量本来就是抗噪声的，从而可以防止电噪声造成的信号失真。用这种技术测得的极化变化线性地取决于施加到晶体上的电场，因此可以提供对电场的绝对测量，而无需对电压迹线进行数值积分，就像对时间导数敏感的导电探针一样的电场。

第 **5** 章

红外光电应用

通过前面几个章节的介绍,给出了红外波段所对应的物理基础、材料特性以及多种红外元件的基本知识,在本章中,我们将力图通过器件应用的多种场景描述,以实际需求为导向,列出目前在人们生活、工作、国防军事、航空航天以及科学探索等领域中具有代表性的一些红外器件,尤其针对红外波段在其中的特殊作用加以描述,结合红外物理、红外材料以及器件知识,从多个维度来认识和发现红外波段研究带给我们的丰富信息。

为了能够对红外光电领域的应用做一个清晰的介绍,本书将首先对这些应用进行分类,从原理上,首先将按照主动和被动进行划分。主动探测应用将包括红外光源、光学系统以及红外探测装置,被动探测应用则仅包含光学系统和红外探测装置。两者的区别仅在于是否具有红外光源,形式上可以是黑体、红外激光或者其他人工可控的光源等。这样划分的主要原因是主动探测系统往往可以针对特定的需求,设定所需的较窄的一个波段范围、匹配光源和探测器件,同时对于光学元件,也可以针对该波段进行优化和简化,这样也就限定了其使用的范围,同时提高了在特定波段内整个系统的性价比;而被动探测无法控制光源的强度,需要尽可能多地从所有通过其光学系统会聚的红外光中提取出尽可能多的信息,这对于探测器的灵敏度提出了更高的要求,光学系统的设计上针对的波段一般会更为宽泛,对应于几个大气窗口以及特殊的应用需求,可能会采用不同的材料。

主动探测应用在现代生活中是非常常见的,尤其是在近红外波段。家庭使用的各种红外遥控器,以及电器上的红外接收部分,这两者就构成了一个主动红外探测系统,在该系统中,遥控器发出对应不同指令的调制近红外光,在家用电器的接收端进行采集和解码,并执行对应的功能。带有红外发射功能的智能手机通过程序控制同样可以实现对多种家用电器遥控器的模拟,替代原来的遥控器。

另外一个非常常见的应用是红外光电限位开关,如图 5.1 所示。在生活中,经常遇到各种闸机,或者各种移动门,这些涉及往复运动的机械装置中都会有光电限位开关的存在,通过近距离相对放置的光源以及探测器,可以判断中间有无障碍物,从而控制电机的运转,实现闸机挡板或者大门的启停。这些应用中需要的小型化的探测器件也可以较简单地使用硅光二极管实现。同样的成对出现的还有光电隔离器,如图 5.2 所示,使用固体近红外光源 LED 和硅 PIN 探测器,可以防止高压影响接收信号的电路部分。

图 5.1　光电限位器的实物图

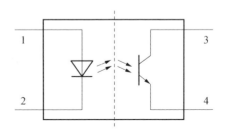

图 5.2　光电隔离器的示意图,左为近红外光源(LED),中间为电介质阻挡层,右为传感器(光电晶体管)

　　光通信是红外光电子应用的重要领域,早先采用金属导体电话线、同轴电缆或金属网线的模式目前在入户端之前基本都已经被光纤所替代。光源+光调制器/光纤/光解调器(光猫)构成了一套主动红外探测系统,用来传递数字化的信号。

　　在智能手机应用中,近年来,主动红外探测系统被用于接近式传感、3D 面部识别等应用,在多款手机中,采用了红外三维点阵投射的方案,对脸部特征进行提取。使用近红外光源的主要目的是此类光源人眼无法探测到,可以在无法察觉的情况下,完成投射和识别,同时,又可以避免不同环境光线的影响,提高了人脸识别的准确性和可靠性。

　　更进一步,如果可以通过被动红外探测来对人体进行成像,如图 5.3 所示,在室内环境应用中,热红外波段的图像可以准确地将人脸部分与周边环境区分开来。通常的室温在 20℃ 左右,那么两者之间的温差可以在 10℃ 以上。目前这样的应用主要问题在于被动红外探测焦平面的成本仍然偏高,但未来随着成本不断降低,被动红外探测可能会成为智能设备的必备功能之一。

　　除了这些日常应用之外,在科研和工业中,光谱仪是一个非常重要的应用方向,使用光谱仪对物质的成分进行无损分析具有很高的灵敏度以及检测的准确性。在质量检测、环境监控、生产工艺控制上,科学家和工程师们针对不同的应用开发出了各种类型的光谱仪,从便携式的微型光谱仪到能实现超精细光谱分辨率的科研级光谱仪(图 5.4)。由于红外波段对应的能量覆盖了多数分子转振能级的范围,可以通过共振吸收峰的测定获得这些转振能级的特征信息,从而对物质成分进行精准分析,红外光谱也被称为"指纹光谱"。由于红外波段在大气中传输时会受到水汽等因素的影响,高端的红外光谱仪将光路置于真空环境以避免此类影响。

图 5.3 热成像相机拍摄的人像

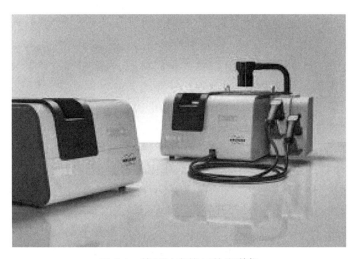

图 5.4 傅里叶变换红外光谱仪

近年来,随着太赫兹技术的发展,这个波段的主动探测已经开始应用于机场安全检查。采用主动太赫兹光源,利用其对于不同材质的透射率差异,就可以快速检查旅客是否随身携带有违禁物品。相比于 X 光扫描,这样的探测对人体的损伤非常小,相比于金属探测安检门,使用透射扫描的太赫兹检测可以检出非金属的异物(图 5.5)。

可以说,主动红外光电技术目前已经进入我们生活的方方面面,在我们无法察觉的波段范围内,默默地为我们的生活提供了更多的便利、更高的安全性。在工业生产中,也为实现自动化控制、实时检测、质量鉴定的多方面提供了有效的手段。

图 5.5　太赫兹人体安检仪

在被动探测领域,红外光电技术更侧重于对环境信息的获取。之前曾经提及,对于可见光的探测来说,我们所生活的环境中,在没有人造光源的情况下,太阳是最重要的光源,大部分时候可见光探测器件接收到的都是太阳光的散射、折射、透射等,夜晚的时候,太阳光通过月球反射到地面。而对于红外领域,所有温度高于绝对零度的物体无时无刻不在对外发射红外光,也就是所有的物体都可以被看作是一个红外光源。不同的物体温度、物体表面材质、表面粗糙度以及光在传播路径上的空气湿度等多重因素,都会影响到红外探测器最后探测到的信号。于是,采用不同的信号采集方式,通过对最终信号的分析,可以有针对性地从中提取出如温度、材质、表面性质等材料本身的属性,也可以得到在光传播路径上的环境信息,比如空气的湿度、温度或者云、雾、霾等。在遥感领域,还可以根据预先设定的特征谱段,提取出农作物的生长状态、作物播种面积以及区分不同的农作物等。

美国国家核安全管理局(NNSA)在 2019 年资助了杨百翰大学的一项研究,对红外热像仪采集到的数据进行分析,开发模型,从而鉴别出不同的核物质。美国国防部高级研究计划局(DARPA)在 2020 年初提出了一个"隐形车灯"的概念,希望能够通过被动红外探获取周边环境所发出的热辐射信息,从而实现不需要主动光源的环境感知和目标识别(图 5.6)。这样可以更好地隐藏己方目标,增强全天候侦察能力。

在红外光电应用领域,除了针对需求,提出主动/被动探测之外,还必须根据实际研究对象,对于所需要提取的信息进行分类,包括:光的强度、波段、偏振、连续波/脉冲、相对值/绝对值等,也可以按照在空间上或在频率域上的变化,或按随时间的变化量。针对不同的信息,可以设定不一样的系统配置,使用对应的光源、光学元件以及探测器。在整体电子元器件微型化、集成化的背景下,越来越多的产品通过整合这几个部分,实现紧凑化、小型化的一体设计,而同时可以注意到的是,红外光电领域中的这类产品通常包含了大量的可选项,尤其是光学窗口的部分,总是会提供多种选择,以对应不同的谱段,来满足不一样的应用需求。

图 5.6　DARPA 提出的"隐形车灯"项目

主动红外探测系统应用已经有大量的专业书籍进行介绍,包括光通信、红外光谱分析、激光测距等方面的著作,而且波段的选择上,在近红外区域较为常见,这也是因为该波段硅基探测器的发展相当成熟,应用成本很低。本书将主要介绍被动红外光电系统的几个典型应用及其进展。这些应用之间既有共同点(都工作在红外波段),又有各自的特点,如有些探测的是一个宽波段内的总能量,有些探测的是同一个时间段内不同窄波段内的多个能量值,有些是以单元器件的形式工作,有些则采用大规模的焦平面器件,最后将介绍红外光电探测系统发展中伴生的反制手段——红外隐身技术在当前的一些进展。

5.1　测温应用

5.1.1　概述

测温应用可以说是红外光电探测系统最常见的应用(图 5.7),耳温枪、额温枪等非接触式的测温设备已经广泛进入了人们的生活中,但这样的应用看似简单,在实际生产和使用中却存在非常多的问题,比如:测温范围非常局限、测温结果不准确、开机需要较长的时间以及使用时的环境温度限制等。这些情况的出现根本上还是由红外测温这样一个物理过程决定的,是这种测温方式所导致的,如果想要更好地使用这些设备来得到一个相对准确的测量值,我们必须对红外测温有一个初步的了解,更详尽的分析与阐述可以参考《红外热成像测温原理与技术》(杨立等,2012)。

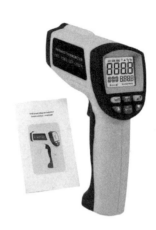

图 5.7　常见的手持式测温仪

红外测温技术是一种非接触式温度测量技术。任何高于绝对零度的物体由于其自身分子的运动,都不停地向外发射热辐射,红外测温仪通过光学系统接收物体发出的红外辐射,再由探测器将物体辐射的功率信号转换成电信号,经电子系统处理,从而给出物体表面的温度分布情况。红外测温的主要优点如下:

(1)非接触测量,不破坏被测目标温度场,对远距离目标、高速运动目标、带电目标、高温目标等都适用;

(2)温度响应快,无热惯性,能测导热系数很小或热容很小的物体;

(3)测温范围宽,根据不同的应用场景,选择不同的探测器,可测温度为$-45\sim2\,000\,℃$;

(4)测温灵敏度高,可分辨超过 $0.01\,℃$ 的温差;

(5)使用不同的光学系统和探测器组合,可以实现较高的空间分辨率;

(6)输出信号数值化,便于直观地得到测量结果。

目前,该技术已在公共场所人体温度检测,发电机、变压器、电力线路和断路器等电气设备的红外检测,机器设备的状态监测,半导体元件和集成电路的质量筛选和故障诊断,石化设备的故障诊断,火灾的探测,材料内部缺陷的无损监测,传热研究以及红外特征与隐身评估等领域得到广泛的应用,带来了可观的经济效益。

红外测温仪根据接收到的热辐射换算出被测物体的表面温度。由于实际进入测温仪的热辐射不仅有目标的自身热辐射,还有反射环境的热辐射和大气辐射,因此红外测温受到许多因素的影响。为了准确给出红外测温的计算式,人们开展了大量研究工作来提高红外成像测温的准确性。斯达尔提出用一个小的精密扫描光阑扫描背景以减少背景辐射的干扰。瑞士 AGA 公司生产的红外测温仪采用灰体近似方法,建立了灰体温度的修正计算公式,并采用修正曲线的方法修正环境辐射等影响因素对测温的影响。1981 年,张才根等根据亮度法测温原理,建立了用红外测温仪测量目标表面真实温度的方法,得到了测温时对目标比辐射率和环境辐射等效黑体温度修正的方法(张才根,1982;张才根等,1981)。1985 年,美国普林斯顿大学的 Uirickson 在普朗克公式和维恩位移定律的基础上得出最佳测量波段和测量温度的表达式,并分析了测量方法、发射率、大气传输等对测温的影响(Ulrickson, 1986)。1996 年,日本茨城大学的 Inagaki 和 Okamoto 通过在测量设备周围放置类似于黑体的遮拦物和在被测物体和镜头之间放置锥形水冷罩(内表面经过黑体化处理)等简化措施来建立测量非金属物体温度的测温模型,得出了其测温方程。同年他们又通过类似的办法建立了红外测量金属物体温度的测温模型和测温方程(Inagaki et al., 1996a; 1996b)。1999 年,杨立根据红外测温理论,通过分析红外测温的基本原理,得到了计算被测表面真实温度的通用计算公式;给出了估计测温误差的计算公式,讨论了影响红外测温的因素(杨立,1999)。2001 年,寇蔚等系统分析了各种因素对红外测温的影响及其程度,并讨论了减小误差的对策(寇蔚等,2001)。2004 年,Pokorni 在研究红外辐射理论的基础上建立了红外辐射测温的通用数学模型,得出了物体表面温度的测量公式和测温误差的计算公式,并通过一个具体的例子进行了测温的影响因素及其误差分析(Pokorni, 2004)。此外,国内外许多学者也进行了相关的研究。

5.1.2　测温原理简介

红外测温是靠接收被测物体表面发射的红外辐射来确定其温度的。实际测量时,探测器接收到的有效辐射除了目标自身辐射外,不可避免地会包括环境反射辐射和大气辐射的部分。

对不透明的物体,被测物体表面的辐射亮度 L 为物体自身的光谱辐亮度与反射的环境光谱辐亮度之和,根据被测物体表面温度 T_0、环境温度 T_u、表面辐射率 ε_λ、表面反射率 ρ_λ、表面对环境辐射的吸收率 α_λ,可以有

$$L_\lambda = \varepsilon_\lambda L_{b\lambda}(T_0) + \rho_\lambda L_{b\lambda}(T_u) = \varepsilon_\lambda L_{b\lambda}(T_0) + (1 - \alpha_\lambda) L_{b\lambda}(T_u) \quad (5.1)$$

作用于红外探测器的辐射照度 E_λ 为

$$E_\lambda = A_0 d^{-2} [\tau_{a\lambda} \varepsilon_\lambda L_{b\lambda}(T_0) + \tau_{a\lambda}(1 - \alpha_\lambda) L_{b\lambda}(T_u) + \varepsilon_{a\lambda} L_{b\lambda}(T_a)] \quad (5.2)$$

式中, A_0 为探测器空间张角对应目标的可视面积; d 为该目标到探测器所在位置的距离;通常在一定条件下, $A_0 d^{-2}$ 为一个常值, $\tau_{a\lambda}$ 为大气的光谱透射率, $\varepsilon_{a\lambda}$ 为大气辐射率, T_a 为大气温度。从式(5.2)可以看出,其中包含了三个部分的能量:被测物体表面发射、环境辐射在物体表面的反射以及大气辐射,也就对应了三个温度,物体温度、环境温度以及大气温度。其中对应于特定波长,入射在探测器上的辐射功率为

$$P_{i\lambda} = E_\lambda A_r \quad (5.3)$$

式中, A_r 为探测器镜头的面积。通过镜头后的辐射通量为 $P_{t\lambda} = \tau_{op} P_{i\lambda}$, τ_{op} 为光学

系统的透过率。光学系统产生的杂散辐射 P_c 与探测系统的平均温度 T_c 有关,它还包括由镜头和系统的其他元件产生辐射散射到探测器的部分。这部分辐射可在设计阶段采用高透射材料和冷光阑使其最小化。

探测器敏感元件接收到的辐射为

$$P_d = P_{t\lambda} + P_{c\lambda} \tag{5.4}$$

测温红外探测器通常工作在 $2\sim5~\mu m$ 或 $8\sim14~\mu m$ 两个波段,探测器将工作波段上的入射辐射积分,并把它转换成一个与能量成正比的电压信号。与辐射功率相应的响应电压为

$$V_d = R_\lambda P_d \tag{5.5}$$

式中,R_λ 为探测器的光谱响应度,对某个确定的测温系统为常值。

由于红外热像仪接收的是目标的自身辐射、环境的反射辐射和大气辐射的总和,无法确定各自的份额。通常假定其接收的辐射为某一黑体发射的辐射,因此将红外热像仪指示的温度称为辐射温度或表观温度。通常是通过标定来得到响应电压与黑体温度之间的关系式,也称为刻度函数,并通过软硬件设定来给出表观温度。

对于近距离测量,大气辐射以及环境反射辐射可以忽略,那么如果已知环境温度和物体表面发射率就能准确测出物体表面的真实温度。图 5.8 为环境温度为 300 K 时,不同辐射率红外探测器的刻度函数与目标温度的关系曲线,通常也称为标定曲线。由图可知,只要知道了环境温度、目标辐射率以及探测器的输出信号,就能由该曲线确定目标的真实温度 T_0。 对物体表面辐射率 $\varepsilon < 1$ 的情况,当环境温度小于目标温度时,目标温度大于指示的辐射温度;而当环境温度高于目标温度时,情况正相反。

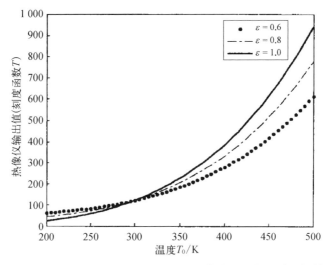

图 5.8　红外测温仪输出值与温度的关系(在被测物体表面具有不同比辐射率的情况下)

5.1.3 测温方法

1. 直接测量法

对于灰体,由 5.1.2 节中的讨论可知,当已知被测物体表面的发射率和环境温度,可由测量的辐射温度直接算出表面真实温度,这种方法也称为直接测量法。这里环境温度值可以由测温仪内部设置的热电偶/热电阻元件进行测定,在近年来,由于半导体工艺的发展,很多红外探测元件所使用的数字式信号处理电路已经可以具有环境温度测定功能,大大简化了测温系统的电路设置,缩减了系统尺寸。这样的测温方式一般适用于近距离测温应用,此时,大气辐射等因素影响较小。图5.9 为一种直接测温系统的组成框图。

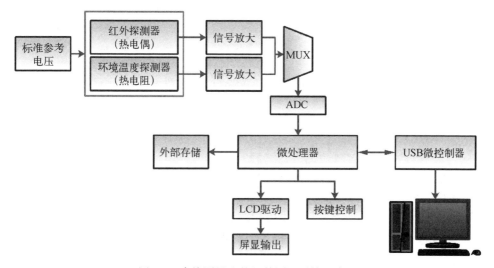

图 5.9 直接测量法的红外测温系统示意图

2. 相对测量法

如果已知某一参考温度,也可用相对测量方法计算目标温度。这样的方式与直接测量方式不同之处在于,使用的是参考体的红外辐射来对温度进行标定,而不是采用环境温度进行标定。这样的设定虽然省去了环境温度测定的部分,但仍需要对参考体的温度进行测定,而且为了避免大气辐射在不同路径上的影响不一致等因素,目标与参考体需要放置在较为接近的位置,对于整个系统设置有一定的要求。这样的测量方法在航空航天遥感中应用较多,因为此时大气辐射、环境反射等因素影响巨大,而在地面定点实时进行温度测量要比估算整个光学路径上的大气辐射量容易得多。

3. 双波段测温法

在红外测温的波段,对大多数固体材料发射率随波长的变化不明显,因此对灰体,可假设在两个相近的波段上的发射率近似相等,通过应用黑体辐射定律,可以通过双波段上获得的两个辐射温度解出物体温度和发射率。对非灰体,要建立不同波段间发射率的关系,才能同时解出目标的温度和发射率。这样的测温方式对于系统的光学设计以及后端算法的要求更高,常见于实验室条件下,可以同时对物体的温度和发射率进行测定(图5.10)。

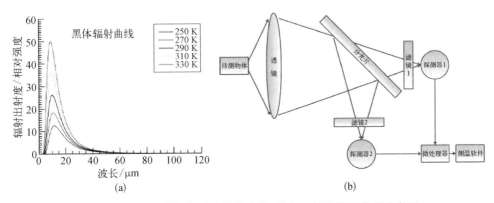

图 5.10 (a) 黑体辐射随波长的变化;(b) 双波段测温技术示意图

5.2 热成像技术

在介绍了典型的测温应用后,本书将进一步对使用面阵红外焦平面器件进行热成像的一些应用展开探讨。从原理上来看,测温应用与热成像技术并没有本质的差别,测温设备如果配合一定的光机扫描装置,也可以对特定场景进行扫描热成像,而热成像设备在进行成像时,同样可以根据上一节中提到的算法对于特定区域的温度值进行提取,可以认为热成像设备是大量微型红外探测单元器件的集合,利用热成像设备可以快速、实时地对需要研究的场景进行测量,把红外辐射信号与空间分布对应起来,将物体的热分布转变为可视图像,并在监视器上以灰度或伪彩色显示出来,从而得到被测物体的温度分布场信息。如图5.11所示,从热像图上可得到物体表面的温度,一般来说,热像仪具有较高的温度灵敏度,可测出0.1℃以下的温差,但受被测表面的发射率和反射率、背景辐射、大气衰减、测量距离、环境温度等因素的影响,测温精度不是很高。红外热像仪一般由光学系统、红外探测器、电子学和信息处理系统等组成。近年来红外热像仪已得到广泛应用,根据其不同的使用形式,可以分为手持式红外热像仪和在线式红外热像仪;根据探测器工作温度,可分为制冷和非制冷红外热像仪;根据扫描方式,可分为机械扫描式和电子自扫描式热像仪。

5.2.1 红外热像仪

在关于红外探测器焦平面的介绍中,我们提及了多种目前商用的红外热像仪

图 5.11　使用热成像设备进行拍摄,获取环境中各处对应的温度分布信息

产品,从红外探测原理的角度又可以细分为光导型、光伏型、微悬臂梁测辐射热计、热电堆型、热释电型等。热像仪性能主要是由其所采用的探测器决定的。这里不详细展开,可以参考的资料包括 Vollmer 和 Möllmann 的"*Infrared Thermal Imaging*：*Fundamentals，Research and Applications*"以及 Herbert 的"*Practical Applications of Infrared Thermal Sensing and Imaging Equipment*"等(Vollmer et al.，2018；Herbert，2007)。

5.2.2　红外热像应用场景

在工业上,可以利用热像仪快速探测出加工件的温度,从而掌握必需的信息。由于电动机、晶体管等电子器件发生故障时往往伴随着温度的异常升高,利用热成像仪也可以快速诊断故障。在流行性感冒、肺炎等疾病流行时,可以利用热成像仪快速判断是否有发热现象。由于癌细胞的温度较高,也可用其诊断乳腺癌等疾病。边防部门也可用其判断交通工具中是否有偷渡客。

在民用领域方面,包括电力、建筑、医学和石化等多个领域,红外热像仪在这些领域取得了十分广泛的应用。由于目前红外热像仪较高的应用成本,在民用领域仍然具有相当巨大的发展空间。

1. 电力行业的应用

目前电力行业是民用红外热像仪应用最多的行业,作为最成熟、最有效的电力在线检测手段,红外热像仪可以大大提高供电设备运行可靠性。同时,随着技术不断发展,电力行业也将更多地应用红外热像仪(图 5.12)。

图 5.12　电力智能监测

2. 建筑行业的应用

据相关部门对红外热像仪在建筑行业的应用情况调查,目前我国的建筑企业数量虽然很多,但是平均每家一台红外热像仪都未达到。如果将来每家建筑企业都配备一台红外热像仪的话,不仅可以大幅促进红外热像仪市场需求,还会大大提高建筑企业的工作效率,降低成本。

在建筑施工中,涉及隐蔽工程的,比如地暖、空调管路、电力线路等,在安装完毕后的维修是非常困难的,红外热像仪可以帮助维修人员精准地定位出问题的部位,确定相应的维修方案。如图 5.13 中展示的,红外热像仪可以清楚地透过地板,看到地暖管网的排布,找到断点或者漏点。

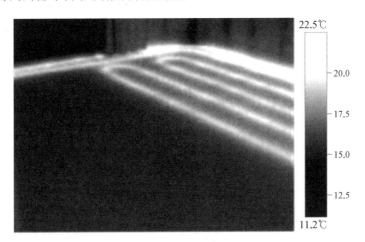

图 5.13　红外热像仪检查地暖铺设情况

3. 医学行业的应用

人体其实就是一个天然的红外辐射源。当人体产生疾病的时候,人体的热平衡就会受到破坏,因此测定人体温度的变化是临床医学诊断疾病的一项重要指标。

热像仪则可以准确地显示和记录人体的温度分布(图 5.14),以便进一步进行病理分析。现如今,医用热像仪已成为诊断浅表肿瘤、血管疾病和皮肤病症等

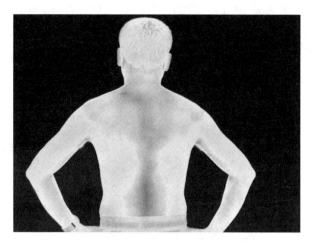

图 5.14 红外镜头呈现的人体表面温度分布

的有效工具,在医疗学科研究中,热像仪在医学中的应用已成为一个专门的研究课题。

4. 石化行业的应用

我们知道,石油化工生产中的许多重要设备都是在高温高压状况下工作的,潜伏着一定的危险,因而对生产过程的在线监测是非常重要的。

实用热像仪能检测产品传送和管道、耐火及绝热材料,以及各种反应炉的腐蚀、破裂、减薄、堵塞和泄漏等有关信息,可快速而准确地得到设备和材料表面二维温度分布(图 5.15)。

图 5.15 采用红外热像检查输油管道和工作部件状态

5. 机场安检中的应用

机场是比较典型的场所,哥本哈根机场每天有 108 架飞机要停留,每个人在进入的安全禁区(CRSA)前需要进行彻底的安全检查。面临的问题之一是 CRSA 接近跑道,飞机从栈桥到起飞区域或者刚刚着陆的飞机将乘客送到一个栈桥上并从"非安全区域"进入 CRSA。另外,从飞机场内但从 CRSA 外的其他区域的汽车和人员可能进入该区。

在白天用可见光相机很容易监视和跟踪目标,但在夜间,可见光相机存在一定的局限性,机场环境复杂,夜晚对于可见光成像效果有较大的干扰。影响触发报警时有可能因为图像效果不佳而无法看到引起报警的事件。解决该问题的办法就是采用红外热成像摄像机(图 5.16)。

图 5.16 机场、车站的人体体温快速筛查

6. 港口河道中的应用

内河航道应用中,很多时候需要检测来往船只的数量,传统做法是通过自动船舶识别装置(AIS)或船舶交通服务(VTS),但是 AIS 不是像我们想象得那么准确,AIS 要依赖船舶本身打开设备,否则是接收不到信息,VTS 则是主动去探测的,很多小船,还有船舶交叉时也测不准。

所以即使在一些重大活动时也只能测 70%的船舶,平时可能只有 50%。因此用户特别希望能够通过视频实现船舶流量统计。

但普通可见光要在水面上实现区域入侵功能难度很大,特别是受到波浪、天气等因素的影响,而热成像为实现这类应用提供了可能,能够借助热成像对温度的感知确定船只的位置、速度、数量等信息。

另外在主要航道两侧一般都会设一些浮标,船舶正常航行是不能偏离航道,越过浮标的。因此该区域同样可以用热成像实现入侵检测,作为 VTS 系统的补充。

7. 在边防领域的应用

众所周知,边界防卫是一件非常困难的事情。我国边境线甚长,海洋也辽阔,由于野外环境恶劣,许多系统都不可能很好地担当起防范作用,特别在下雨、下雪、大雾、大风的日子,边界巡逻是很艰苦的任务。

如果采用人员巡逻,利用望远镜进行观察,往往由于可见光波长短而观察效果甚差,造成漏查、误查和失查的现象。红外热成像仪可以探测到波长较短的红外线,可以远距离进行观察,特别适用于风雨天气。

广东惠州警方在某一边境地区放置了五套红外热成像仪,在试用过程中,成功地破获了多起非法入境者案件,效率大大高于原来用人工巡查。

8. 安防领域

除了以上方面,近年来,红外成像技术在安防应用领域也越来越处于重要的地位。红外热成像技术可用于夜间及恶劣气候条件下目标的监控、防火监控以及识别伪装及隐蔽目标。

夜晚,由于众所周知的原因,可见光器材已经不能正常工作,如果采用人工照明的手段,则容易暴露目标。若采用微光夜视设备,它同样也工作在可见光波段,依然需要外界光照明。而红外热成像仪是被动接受目标自身的红外热辐射,无论白天黑夜均可以正常工作,并且也不会暴露自己。

同样在雨、雾等恶劣的气候条件下,由于可见光的波长短、克服障碍的能力差,因而观测效果差,但红外线的波长较长,特别是工作在 8~14 μm 的热成像仪,穿透雨、雾的能力较强,因此仍可以正常观测目标。因此在夜间以及恶劣气候条件,采用红外热成像监控设备可以对各种目标(如人员、车辆等)进行监控。

由于红外热成像仪是反映物体表面温度而成像的设备,因此除了夜间可以作为现场监控使用外,还可以作为有效防火报警设备,在大面积的森林中,火灾往往是由不明显的隐火引发的。这是毁灭性火灾的根源,用现有的普通方法,很难发现这种隐性火灾苗头。而应用红外热成像仪可以快速有效地发现这些隐火,并且可以准确判定火灾的地点和范围,透过烟雾发现着火点,做到早知道、早预防、早扑灭(图 5.17)。

图 5.17　森林防火系统界面

普通的伪装是以防可见光观测为主。一般犯罪分子作案时通常隐蔽在草丛及树林中,由于野外环境的恶劣及人的视觉错觉,容易产生错误判断。

红外热成像装置是被动接受目标自身的热辐射,人体和车辆的温度及红外辐射一般都远大于草木的温度及红外辐射,因此不易伪装,也不容易产生错误判断。

随着光电信息、微电子、网络通信、数字视频、多媒体技术及传感技术的发展,安防监控技术已由传统的模拟走向高度集成的数字化、智能化、网络化。

随着市场需求的增加,现代高新技术几乎在安防监控系统中都有应用或即将应用。现代传感技术中发展迅速的红外热成像技术在安全防范系统中也开始得到了应用。

5.3 红外遥感

从字面上来看,遥感可以简单理解为遥远的感知,泛指一切无接触的远距离的探测。从现代技术层面来看,"遥感"是一种应用探测仪器在远离目标和非接触目标物体条件下感知目标地物,获取其反射、辐射或散射的电磁波信息,并进行提取、处理、分析与应用的一门科学和技术的交叉学科。

遥感是以航空摄影技术为基础,在 20 世纪 60 年代初发展起来的一门新兴技术。开始为航空遥感,自 1972 年美国发射了第一颗地球观测卫星 Landsat 后,标志着航天遥感时代的开始。经过几十年的迅速发展,遥感已成为一门先进的实用空间探测技术。

5.3.1 航天遥感

以卫星、飞船、航天飞机、空间实验室、空间站等各类航天飞行器为平台,对地球各层圈进行非接触的远距离探测与测量。美国的卫星对地观测始于 1972 年应用的地球观测卫星 Landsat 1,到 2013 年,该系列的第 8 颗卫星 Landsat 8 投入使用。2021 年将部署 Landsat 9,其启用和服务时间线如图 5.18 所示。

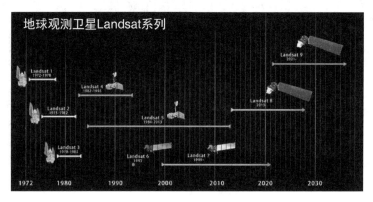

图 5.18　Landsat 系列卫星的启用和服务时间线

Landsat 系列地球观测卫星的探测波段如图 5.19 所示,可以看到在红外波段观测波段集中在几个大气窗口,这些波段携带了丰富的温度、水汽、矿物质等信息,可以通过对应的特征谱线附近的图像去反演出大量的信息,对于地球环境的改变和资源探索都具有非常重要的意义。其中,特别的,9#工作波段不在大气窗口范围内,因此,在该波段的观测图像上(图 5.20),地球背景是纯黑的,该波段的地面辐射并不能透过大气层抵达探测器,能够看到的信号来自高层大气对于太阳辐射的反射信号,也就是云层信息。

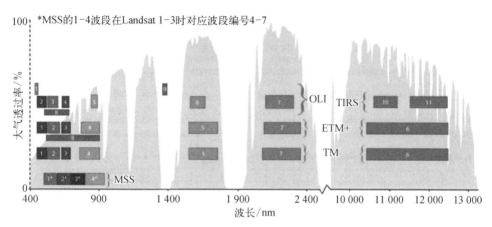

图 5.19　Landsat 卫星的主要工作波段

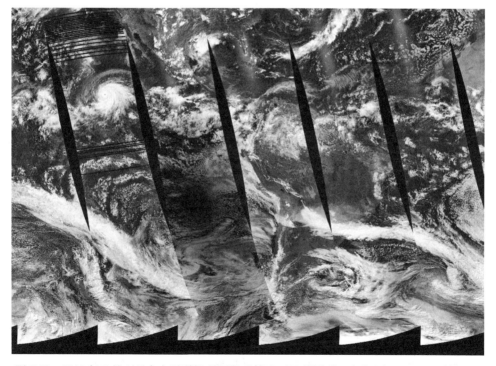

图 5.20　2019 年 7 月 2 日南太平洋智利阿根廷等地可以观测到日全食(由 Landsat 8 拍摄)。图中较暗的部分就是太阳光被月球遮挡,在地球表面的巨大阴影

对应的,在我国的地球观测卫星系列是高分系列卫星。中国高分辨率对地观测系统(简称高分专项)是我国《国家中长期科学和技术发展规划纲要(2006—2020年)》的16个重大科技专项之一。该系统将统筹建设基于卫星、平流层飞艇和飞机的高分辨率对地观测系统,完善地面资源,并与其他观测手段结合,形成全天候、全天时、全球覆盖的对地观测能力,由天基观测系统、临近空间观测系统、航空观测系统、地面系统、应用系统等组成,于2010年经过国务院批准启动实施。

"高分专项"是一个非常庞大的遥感技术项目,包含至少9颗卫星和其他观测平台,分别编号为"高分一号"到"高分十二号",于2013年开始陆续研制发射新型卫星并投入使用,至2020年前后建成全系统。高分系列卫星覆盖了从全色、多光谱到高光谱,从光学到雷达,从太阳同步轨道到地球同步轨道等多种类型,构成了一个具有高空间分辨率、高时间分辨率和高光谱分辨率能力的对地观测系统。"十一五"期间重点实施的内容和目标分别是:重点发展基于卫星、飞机和平流层飞艇的高分辨率先进观测系统;形成时空协调、全天候、全天时的对地观测系统;建立对地观测数据中心等地面支撑和运行系统,提高空间数据自给率,形成空间信息产业链。

2013年4月26日12时13分04秒,高分一号在酒泉卫星发射中心用长征二号丁运载火箭成功发射,此次任务还搭载发射了装载于荷兰研制的两个卫星分配器中的三颗微小卫星,三颗微小卫星分别由土耳其、阿根廷、厄瓜多尔研制。

高分一号卫星是高分专项的首发星,主要用户为国土资源部、环境保护部、农业部,同时还将为中国其他十余个部门和有关区域提供示范应用服务。该星是中国首颗设计、考核寿命要求大于5年的低轨遥感卫星;实现在同一颗卫星上高分辨率和宽幅成像能力的结合,在国土资源调查、环境监测、精准农业等方面发挥了重要作用。

高分一号任务由卫星、运载火箭、发射场、测控、地面、应用六大系统组成,其中中国航天科技集团公司空间技术研究院航天东方红卫星有限公司、上海航天技术研究院分别负责卫星、运载火箭研制任务;酒泉卫星发射中心、西安卫星测控中心分别负责发射场、测控系统的相关任务;中国资源卫星应用中心、中科院遥感与数字地球研究所分别承担地面系统的研建任务;国土资源部中国国土资源航空物探遥感中心和中国土地勘测规划院、环境保护部卫星环境应用中心、农业部中国农业科学院农业资源与农业区划研究所承担应用系统的研制建设。2018年3月31日11时22分,高分一号02星、03星和04星在太原卫星发射中心由长征四号丙运载火箭成功发射。

2014年8月19日11时15分,高分二号在太原卫星发射中心用长征四号乙运载火箭成功发射,此次任务还搭载发射了一颗波兰小卫星。高分二号卫星是高分专项首批启动立项的重要项目之一,是中国自主研制的首颗空间分辨率优于 1 m 的民用光学遥感卫星,观测幅宽达到 45 km,具有米级空间分辨率(1 m 全色和 4 m 多光谱)、高辐射精度、高定位精度和快速姿态机动能力,主要用户为国土资源部、住房和城乡建设部、交通运输部、林业局,同时还将为其他用户部门和有关区域提供示范应用服务。

高分二号卫星实现了米级空间分辨率、多光谱综合光学遥感数据获取,攻克了长焦距、大 F 数、轻型相机及卫星系统设计难题,突破了高精度高稳定度姿态机动、高精度图像定位,提升了低轨道遥感卫星长寿命高可靠性能。

2016 年 8 月 10 日 6 时 55 分,高分三号在太原卫星发射中心用长征四号丙运载火箭成功发射,为高分专项唯一一颗合成孔径雷达卫星,整星重 2.8 t,有效载荷占 1.4 t(50%),创下中国低轨遥感卫星平台载荷比的最大纪录;在轨设计寿命 8 年,是中国首颗长寿命设计的低轨遥感卫星;天线长 15 m,太阳能板展开后,整个卫星的长度达 18 m,是中国第一颗大尺度、大翼展卫星。

高分三号性能在多个领域在中国乃至世界领先,改变了中国卫星数据严重依赖进口的状况。该星为中国自主研制的首颗全极化合成孔径雷达卫星,它能同时发射、接收 C 频段水平波和垂直波,而且具备 1 m 高分辨率,是世界上分辨率最高的多极化 C 频段合成孔径雷达卫星。高分三号亦是世界上成像模式最多的合成孔径雷达卫星,具有 12 种工作模式,可以满足探测陆地或观察海洋、多种尺寸、普查或详细探查等不同的任务需求。高分三号卫星提供万瓦级功率,为中国首颗单次连续成像时间达到近小时量级的合成孔径雷达卫星。该星同时为海洋三号监视监测卫星的试验星。

高分四号为地球静止轨道上的光学遥感卫星,配置有目前中国口径最大的面阵凝视相机、首次研制的大面阵红外探测器,具有普查、凝视、区域、机动巡查四种工作模式,全色多光谱相机分辨率优于 50 m、单景成像幅宽优于 500 km,中波红外相机分辨率优于 400 m、单景成像幅宽优于 400 km,能够对目标区域长期观测,是中国第一颗地球静止轨道对地观测卫星及三轴稳定遥感卫星,更是目前世界上空间分辨率最高、幅宽最大的地球同步轨道遥感卫星。2015 年 12 月 29 日,在西昌卫星发射中心成功发射升空,在轨设计寿命 8 年。

高分五号装有高光谱相机和多部大气环境和成分探测设备,可以间接测定 PM2.5 的气溶胶探测仪。2018 年 5 月 9 日 2 时 28 分由长征四号丙运载火箭在太原卫星发射中心发射并进入太阳同步轨道。

高分六号是高分专项天基系统中兼顾普查与详查能力、具有高度机动灵活性的低轨高分辨率光学卫星。高分六号的载荷性能与高分一号相似,组网实现了对中国陆地区域 2 天的重访观测。2018 年 6 月 2 日 12 时 13 分,中国在酒泉卫星发射中心用长征二号丁运载火箭成功发射。

高分七号主载荷双线阵相机为高分辨率空间立体测绘卫星。就是两台线阵推扫成像相机,位置一前一后,分别是前视相机和后视相机,为地球拍摄出清晰立体的图像。该卫星于 2019 年 11 月 3 日 11 时 22 分发射。

2015 年 6 月 26 日 14 时 22 分,高分八号卫星在中国太原卫星发射中心成功发射升空,卫星顺利进入预定轨道。高分八号卫星是高分辨率对地观测系统国家科技重大专项安排的光学遥感卫星,主要应用于国土普查、城市规划、土地确权、路网设计、农作物估产和防灾减灾等领域,可为"一带一路"建设等提供信息保障。高分八号卫星和执行此次发射任务的长征四号乙运载火箭由中国航天科技集团公司负责研制。

高分九号是高分辨率对地观测系统国家科技重大专项安排的光学遥感卫星。2015 年 9 月 14 日 12 时 42 分,在酒泉卫星发射中心用长征二号丁运载火箭,成功将高分九号卫星送入轨道。

高分十号是高分辨率对地观测系统国家科技重大专项安排的微波遥感卫星。2016 年 9 月 1 日,高分十号在太原卫星发射中心由长征四号丙运载火箭搭载,发射失败。2019 年 10 月 5 日,高分十号进行第二次发射,此次发射顺利进入预定轨道。

高分十一号是高分辨率对地观测系统国家科技重大专项安排的光学遥感卫星。2018 年 7 月 31 日 11 时 0 分,高分十一号在太原卫星发射中心由长征四号乙运载火箭发射成功。

高分十二号是高分辨率对地观测系统国家科技重大专项安排的微波遥感卫星。2019 年 11 月 28 日 07 时 52 分,高分十二号在太原卫星发射中心由长征四号丙运载火箭发射成功。

在这里重点对高分五号卫星进行介绍。高分五号卫星(GF-5 卫星)是世界首颗实现对大气和陆地综合观测的全谱段高光谱卫星,填补了国产卫星无法有效探测区域大气污染气体的空白,可满足环境综合监测等方面的迫切需求,是中国实现高光谱分辨率对地观测能力的重要标志。高分五号卫星是环境保护部作为牵头用户的环境专用卫星,也是国家高分专项中搭载载荷最多、光谱分辨率最高、研制难度最大的卫星。作为高分专项里的第五颗卫星,高分五号是世界上第一颗同时对陆地和大气进行综合观测的卫星,它的设计寿命高达 8 年,因此还是当时中国设计寿命最长的遥感卫星。

卫星首次搭载了大气痕量气体差分吸收光谱仪、主要温室气体探测仪、大气多角度偏振探测仪、大气环境红外甚高分辨率探测仪、可见短波红外高光谱相机、全谱段光谱成像仪共 6 台载荷,可对大气气溶胶、二氧化硫、二氧化氮、二氧化碳、甲烷、水华、水质、核电厂温排水、陆地植被、秸秆焚烧、城市热岛等多个环境要素进行监测。未来,高分五号卫星将有效支撑气象业务中温室气体、痕量气体及污染气体的监测预警工作。

GF-5 卫星轨道标称技术指标见表 5.1,各有效载荷技术指标见表 5.2。

表 5.1　GF - 5 卫星轨道标称技术指标

参　　数	指　　标
轨道类型	太阳同步回归轨道
轨道高度	705 km
倾角	98.203°
轨道周期	98.723 min
降交点地方时	13∶30
回归周期	51 d
偏心率	0.001

表 5.2　GF - 5 卫星有效载荷技术指标

可见短波红外高光谱相机	
光谱范围	0.4~2.5 μm,共 318 个通道
空间分辨率	30 m
幅宽	60 km
光谱分辨率	VNIR∶5 nm;SWIR∶10 nm
量化位数	12 bit

全谱段光谱成像仪

光谱范围	空间分辨率	幅　　宽	量化位数
0.45~0.52 μm	20 m	60 km	12 bit
0.52~0.60 μm			
0.62~0.68 μm			
0.76~0.86 μm			
1.55~1.75 μm			
2.08~2.35 μm			
3.50~3.90 μm	40 m		
4.85~5.05 μm			
8.01~8.39 μm			
8.42~8.83 μm			
10.3~11.3 μm			
11.4~12.5 μm			

续 表

大气主要温室气体监测仪

温室气体	中心波长 /μm	光谱范围 /μm	光谱 分辨率	视场	观测模式	量化位数
O_2	0.765	0.45~0.52	0.6 cm^{-1}	IFOV 14.6 mrad	天底观测 耀斑观测	14 bit
CO_2	1.575	1.568~1.583	0.27 cm^{-1}			
	2.05	2.043~2.058				
CH_4	1.65	1.642~1.658				

大气环境红外甚高光谱分辨率探测仪

光谱范围	750~4 100 cm^{-1}(2.4~13.3 μm)
光谱分辨率	0.03 cm^{-1}
光谱仪视场角	1.25 mrad
量化位数	18 bit

大气痕量气体差分吸收光谱仪

光谱范围	240~315 nm
	311~403 nm
	401~550 nm
	545~710 nm
光谱分辨率	0.3~0.5 nm
杂散光	<6×10^{-4}
总视场	114°(穿轨方向)
空间分辨率	48 km(穿轨方向)×13 km(沿轨方向)
量化位数	14 bit

大气气溶胶多角度偏振探测仪

工作谱段	433~453 nm
	480~500 nm(偏振)
	555~575 nm
	660~680 nm(偏振)
	758~768 nm
	745~785 nm

续　表

大气气溶胶多角度偏振探测仪	
工作谱段	845~885 nm(偏振)
	900~920 nm
偏振解析	线偏振,三个方向 0°、60°、120°
多角度观测	沿轨 9 个角度
总视场	−50°~+50°
星下点空间分辨率	优于 3.5 km
量化位数	12 bit

5.3.2　航空遥感

以飞机等航空器材为平台,对地面目标(包括地形地貌、建筑道路、植被水域等)进行探测和测量的技术。区别于航天遥感,航空遥感在探测距离上相对较近,一般而言,对地面目标具有较高的分辨率,同时,由于航空载具一般相对于地面目标有一定的相对速度,因此线列扫描等方式应用非常广泛。目前航空遥感的发展更多是由军事应用推动的,战斗机、预警机、无人侦察机的发展更多依赖于遥感技术的提升。

航空遥感具有技术成熟、成像比例尺大、地面分辨率高、适于大面积地形测绘和小面积详查以及不需要复杂的地面处理设备等优点。缺点是飞行高度、续航能力、姿态控制、全天候作业能力以及大范围的动态监测能力较差。

飞机是航空遥感主要的遥感平台,飞行高度一般为几百米至几十千米。具有图像分辨率高、不受地面条件限制、调查周期短、测量精度高以及资料回收方便等特点,可根据需要调整飞行时间和区域,特别适合于局部地区的资源探测和环境监测。不足之处是航空平台的飞行高度和续航时间有限,只能小范围进行,而且受天气和飞行姿态影响较大。遥感方式除传统的航空摄影外,还有多波段摄影、彩色红外和红外摄影、多波段扫描和红外扫描、侧视雷达等成像遥感;也可进行激光测高、微波探测、地物波谱测试等非成像遥感。航空遥感是非常先进、完善的遥感技术。

航空和航天遥感并不是完全对立的两种应用,而是互相补充,各有特色。航天遥感依靠的卫星、空间站等设施,成本高、性能优越、对地观测范围广。航空遥感依靠飞机、气球,部署灵活机动,配合无人机技术,可以非常精确地执行搜索和监控任务,在民用领域,可以对小范围内的农作物、资源矿藏、道路建筑进行调查统计,在军事领域,更是战场部署的有力情报来源。

其中,红外成像光谱技术更是伴随着红外光电技术的发展,成为遥感领域的重要工具。在可见光波段,人眼视觉可以区分不同波长的光线,并通过视觉系统将不同波段的光强组合成颜色信息,而在红外波段,人眼并没有感知能力,必须通过红外探测器将光转换为电信号,再通过对应的电子显示屏来呈现对应的图像,这其中,不同波长的光如何模拟和组合为彩色图像,有多种不同的模式,组合之后的图像称为伪彩色图像或者合成图像。可以说,是给红外探测器加上了"颜色"识别的能力。

5.3.3 红外成像光谱

光谱技术是指利用光与物质的相互作用研究分子结构及动态特性的学科,即通过获取光的发射、吸收与散射信息可获得与样品相关的化学信息,成像技术则是获取目标的影像信息,研究目标的空间特性信息。这两个独立的学科在各自的领域里已有数百年的发展历史,但是直到 20 世纪 60 年代,遥感技术兴起,空间探测和地表探测一时成为科学界研究的热点,人们希望得到的不单纯是目标的影像信息或者目标的光谱信息,而希望同时得到影像信息和光谱信息,这一需求导致了成像技术和光谱技术的结合,催生出了成像光谱技术。

高光谱遥感的出现是遥感界的一场革命,它使本来在宽波段遥感中不可探测的物质在高光谱遥感中能被探测,其巨大意义已经得到世界范围内的公认,相对于可见光和短波红外,在热红外谱段进行高光谱遥感研究具有独特优势:一方面高光谱遥感光谱分辨率远高于多光谱遥感,因此高光谱遥感数据的光谱信息更加详细,更加丰富,有利于地物特征分析,特别是对于光谱反射或吸收特征窄的物体。同时丰富的具有一定冗余度的光谱信息还进一步增强了光谱数据传输过程中抗干扰(噪声)能力。另一方面,热红外影像探测技术能有效地将不可见的热辐射能转变为人眼可见的光谱影像信息,大大地拓宽了人类可见域的光谱区。热红外谱段的高光谱成像仪具有日夜监测能力,能够检测化学气体,识别地物,探测汽车尾气等,故可广泛应用到林火监测、旱灾监测、城市热岛效应、探矿、探地热、岩溶区探水等领域。然而受技术条件限制,热红外高光谱成像技术的发展相对缓慢,近年来随着技术的进步,红外高光谱传感器的研制和应用才逐渐被世界各个国家和机构所重视,包括美国、欧盟在内的多个国家和地区都在进行热红外高光谱成像传感器的研制。

由于热红外面阵探测器、深低温光学系统等关键技术的限制,热红外谱段的高光谱成像系统在国外以机载系统为主,尚无星载系统。在我国更是较少有人从事该技术的系统研究工作。近年来,随着焦平面探测器与制冷技术的发展,热红外高光谱成像仪的研制工作越来越受重视。各国相继发展了多类系统,表 5.3 给出了目前国际上典型的热红外高光谱成像仪器的情况(王建宇等,2015)。

表 5.3 国外典型的热红外高光谱成像系统

仪器名称	研制时间/年	光谱范围/μm	波段数目	空间分辨率/mrad	视场	灵敏度	仪器主要用途
TIRIS	1997	7.5~14	64	3.6	4°	—	探测毒气泄漏和气体污染
AHI	1998	7.5~11.5	32	0.81×2.02	13°	0.1 K	探测地雷,具备实时定标;后期在多个领域发挥了重要作用
SEBASS	1996	2.5~5.2	110	1	7.3°	—	固体、液体、气体及化学蒸气物质识别
LWHIS	2003	8~12.5	128	0.9	6.5°	—	—
QWEST	2006	8~12	256	—	40°	0.127 K	用于地球科学探测领域
MAKO	2010	7.8~13.4	128	0.55	4°	—	—
LWIR	—	8~12	84	1.1	24°	0.2 K	商用仪器,地质勘探、化学物质分析等

1. 典型系统

国外从 20 世纪 90 年代开始进行技术攻关和仪器系统研制,目前美国在该领域处于领先地位,早期以 SEBASS、AHI 等仪器为代表,近期以 QWEST 等仪器为代表,这里主要介绍以下几个典型的系统。

1) AHI(1998)

AHI 是由美国夏威夷大学研制的机载热红外高光谱成像仪,是世界范围内的经典仪器,主要目的是验证超光谱成像技术在矿物勘测中的应用,特别是红外超光谱成像遥感技术对深埋在地下的矿物探测(图 5.21)。该计划开始于 1994 年,项目研究之初相关部门广泛收集了深埋地下各类矿物在 0.4~14 μm 的成像和非成像光谱遥感数据,从这些光谱数据的分析中证实在地矿探测领域热红外 8~12 μm 的光谱数据意义重大,如硅酸盐矿物在 9.2 μm 附近表现出明显的

图 5.21 AHI 仪器照片图

吸收特性。AHI 采用了非制冷的前置光学系统,由于技术首先并没有采用全低温光学系统,与早期的 TIRIS 一样在探测器的焦面上安装制冷渐变滤光片抑制背景辐射。系统的主要性能指标如下。

(1) 光谱范围:7.5~11.5 μm。

(2) 仪器口径:35 mm(f = 111 mm)。

(3) 空间分辨率:0.81×2.02 mrad。

(4) 视场:13°。

(5) 波段数目:32(或 256)。

(6) 光谱分辨率:125 nm。

(7) 分光方式:平面光栅。

(8) 背景抑制方案。

(9) 灵敏度:0.1 K。

(10) 探测器:256×256[Rockwell 公司(56 K)]。

AHI 设计有背景抑制器,它包括渐变滤光片 LVF、成像镜以及相应的焦平面器件,该系统将入射的光学相对孔径由 F#4 在焦面处缩小至 F#1.7。背景抑制器的元件被装在一个长 28 cm、直径 15.3 cm 的由液氮制冷的 90 K 真空杜瓦内。AHI 后续发展中,背景抑制器改由斯特林制冷机进行制冷。

2) SEBASS(1996)与 LWHIS(2003)

Aerospace Corporation 是美国著名的航空设备制造公司,该公司于 1996 年研制的机载中/长波高光谱成像仪 SEBASS,主要用于固体、液体、气体及化学蒸气物质识别。该仪器的背景抑制器主要是设计了一套全光路制冷的低温光学系统,该系统底板尺寸为 300 mm×200 mm,与 A4 纸张的大小一致,整个用液氮制冷到 10 K 温度,实际应用中只用到了长波红外通道。其整体技术指标如下。

(1) 光谱范围:2.5~5.2 μm。

(2) 波段数目:110。

(3) 分光方式:NaCl 曲面棱镜分光。

(4) 空间分辨率:1 mrad。

(5) 视场:7.3°。

(6) 背景抑制方案:全光路液氮制冷到 10 K。

(7) 探测器类型:128×128(75 μm×75 μm)。

采用类似背景抑制方案,美国诺格公司于 2003 年研制完成长波红外高光谱成像仪 LWHIS。该系统工作波段 8~12.5 μm,光谱波段数目 128,采用平面光栅分光,空间分辨率达到 0.9 mrad,成像视场为 6.5°,整个系统安装在内表面镀金的真空室内,FPA 斯特林机制冷到 63 K,光机子系统制冷到 100 K 以下。LWHIS 设计有机上实时定标装置,采用室温和高温 350 K 高低温黑体,在高光谱成像仪窗口处充满整个视场实现。经测试,绝对辐射定标精度达到 6%,为热红外高光谱成像仪的定量化应用发展起到了推动作用。

3）QWEST(2006)与 MAKO(2010)

2006 年,美国 JPL 实验室继成功研制月球矿物制图仪(M3)后成功研制出量子势阱红外高光谱成像仪(QWEST),该仪器主要应用于地球科学探测领域。采取了超紧凑光学系统,使用透射式物镜,狭缝为视场光栏,分光计采用 Dyson 同心设计,凹面光栅分光,分光计光机系统整体制冷至 40K 抑制背景热辐射。系统主要性能指标如下。

（1）光谱范围：8~12 μm。

（2）波段数目：256。

（3）视场：40°。

（4）探测器类型：量子阱(640×512 规模)。

（5）背景抑制器：全光路整体制冷至 40 K。

（6）灵敏度：优于 124 mK@300K(平均)。

2010 年,同样采用 Dyson 低温光谱仪方案,由美国 Aerospace Corporation 公司研制了机载高性能热红外高光谱成像仪 MAKO,相对该公司以往研制的 SEBASS 系统,其性能得到大幅提高。该系统的 Dyson 低温系统可以独立使用(不带望远镜),对应的视场为 14.7°,分辨率为 2 mrad,带望远镜后分辨率为 0.547 μrad。整机技术指标如下。

（1）光谱范围：7.8~13.4 μm。

（2）波段数目：128。

（3）空间分辨率：0.55 mrad。

（4）视场：4°。

（5）探测器类型：Si:As(128×128)。

（6）背景抑制器：光谱仪整体制冷至 10 K。

2. 典型应用

热红外波段作为地物光谱特征重要覆盖区域和遥感大气主要的透过窗口,能够通过搭载机载或者卫星平台来获取地物的热辐射精细光谱信息,能从获取的遥感数据中直接分析目标的物质成分,从而有效地识别地物、分辨目标,在地质勘察领域发挥重大作用,同时热红外高光谱成像仪也可以广泛地用于地表温度探测、城市热流分析、环境灾害监测及矿蚀岩的识别等领域。另外,该技术在军事伪装识别和水下目标探测等应用上具有非常显著的作用效果,国外典型仪器机载热红外高光谱成像仪 AHI 最初的设计目的就是进行地雷探测的,而且取得了良好效果,热红外高光谱技术的其他军事用途还包括用作航天器中的昼夜识别、化学气体流检测、地雷探测、航天器排气口探测、化学云层绘图等。下面着重从地质领域应用、气体物质探测以及军事应用方面进行介绍。

1）地质勘探

地质填图和矿产勘探是高光谱技术主要的应用领域之一,它同时也是高光谱遥感应用中较为成功的一个领域,热红外波段的高光谱成像是其重要组成部分。根据研究,目前探测波段在 400~2 500 nm 的可见短波高光谱成像仪只能覆盖一些含水矿物基频振动的合频与倍频,对于热红外区间振动强度更大的基频振动无法检测,大大限制了其岩矿信息提取的能力,热红外波段遥感正好弥补了这一缺陷,能够探测到 Si_nO_k、SO_4、CO_3、PO_4 等原子基频振动及其微小变化,从而很容易地区分识别硅酸盐、硫酸盐、碳酸盐、磷酸盐、氧化物、氢氧化物等矿物。另外热红外波段的发射率光谱混合具有线性混合的特点,从而避开了一直困扰遥感科学家的光谱非线性混合难题,使同时精确提取矿物种属及丰度信息成为可能。

中国地质大学和中国国土资源航空物探遥感中心的研究人员曾对矿物在热红外波段的光谱特性进行过系统研究,在 8.0~12.0 μm 的波段范围内都包含一些特征吸收峰,利用这些热红外高光谱进行探测能够对其进行矿物识别与勘探,表 5.4 给出了几类典型矿物在热红外波段的特征光谱特性,从统计的结果看,光谱分辨率优于 70 nm 就可对硅酸盐、硫酸盐、碳酸盐和磷酸盐几类典型矿物进行有效识别探测。

表 5.4 典型矿物特征在热红外波段特征光谱归纳

矿物大类	吸收峰位置 (波数)/cm^{-1}	吸收峰位置 (对应波长)/μm	特　点	识别对光谱 分辨率的需求
硅酸盐	850~200	8.33~11.76	一个宽缓而复杂的复合吸收峰	优于 150 nm
硫酸盐	1 150	8.69	特征吸收	优于 220 nm
碳酸盐	900	11.11	一个窄吸收峰	优于 80 nm
磷酸盐	1 000~150	8.69~10.0	弱的双吸收峰强的双吸收	优于 70 nm
氧化物	400~800	12.5~25	宽缓的双吸收峰	—
卤化物	1 150~1 500	6.67~8.69	宽缓的双吸收峰	—

相对于矿物大类间的区分识别,矿物亚类间的区分识别难度要大得多,对于岛状到架状的矿物硅酸盐亚类曲线,其在 8.33~11.76 μm 的吸收峰位置逐渐向短波方向移动,这是由于矿物晶格中连接 SO_4 四面体的桥氧增加,S—O 化学键增强的缘故,由于各亚类间差异较小,因此区分识别相对于矿物大类识别更困难,再加上硅酸盐的 2 个吸收谱带复杂多变,更增加了识别难度,这些矿物的探测对热红外高光谱的光谱分辨率的需求更高。研究人员已对无水碳酸盐的光谱特征进行了详细研究,总结了方解石、菱镁矿、菱铁矿、菱锰矿、菱锌矿、白云石及镁菱锰矿等亚种的光谱特征,并认为方解石、菱镁矿、菱铁矿、菱锰矿、菱锌矿、白云石等矿物种可以在 100 nm 的光谱采样率条件下加以识别,方解石与镁菱锰矿的谱带位置十分相似,需

要在更高的光谱采样率(50 nm)条件下加以识别。

综上所述,热红外高光谱成像技术不仅能够反映矿物成分的特征,而且可以反映矿物结构的变化,该技术还能对常规手段难以探测识别的矿物亚类进行有效探测。

2）气体物质探测

根据理论研究表明,截止波长达到 12.0 μm 的光谱仪器可检测到约 90% 的化学气体物质,其中包括二氧化硫、氨气和氯甲烷等,关于气体成分在热红外波段的发射光谱产生机制这里不再详细介绍。需要特别一提的是美国曾用 AHI 仪器对某有毒化学气体进行过实际热红外光谱曲线测量,图 5.22 给出了 AHI 仪器对某化学气体的探测结果,虽然 AHI 仪器的光谱分辨率只达到 125 nm,但从测量结果来看,该仪器能较好地发挥气体物质识别任务。

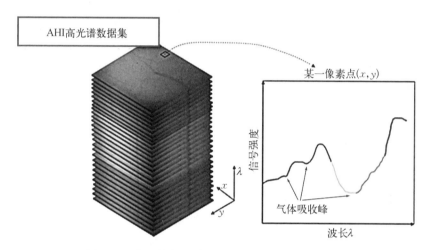

图 5.22　热红外高光谱应用于化学气体探测(AHI)

基于该特性,热红外高光谱成像技术也成为诸多安全领域的技术手段之一,如各类工厂的烟雾排放物监测、化学实验室的安保设备等。图 5.23 为 SEBASS 用于探测燃煤发电厂排出的二氧化碳尾气的光谱合成图。

图 5.23　热红外高光谱应用于 CO_2 探测(SEBASS)

3）地雷探测

地雷探测对于军事或民用,都有着巨大意义。但有两个问题一直困扰着传统地雷探测装置:一是探测操作时安全距离过小,为了检测到一个掩埋的危险,以向下寻找为系统的探测器必须置于危险之上;二是速度慢,大多数以向下寻找为系统的探测器都是车载系统,而车辆运动本身的效率并不高。虽然在一个地雷密集的地区这不是一个问题,但在一些需要快速推进的任务中这却成了阻碍。热红外高光谱仪的应用为地雷探测带来了新的技术途径。图 5.24 是美国密苏里大学利用热红外高光谱探测做出的白天与黑夜地面掩埋地雷的合成探测图像。

图 5.24　应用热红外高光谱技术对白天(左)黑夜(右)地面掩埋地雷的探测

3. 原理与特点

高光谱成像仪是成像技术和光谱技术的有机结合,通常由成像光学系统和分光系统两部分组成。它用来测量能量或光量子信息,可以获取包含二维空间信息和一维光谱信息的数据立方体。本书所述的热红外高光谱成像系统主要是指在 $8.0 \sim 12.5 \ \mu m$ 谱段进行上述探测。相比于可见近红外与短波红外谱段的高光谱成像仪,由于热红外高光谱成像仪自身热辐射也该集于该谱段,系统接收到的目标信号非常弱,此时必须设计背景抑制器以防目标信号被背景辐射所淹没。图 5.25 给出了热红外高光谱成像仪系统组成原理示意。

如图 5.25 所示,系统运行于卫星或者机载平台,其中平台完成一维空间的扫描,红外面阵探测器完成另外一维空间的扫描,在平台的运动下获取地面目标的数据立方体信息。系统由望远镜、光谱仪部件、热红外探测器、信息处理系统以及背景抑制器等几个部分构成,获取的信息还要由后续的应用系统进行处理后供业务部门使用。

与可见短波红外谱段的高光谱成像仪相比,热红外高光谱成像仪的设计特色主要在于背景抑制器、光谱仪以及热红外探测器三个方面。背景抑制器是热红外高光谱成像仪所特有的,光谱仪的设计在热红外谱段也有系统核心部分。另外,热红外谱段的高性能探测器获取渠道特殊。下面针对以上三个部分对热红外高光谱

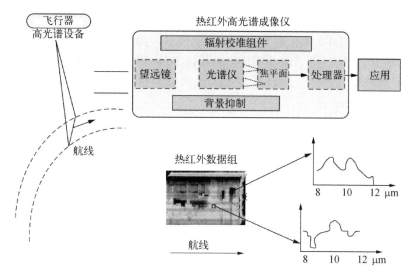

图 5.25　热红外高光谱成像仪系统组成原理示意

成像仪的特点进行叙述。

1）背景抑制器

根据维恩位移定律,处于室温的物质其自身热辐射波长在 10 μm 左右,而热红外高光谱成像系统探测的目标高分辨率光谱信息也处于这个谱段,为了防止仪器自身温度引起的热背景辐射淹没目标微弱的光谱信号,必须设计背景抑制器,这是热红外高光谱成像系统的核心技术之一。

根据国外系统调研以及分析论证,目前较为常见的几种背景抑制器的设计方式包括:① 制冷型渐变滤光片;② 全光路深低温制冷;③ 光谱仪部件深低温制冷。

制冷型的渐变滤光片在美国的 AHI 早期系统中得到了应用,其原理就是在热红外焦平面光敏面前镶嵌对应波长的滤光片,这样可以将仪器内部全谱段的背景辐射抑制到系统对应波长的窄波长背景。根据分析,可以将背景辐射能量降低约 2 个数量级,从而提升系统的响应灵敏度,这种类型的背景抑制器同样还在美国的 TIRIS 系统中得到了应用,但试验证明,这种方式能够实现的系统空间分辨率较低 (2~3 mrad),灵敏度也很难做高,在 AHI 后期的研发中,夏威夷大学的研究人员开始采用了下面要介绍的全光路深低温制冷方法继续开展热红外高光谱成像系统的研究。中科院上海技术物理研究所在“十一五”期间研制的星载热红外高光谱成像系统试验装置(以下简称试验装置)采用了类似的制冷型带通滤光片的方案进行背景抑制器的研制,经验证取得了较好的效果。

顾名思义,全光路深低温制冷方法就是将系统所有的部件进行深低温制冷,根据普朗克辐射定律,物体的热辐射和自身的温度大约成 4 次方的关系,经过简单的计算就可以证明,当全光路部件制冷到 100 K 的时候,其自身的热辐射背景能够降低 4 个数量级,相比第一种方法,其背景辐射的抑制能力能够进一步提高,所以这种方法得到了广泛的应用,如 SEBASS 和 LWHIS 系统。国内的中科院成都光电技术研究所在 20 世纪 90 年代后期由沈忙作研究员领衔开展了这种全光路深低温制冷的工程研究,成功研制了制冷温度 110 K 以下的低温光学系统,该研究的应用方面主要是空间的点目标光谱探测,与本系统研究的热红外高光谱成像系统还有一定的差异。

光谱仪部件深低温制冷是在深入分析热红外高光谱成像仪系统背景辐射的各种成分的基础上提出的,它的基本原则就是对于热红外高光谱成像仪背景辐射的来源占主要成分的是含狭缝在内的光谱仪各个部件,其无需对系统的望远镜部件进行制冷,这种方法的提供对于研制星载系统有较大意义。星载系统由于高空间分辨率不可避免地采用较大的望远镜口径进行探测,如果对其进行全光路低温制冷,其系统体积和资源需求将非常苛刻,如果仅仅对光谱仪部件进行低温制冷可以大大降低资源需求,使之具备工程可实施性。

考虑到工程及经费实施的可行性,同时考虑到为将来我国发射的载有星载热红外高光谱成像载荷的某重大专项卫星做技术储备,在已经开展工程研制的热红外高光谱成像系统中,参考上面介绍的方法设计了一套低温冷箱系统作为背景抑制器,对含狭缝、焦平面在内的光谱仪部件采用深低温制冷进行制冷,低温冷箱工作于 100 K 以下,保证系统探测灵敏度的实现;低温冷箱采用了大冷量高可靠性斯特林机械作为背景抑制模块的制冷源,该方式相对液氮等制冷方式可操作性强,制冷温度稳定,不会由于飞机环境温度的变化而使系统输出发生剧烈变化,具有良好的工程可实施性。图 5.26 给出了热红外高光谱成像仪样机的背景抑制器设计结构图,背景抑制器采用了“机械制冷+低温冷箱”的整体制冷方案,包括低温冷箱(内胆)、内部光谱仪部件组件(内胆内制冷的光机部件)、真空壳体(低温仓外壳)以及斯特林机械制冷机接口等组成。

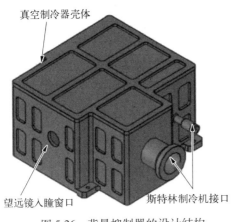

图 5.26　背景抑制器的设计结构

在设计背景抑制器的基础上,参考机载热红外高光谱成像仪工程样机的系统设计参数,对背景抑制器在制冷不同温度下的系统探测灵敏度进行了估算(目标为300 K 黑体),结果表明,背景抑制器工作在制冷温度 100 K 及以下时能够满足系统在 8.0~11.5 μm 谱段平均灵敏度优于 200 mK@ 300K 性能要求,这也同时验证了热红外高光谱成像系统必须设计背景抑制器的原因。

2) 光谱仪部件

光谱仪是高光谱成像仪的核心部分,与可见光、短波红外谱段的光谱仪类似,热红外高光谱成像系统的分光方式也有三种类型:色散型、干涉型和滤光片型。色散型高光谱成像仪是利用色散元件(光栅或棱镜等)将复色光色散分成序列谱线,然后再用探测器测量每一谱线元的强度。与棱镜分光相比,光栅分光具有适用的光谱范围宽、角色散率大且色散线性、光谱分辨率高等特点,是较适合热红外高光谱分光的技术手段之一。干涉型高光谱成像仪是利用像元辐射的干涉图与其光谱图之间的 Fourier 变换关系,通过探测像元辐射的干涉图和利用计算机技术对干涉图进行 Fourier 变换来获得每个像元的光谱分布。与色散型相比,由于同时测量的是所有像元均有贡献的干涉强度,因此在满足空间分辨率的前提下,狭缝可以较宽,从而使狭缝面积和视场角较大。但其结构复杂、成本较高、定标过程烦琐,另对平台姿态稳定度要求极高也限制了其进一步推广应用。

表 5.5 给出了目前可行的热红外高光谱成像系统典型分光方式并进行比较。目前我国已经开展工程研制的热红外高光谱成像系统采用了平面反射式闪耀光栅。

表 5.5　热红外高光谱成像系统分光方式比较

分光方式	优　缺　点	热红外谱段工程实施
棱镜	光学效率高,但光谱分辨率低,色散非线性大,难以实现比较大的通光口径,需要准直会聚镜	实施较难,材料有限
平面透射光栅	由全息透射光栅和棱镜组成的 PGP 分光方式衍射效率高和光谱线性度好,可以校正光谱线弯曲。但是传统透射光栅的衍射效率低,需要准直会聚镜	实施很难,材料有限
平面反射光栅	光谱分辨率高,色散线性度较好,效率较高,工艺相对成熟,可设计性强。光学元件和探测器不易排布,结构设计困难	工程可行,小型化需特别设计
凹面反射光栅	不需加准直和会聚镜,结构紧凑。但是视场增加,会产生光谱弯曲现象	获取难,国外均为定制,成本极高
凸面反射光栅	轴外像质较好,像场畸变小,视场大,高通光效率,平场度特性好。但是为离轴结构,装校困难	获取难,成本高
渐变滤光片	工艺成熟,但光谱分辨率低,效率低,对平台的姿态要求很高	难实现高光谱分辨率
声光可调谐晶体	面阵凝视成像,图像畸变小,通道可选择。效率低、光谱分辨率低,主要用于近红外波段	实施困难,还处于研究中
傅里叶变换	高光通量,高输出,多通道,光谱分辨率高。内部扫描镜的运动需要较高的精度,机械加工和调装困难,对外界的震动敏感,对平台的姿态稳定性要求高	工程可行,实施困难,技术复杂

3) 热红外焦平面探测器

高光谱成像仪的发展首先依赖于探测器焦平面技术的发展。大面阵、高性能的焦平面探测器一直是制约成像光谱仪性能指标的关键因素。为了使成像光谱仪系统有足够的探测灵敏度,要求器件的峰值探测率达到 10^{12} 以上,为了使仪器具有更宽的刈幅宽度,要求焦平面器件具有更高的集成度。对于热红外高光谱成像系统而言,由于需要对夹杂在较强背景辐射信号中的目标弱信号进行探测,加上探测器研制材料的特殊性,这种热红外的焦平面探测器更难获取。目前,国际上只有法国的 Lynred 公司和美国的 Rockwell 公司能够提供工程应用的热红外焦平面探测器组件(注:2019 年 6 月,从事红外探测器研发生产的法国 Sofradir 公司与 Ulis 公司宣布合并成为新的公司——Lynred)。

Sofradir 公司从 1986 年开始从事第二代红外探测器组件研究,随后的十多年中为欧洲太空总署(ESA)的大部分航天任务提供红外焦平面器件。Lynred 公司的红外焦平面技术从早期的机载红外前视系统应用起步,典型的产品包括 288×4 和 480×6 的热红外 HgCdTe 探测器,它们采用 TDI 技术,是当时最为先进的红外探测器之一。表 5.6 给出了国外红外焦平面探测器的发展趋势与 Lynred 公司红外焦平面技术发展情况。经过多年发展,目前 Lynred 公司已经能够生产符合空间应用要求的 1 500×2 规模和 320×256 规模的热红外焦平面器件,图 5.27 为 Lynred 公司器件获取的热成像应用合成照片。

图 5.27　Lynred 公司的热成像应用合成图

与 Lynred 公司相似,代表美国空间应用红外焦平面器件最高水平的是 Rockwell 公司,该公司主要为美国工业、商业、科学、政府部门提供红外成像器件,目前代表其最高水平的是光谱覆盖范围 0.3～5.3 μm 的 2k×2k 面阵探测器,但该公司的器件目前对中国禁运。

国内也有一些从事热红外焦平面组件研究的单位,如中科院上海技术物理研究所(以下简称上海技物所)、昆明物理研究所、中国电科第十一研究所等单位,在突破了碲镉汞单层外延材料和衬底、基于离子注入平面工艺的焦平面阵列芯片加工、读出电路设计及检测、混成倒装焊技术、拼接、杜瓦/冷箱、焦平面测试等关键技术的基础上,在碲镉汞薄膜材料外延、光敏元阵列芯片制备、读出电路设计等技术方面具有了坚实的基础,先后研制成功碲镉汞 256×1、1 024×1 和 2 048×1 的长线列焦平面器件,波段覆盖短波、中波和热红外。国内研制的热红外焦平面器件与国际先进水平仍然有较大差距,虽然国家已经在"十二五"重大专项中安排了类似产品的研究,但目前仍不能提供热红外高光谱成像系统工程使用的产品。

根据调研和实际沟通,目前能够满足热红外高光谱成像仪系统工程使用并可获取的只有 Lynred 公司的两款产品,分别是 MARS LW K508 和 Mars VLW RM4,两者的主要区别在于响应的截止波长,后者是 2011 年底才开始对中国解禁的产品,在提供最终用户说明的情况下能够从法国引进。图 5.25 中的热红外高光谱成像系统就是采用了 Mars VLW RM4 产品,其响应波长大于 11.5 μm。表 5.6 给出了这两款产品的性能参数列表。

表 5.6　**Lynred 公司热红外焦平面组件性能指标详细参数**

参 数 名 称	参　数　值	
组件	Mars LW K508	Mars VLW RM4
像素大小	30 μm×30 μm	
面阵规模	320×256	
数据输出方式	4 路并行输出或 1 路串行输出	
制冷机类型	K508 集成斯特林制冷机	RM4 集成斯特林制冷机
波长响应范围	7.7~9.3 μm	8.0~11.5 μm
焦平面工作温度	65~77 K	65~77 K
组件功耗	19W@制冷中(约 5 min 到达),9W@正常工作	19W@ 制冷中(约 5 min 到达),9W@正常工作
窗口工作模式	固定窗口模式:(320×256,320×240,256×256)	
	随机窗口模式:(任何比 64×1 大的窗口大小)	
最高帧频	320 Hz	
像素填充率	90%以上	

5.4　红外隐身

伴随着红外探测技术的发展,各种红外精确制导武器以及红外观察手段的提升,军事目标迫切地需要通过各种技术手段来降低自身被对方发现的概率。可以说是作为红外探测的伴生技术,针对军事运用,产生出一种光电对抗技术,俗称红外隐身,用物理手段减少被保护目标的红外辐射能量,以降低敌方红外武器系统对该目标的探测和识别能力,达到保护该目标的目的。为了提高部队和作战人员的生存能力,各国非常关注隐身技术的发展。搭载在车辆、飞机以及无人机上的热像仪能够根据人体或发动机所散发出的热量在深夜或迷雾环境中捕捉到这些目标。鉴于红外热成像装备在战场上的广泛使用,针对红外或热成像的隐身成为隐身技术重点关注的领域之一。

红外隐身技术主要可以通过对自身红外辐射特性进行改变来降低对方红外探测系统识别目标的能力,采用的技术手段可以包括:改进热结构设计,对主要发热部件进行冷却,表面涂敷红外隐身材料,或者使用红外伪装和遮蔽等,图 5.28 为GDLS 公司的"格里芬 III"技术演示车。隐身不意味着完全的信号消失,就像迷彩涂层、保护色等可见光波段的隐身方式一样,或者通过环境模拟发射的方式,进行主动的信号发射,同样可以达到隐身的目的(李波,2013)。

图 5.28　角形结构碎片迷彩——美国通用动力地面系统(GDLS)公司展示的
"格里芬 III"(Griffin III)技术演示车

在实际的红外探测应用中,物体发出的红外辐射通过大气中的传输后到达探测器一端,在大气传输过程中,红外辐射会由于大气中各种成分的吸收、散射等而发生随波长、距离变化的衰减。在某些波段,大气衰减较少,这些波段被称为大气窗口。大气的红外窗口有短波($1 \sim 2.5~\mu m$)、中波($3 \sim 5~\mu m$)、长波($8 \sim 14~\mu m$)。根据这个特点,如果可以通过采用特定的材料,将物体的红外辐射置于大气窗口之外,那么就可以达到红外隐身的目的。

2018 年 5 月,美国特种作战司令部提出十大技术需求,其中一项需求就是寻求可保持隐身的新技术。此后,特种作战司令部发布了一份名为《科学技术——为未来 2020—2030 做好准备:特征信号管理》的报告,也对隐身问题进行了探讨。

随着全球形势的变化,特种作战人员必须能够对抗技术装备不断升级的对手。美国特种作战司令部正在努力为其突击队员提供可通过伪装、信号降低和其他方式减少特征印迹的技术,同时又能够确保系统具有较低的成本和较小的质量。

小规模部队可能需要在全黑暗环境下从海上进入敌方领土、跨过陆地、打击目标,并由空中撤离至友军地点。针对上述作战需求,特种作战司令部期望工业界能够提供以下解决方案:运输船只和作战人员不被射频、光电/红外、声学或磁性传感器或地雷探测到;从海上进入到陆地环境,不同热特征会增加射频探测概率,应设法缓解;在较远的距离内尽可能地避免士兵、通信信号或物理装备被探测到。在某些情况下,作战人员有可能被探测到,且任务可能会失败。为此,特种作战司令部关注所有可使作战人员规避威胁、跳过任务步骤或降低探测可能性的新技术。

英国、瑞典、丹麦和德国等已开始在坦克和战车上使用移动伪装,美军也开始关注。萨博防务与安全美国公司的子公司——萨博·巴拉库达公司正在为美军提供可直接安装在车上的移动伪装系统,以帮助其防止在整个电磁频谱上的探测。萨博·巴拉库达公司一直在开发多光谱伪装网,这些伪装网可在突击队员休息或待命时为其提供掩护。在安装完成后,伪装网将有助于减弱可见光、近红外、短波/中波/长波红外以及雷达信号,并可根据车辆颜色和图案进行定制,以适应各种战区。伪装网可与车辆良好匹配,不会干扰其他系统或功能。用户还可增加多光谱遮阳系统,为车内元件提供遮光和其他保护。

实际上,萨博公司在过去几十年里一直为陆军提供超轻型伪装网系统,现在则正在通过其美国的子公司在为美国特种作战司令部提供多种伪装网。2018 年 3 月下旬,该公司获得美国陆军下一代超轻型伪装网系统“增量”1 项目样机研制阶段的三份不定期不定量交货合同之一,另外两份合同则分别授予 HDT 远征系统公司和菲博洛特克斯美国公司。根据计划,在 2018 年夏完成试验与评估,特种作战司令部亦在 2019 财年第二季度签订了金额为 4.8 亿美元、为期 10 年的合同。最终的移动多光谱伪装系统的规格更大,每侧均有不同颜色和图案的可翻转网,且可在短时间内根据特定战场定制。萨博公司还在开发供人员或装备系统使用的小型伪装网,其中一款产品可折叠成平板电脑大小,可遮蔽 2 人,士兵可在徒步行军中取出使用来规避敌方的无人机探测。这些伪装产品将装备美国特种作战司令部和陆军。

5.4.1　红外隐身材料

红外隐身材料是红外隐身技术的重要途径,隐身材料既可用于目标蒙皮,又可用于目标发热部件,来减小或改变目标红外辐射特性达到隐身效果,还能使目标红外辐射特性模拟背景辐射特性以达到红外伪装效果(崔锦峰等,2010)。红外隐身材料使用方便,工艺简单,品种较多,在红外隐身技术中占有重要的地位。用于红外隐身的材料应具有符合要求的红外辐射发射率或者较强的控温能力,合理的表面结构,较低的太阳辐射吸收率,并能与其他波段的隐身涂料兼容(侯文学等,2003)。

1. 涂层材料

涂层材料是红外隐身材料研究的重点,根据其作用原理,可以将涂层材料分为红外低辐射涂料和红外伪装涂料。红外低辐射隐身涂料通过控制目标表面的红外发射率和隔热来降低其红外辐射功率,从而实现红外隐身目的。目前在低发射率红外隐身涂料的研发方面,美国、法国、德国、瑞典等国处于世界领先地位,其中有些涂料已经发展成为通用的红外隐身材料。据《简氏防务》2009 年报道,lntermat 公司开发的红外隐身涂层喷涂 50 μm 厚就可以限制目标对热辐射的吸收和发射(徐鹏,2009)。法国研制出一种具有很好的磁导率和红外辐射率的宽频纳米隐身涂料,这种涂料在较宽的频带内有很好的隐身效果。德国研制出一种飞行器用的涂料,其组成中含有碳化绷、石墨导电性炭黑、碳化硅和聚乙烯等,该涂料在波长小于 14 μm 时可实现红外隐身,而且本身具有较强的防腐能力。瑞典的 Dlab Barracuda AB 公司伪装产品的开发也已经达到国际先进水平(杜永等,2007)。

图 5.29　红外隐身装甲车的实景照片

红外伪装涂料主要针对短波红外隐身,在近红外波段,探测器主要是利用目标反射的红外辐射能量来探测和识别目标。类似于可见光隐身中的迷彩技术,将目标的表面分区后涂上不同红外发射率的材料,使其与背景的红外辐射相协调,达到伪装的目的。这一技术在坦克、越野汽车等陆上目标红外隐身中得到了应用,需要根据目标不同位置的温度和所处的环境来选择涂料。

　　红外隐身材料是通过降低和改变目标的红外辐射特征来实现目标的低可探测性。根据基尔霍夫定律和能量守恒原理,物体吸收电磁波的能量绝大多数以发射的形式向外辐射,若物体对电磁波的吸收率高,对应的发射率也就高。反之,若对入射波的反射率高,其发射率就低。因此,红外隐身材料降低发射率的关键在于控制材料在红外波长范围内对大气窗口的有效热辐射强度,提高对红外线反射或损耗的能力。

　　红外隐身材料主要分为涂覆型和结构型两类。目前,应用最广泛的是由高反射性的片状金属颜料与黏合剂共混而成的涂层材料,其优点是成本低、制备简单、易于维护。近年来,科研工作者对涂层颜料和黏合剂的成分进行优化,设计并开发了核壳纳米材料、相变材料、导电聚合物、生物驻极体、多层纳米膜及多元复合材料等一系列新型低红外发射率材料。但这类材料都存在一定的缺陷：① 过于依赖材料自身的特性,可屏蔽的红外波长较窄;② 屏蔽材料在基体中的分散性依赖于制备工艺,性能不够稳定;③ 反射波长无针对性,对微波和激光的反射率也非常高,不利于多频兼容屏蔽。

2. 光子晶体隐身材料

　　光子晶体(PC)是一种具有周期性微结构的材料,通过结构调控可使其产生处于红外波段的光子带隙,从而实现对特定红外波长的全反射。因此,基于 PC 技术的红外隐身材料已成为当今的研究热点之一。

　　英国曼彻斯特大学联合美国麻省理工学院、土耳其比尔肯大学及伊兹密尔理工学院组成的研究团队已经开发出一个柔性的隐身/伪装系统,该系统能够在数秒内调整到与背景相同的温度(Salihoglu et al., 2018)。热像仪通过探测红外辐射实现昼夜探测。顾名思义,红外指的是频谱上可见光波段外红外光一侧,波长范围为 $0.7 \sim 1\,000\,\mu m$。在正常的体温下,人体会以热量的形式发出波长约为 $10\,\mu m$ 的红外辐射。从热像仪来看,人要比更冷的背景显眼得多。虽然,背景温度各不相同,但是热像仪通常能够有效地将人与背景区分开来。因此, 一个有效的热伪装需要在工程上实现一系列突破：柔性材料;能够适应不同的温度;还能够快速调整。以前的材料温度调节能力较差、响应时间过长而且通常是刚性的。因此,材料的选择在开发热伪装器材的过程中一直受到限制。

　　针对以上挑战,上述联合研究团队采用了以下一些材料：石墨烯、一些离子、一些尼龙和少量的黄金。整个伪装系统包括 2 个柔性电极：顶部电极由石墨烯层制成,而底部电极则由耐热的锁金尼龙制成。在两个电极中间则是包含正离子和负离子的液体。当存在一个低的电压时,粒子移入石墨烯中,随后石墨烯就能够吸收佩戴者所发出的红外辐射。整个超柔性材料的厚度不到 $50\,\mu m$,大约人的头发丝粗细。而且这个材料是可调的,能够在需要时发出与其周围相匹配的热量,如图5.30 所示。

　　通过主动热表面与反馈机制相结合,研究人员证实能够实现一个具有适应能

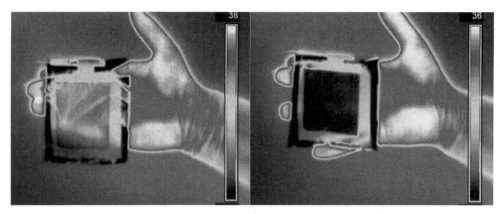

图 5.30 石墨烯红外隐身材料的隐身效果演示

力的热伪装系统,这个系统能够对其热迹象进行重新配置,并在几秒内将其融入变化的热背景中。此外,试验表明,这种系统还可以将热物体伪装成冷物体,反之亦然。这种材料可以集成到织物中,从而变成可穿戴的伪装器材。它的用途可能并不局限于热隐身,未来还可以用来为卫星和其他飞行器开发更好的热防护覆层。

3. 基于黑硅的红外隐身材料

人体或坦克发动机等散热目标会以红外线形式向外辐射热量。为了实现隐身,当前装备和人员通常使用厚重的金属装甲或隔热毯等设备来规避红外探测。

2018 年 6 月,美国威斯康星大学麦迪逊分校研究人员开发出一种新型隐身斗篷材料,能使人员和装备更好地躲避红外探测器,实现完美隐身(Moghimi et al., 2018)。这种新材料采用太阳能电池中广泛使用的黑硅材料制成,是一种超薄隐身片材。与其他热屏蔽技术相比,材料的重量、成本和易用性具有明显的优势。黑硅材料上紧密分布数百万垂直的纳米线,入射的光线在材料内部这些细针状的纳米线之间来回反射并被逐渐吸收。基于这种机制,厚度不足 1 mm(约 10 页纸的厚度)的新型薄片材料,能吸收约 94% 的红外光。高吸光率意味着能使被遮蔽的散热物体完全躲避红外探测器。重要的是,隐身材料对接近人体温度的物体散发的中长波红外光具有很强的吸收能力。

黑硅能吸收可见光广为人知,而威斯康星大学研究人员则首先发现了黑硅材料在捕捉红外光方面的潜能,并通过材料设计提高吸光性能。材料设计过程中不需要完全更改整个工艺,只需要为了制备更长的纳米线而对工艺进行升级。研究人员借助细小的银颗粒来对固体硅薄层进行刻蚀,从而得到长度更长的纳米线,而纳米线和银颗粒都具有吸收红外光的能力。

制备黑硅材料使用的衬底为柔性材料,上面分布着微小的空气通道。这些空气通道可防止隐身片材在吸收红外光过程中升温过快。此外,研究人员还尝试将电子加热元件嵌入到隐身片材中,设计出一种通过伪造信号来欺骗红外摄像机的高技术产品。伪造的热信号可以误导红外探测器,例如对伪装坦克的红外成像结果看起来像是普通的公路护栏(图 5.31)。

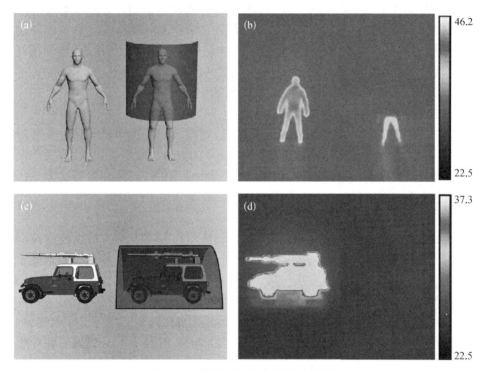

图 5.31 黑硅材料的红外隐身性能

在威斯康星大学麦迪逊分校"从发现到产品"项目的协助下,研究人员正将其原型样机扩展到实际应用中。其研究成果于 2017 年秋获得材料隐身应用的美国专利,并在威斯康星校友研究基金会的专利和技术许可机构帮助下积极申请另外两项专利。

5.4.2 红外隐身应用

红外隐身技术目前已经广泛应用于新一代飞机、地面武器装备和舰艇等军事目标。

1. 飞机的红外隐身技术

飞机的热辐射主要产生于发动机、发动机喷口、排气气流、机体蒙皮等。实现飞机红外隐身的主要技术措施包括:采用红外辐射较弱的涡扇发动机,并通过对发动机进行隔热,防止其热量传给机身;在喷管内部涂低发射率材料;在燃料中加入添加剂抑制和改变尾焰的红外辐射频段;飞机表面涂红外隐身涂料;释放伪装气溶胶烟幕;改进外形设计减小机体摩擦以降低蒙皮温度等。例如,美国的 F - 22 战斗机通过矢量可调管壁来降低其二元矢量喷管所产生的红外辐射,垂尾、平尾、尾撑向后延伸以遮蔽发动机喷门的红外辐射,在炽热喷流飞出尾喷口前就得到了降温,因而红外特征显著降低。美国 F-117A 战机为了红外隐身,采用了新型燃料,这种燃料能高速燃烧,又可急速冷却,在采用二元喷管后,红外辐射能量降低约90%。欧洲 EF-2000 战斗机以及美国和英国的联合攻击战斗机(JSF),都使用了推力矢量技术,其二元推力矢量喷口被向后伸展的平尾和立尾所遮挡,达到很好的红外隐身效果。就目前的发展水平来看,飞机的红外隐身技术已经比较成熟,达到实用阶段并且已经开始应用于军用飞机的制造中。

2. 坦克等地面武器的红外隐身技术

坦克的红外辐射主要来源包括:发动机、烟囱、烟羽、表面辐射和对外界短波辐射的反射等。主要通过采用效率高、热损耗小的发动机减少发热量,改变排气通道位置和形状并进行冷却,发热部位隔热,表面涂低发射率材料和迷彩伪装等措施来实现红外隐身。

3. 舰艇等海上武器装备的红外隐身技术

舰艇的红外辐射源主要是烟囱管壁、排气烟羽和舰体表面。对舰艇进行红外辐射抑制的技术手段主要有三种:降温、红外屏蔽和隐身涂料,其中降温是最常用和最有效的策略。具体实施方法包括:改变烟囱的位置和形状、对机舱水冷降温、高温表面涂绝热层、舰船表面喷淋海水和涂隐身材料等。20 世纪 70 年代初,美国和加拿大就开始了控制舰艇排气系统红外辐射的研究,至今已经历了海水喷射、简单喷射混合、全气膜冷却三代技术。瑞典的"维斯比"级轻型护卫舰采用碳纤维塑料增强型夹层板和特殊的烟囱设计方式,烟囱出口设在舰艇的尾部,将废气从舰尾排出至海上冷却,达到了很好的红外隐身效果。法国海军"拉斐特"级护卫舰在隔热处理方面设计独特,烟囱采用玻璃钢制造再涂以一种低辐射的特殊涂料,在加强隔热效果的同时还对发动机排气口和玻璃钢排气管做了精细的隔热处理。美国的"斯普鲁恩斯"级驱逐舰采用了排气引射系统以降低排气温度,同时烟道内布置有喷雾系统,在受到攻击时可以喷出水雾以冷却烟气。英国研制的"海魂"号护卫舰也安装了喷雾系统,需要时该系统会在几秒钟内喷出细密的水雾使得舰体笼罩在薄雾中,与海天背景融为一体,实现很好的隐身效果。

5.4.3 红外隐身技术的发展趋势

随着红外探测器技术的迅速发展,红外探测手段趋于高精度、智能化和多样化,这就对红外隐身技术提出了新的要求。根据红外隐身技术的发展现状,其发展趋势可以总结为两方面:一是寻求各波段各种隐身技术的兼容,即全波段隐身技术;二是对现有方法进行改进并探索新的红外隐身方法。

1. 各波段隐身技术的兼容

随着现代探测手段的日益多样化,针对单一波段或者单一类型探测器的隐身技术已经不能适应战争的需要。因此人们未来将会更加重视全波段隐身技术,即兼顾声波、雷达毫米波、红外、可见光紫外等频段的隐身技术,而实现全波段隐身技术主要是依靠高性能的隐身材料。法国海军的"拉裴特"级护卫舰是已经投入使用的具有较出色隐身效果的多波段隐身战舰。美国、德国、瑞典等国在多波段隐身技术方面的研究水平已经达到可见光、近红外、中远红外和雷达毫米波四频段兼容。

2. 现有红外隐身方法的改进和新的方法

现有方法的改进主要包括对目标表面结构的改进、主要热源隔热方法的优化、现有隐身材料的合理使用等,目的是使得现有的隐身措施效果更好,以应对探测和识别精度更高的红外制导武器。新的红外隐身方法主要包括新型隐身材料和新的隐身技术。新型隐身材料包括手性材料、纳米隐身材料、导电高聚物材料、多晶铁纤维吸收剂智能隐身材料等。未来的隐身涂料应具备以下性能:具有较低的红外发射率和可见光吸收率;具有对热辐射进行漫反射的合理表面结构;能与其他波段的隐身要求兼容;具有良好的机械性能和耐腐蚀性。新的隐身手段主要指目标外形设计热源冷却方法和新的隐身机制。

第 **6** 章

红外光电子发展趋势

在红外光电子的各个领域,近年来都发展非常迅猛,伴随着红外光电设备在民用市场的日益普及,也伴随着新材料新技术的逐渐应用,红外光电子在其每一个细分领域内都在不断发生进步,从光学材料、光学设计,到探测材料、器件结构,再到整体系统的集成,图形图像处理技术,都不断地在向前推进。同时,在高端国防、军事、空天遥感等应用领域,红外探测器件的分辨率已经实现 2k 向 4k 拓展,第四代焦平面技术已经走在发展成熟的轨道上,超大视场、高光谱、偏振、多色器件不断涌现,常规产品的成本不断降低。

在红外光电子的发展中,一直以来的核心内容都在于如何让红外成为真正的人类第六感,让这个波段不再隐没在不可见的电磁波谱中,而能为我所见,为我所用。如何能够看得更远(探测率的提升)、看得更清(高分辨快速响应)、看得更准(高光谱分辨、多色探测、偏振探测等),可以说红外探测技术的发展代表了这个领域的主要发展方向,带动着相关的红外光学材料、探测材料、信息采集处理技术以及红外光源的发展。关于红外探测器的发展趋势,可以参考以下一些文献:Rogalski 的"Next Decade in Infrared Detectors"(Rogalski, 2017),以及 Hu 等的"Recent progress on advanced infrared photodetectors"等(Hu et al., 2019)。

近年来,综观红外探测器及热成像技术的发展,呈现出以下几个明显的特点值得注意。

6.1 Ⅲ-Ⅴ族红外探测器技术成为发展重点

目前,美国、法国等红外热成像技术领域的军事强国在积极开展碲镉汞技术开发的同时,正在积极推动以量子阱、应变层超晶格为代表的 Ⅲ-Ⅴ 族的新的红外探测器技术的开发。基于 Ⅲ-Ⅴ 族的红外探测器不仅可能具有更高的性能和更低的制造成本,可以在比传统制冷型红外探测器更高的温度上工作。这些高工作温度(HOT)探测器能够采用更小的长寿命斯特林制冷器,可以其为基础开发出符合严格尺寸、质量和功耗要求的热像仪。2013 年 9 月和 12 月,美国陆军夜视与电子传感器管理局陆续发布了关于开发 III-V 族红外探测器的需求,第一份信息需求是关于 III-V 族外延材料的,其最终目标是改善各种规格的焦平面阵列的性能,提高批次间的稳定性,改善可生产性,并获得成本和产量方面的统计信息。第二份信息需求则是 III-V 族相关传感器部件开发,其目标是提高红外焦平面阵列的性能和产品率,同时降低其对于不同种类军事应用的成本。与第一份相比,第二份信息需求所涉及的内容更广泛,但是在目标上有类似之处。法国相关机构也在积极开展 III-V 材料体系的研究。

基于 III-V 族材料体系的三代红外探测器除了在技战术上具有优势之外,在研制和生产成本上同样也具有一定的优势。它们可以采用现有的成熟的生长加工工艺和生产设施。因此材料的生长和加工可以在分布广泛的 III-V 族商业铸造工厂中实现,那么就不再需要维持专用的制造基础设施,这将大大降低管理费用和制造成本,从而使得红外探测器的研究模式从现有的纵向集成模式向横向集成模式转变。

6.2　近红外/短波红外、石墨烯等新型红外探测器技术成为发展热点

从工作波段来说,红外波段主要包括近红外(NIR, 0.76~1.4 μm)、短波红外(SWIR, 1.4~3 μm)、中波红外(MWIR, 3~8 μm)以及长波红外(LWIR, 8~15 μm),但是在具体划分上可能略有差异。目前,在军事上最受关注的是中波红外和长波红外,也就是所谓的热红外波段(也就是 3~15 μm 波段),这是因为在这个波段范围内室温下的物体会辐射大量的热辐射。但是,近红外、短波红外所具有的一些独特优势开始逐渐显现,比如可以在肉眼无法有效工作的低光照或没有光的条件下更好地用于夜视,获得隐藏在阴影中的微妙的细节信息、通过窗口进行观察甚至是区分不同种类的植被。从这两年的发展来看,美国空军、海军、陆军已经开始普遍关注近红外/短波红外技术的发展和应用,工业界从事相关技术和产品开发的公司也在逐渐增多。随着红外探测器光谱范围的拓展,红外技术的应用范围越来越广,能够为部队提供新的作战能力和更好的作战优势。

随着石墨烯等超材料技术的发展,能够在大部分甚至全部红外波段工作的宽波段红外探测技术受到越来越多的关注。2013 年,美国、新加坡等国的研究团队都在不同程度上取得了突破,进一步验证了其独特的性能特点和潜在的技术优势。美国、德国以及西班牙组成的联合研究团队进行了用石墨烯将单个光子转换成能够驱动电流的多个电子的演示试验,验证了其所具有的高光电转换效率(Tielrooij et al., 2013)。新加坡南洋理工大学的科研成果则验证了石墨烯的宽波段工作能力(Zhang et al., 2013)。由其开发的宽波段光电探测器可以在昏暗的条件下拍摄

清晰锐利的图像,从而满足红外摄像机/热像仪等多种成像需求。

此外,美国桑迪亚国家实验室和赖斯大学组成的联合研究团队则验证了碳纳米管的宽波段工作能力,如图 6.1 所示(He et al., 2013)。这些新的红外探测器主要通过材料的纳米级特性以及结构的有序设计来实现红外探测,通常具有工作温度高(不需要低温制冷)、灵敏度高等许多潜在的技术特性,虽然目前还有这样那样的缺陷和不足,但是其未来的发展和应用潜力不可估量,有可能给传统的红外/光电探测器技术领域带来根本性的变革。

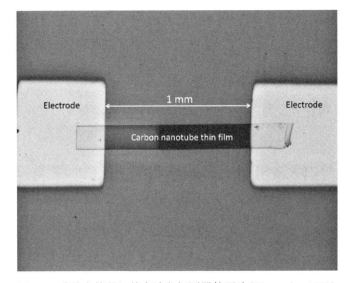

图 6.1　碳纳米管的红外宽波段探测器件照片(He et al., 2013)

6.3　通过灵活的功能集成和组合,提高部队的作战效能和战场适应性

对于红外热成像和微光夜视技术来说,目前重要的一个发展方向是通过不同工作模式、工作波段等不同层次的"集成"和功能等方面的"融合"提高夜间的观察能力,并以此为基础提升对目标的探测、识别/跟踪、瞄准能力,进而提升在夜间的作战能力。目前,美国开发出来的增强型夜视眼镜已经实现了微光和红外两种不同夜视手段的集成,第三代产品也已经研发(图 6.2)。与前两代产品相比,第三代产品除了在视场、分辨率等指标上有了提升之外,更重要的是在使用方式上更加灵活,既可以单独使用,也可以与单兵武器瞄准具进行组合,并通过无线连接构成一个"快速目标捕获"系统使士兵从发现目标到打击目标的时间缩短 50%,可大幅提高杀伤力和作战效率,改善夜间快速作战能力。这种集成或组合方式大大提高了士兵在近距离战斗中的作战效能和生存能力。

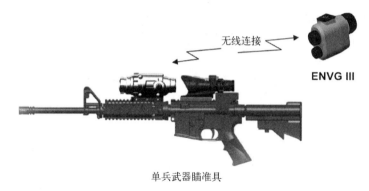

图 6.2　快速目标捕获系统装备照片

与之相比,更能代表未来技术发展趋势的是在传感器或芯片层次上实现不同像素之间的集成。美国国防高级研究计划局正在推进的"可重构成像"项目将开发一种单一但具有多种功能的焦平面阵列成像传感器,其中的每个像素都具有可编程能力,使其能够对正在生成的图像进行调整,在功能上与现场可编程门阵列类似(图 6.3)。整个传感器能够"随机应变",可在一定情形下调整和改变特性,切换到能最有效最适合的成像模式,而这是当前的摄像机所无法实现的。这种传感器将能够使作战人员及时获得最有效的信息,大幅提高部队在战场上的适应性和灵活性,而自动化、智能化的工作方式也将有助于大大降低操作人员的工作负担。

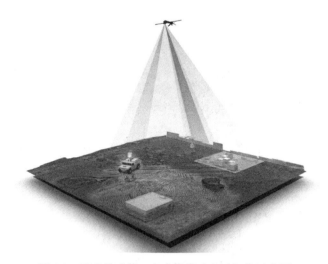

图 6.3　可重构成像:多成像模式自动切换示意图

6.4　重视数字信号处理技术开发和利用,提高目标识别能力

随着红外探测器技术的不断发展和性能的提高,国外开始考虑将复杂的数

字信号处理、计算机数据库以及各红外传感器数据综合起来,以识别详细和具体的红外特征信号,从而使得红外探测器不仅能够识别小类目标而且可以识别单个目标。

目前,美国正在积极推进"女怪凝视"等机载广域监视系统的装备和应用(图6.4)。集成了大量红外探测器的"女怪凝视"系统能够以 12 次/s 从多个视角频率采集同一区域的图像,并将其组合成一幅图像,以帮助操作人员更好地进行态势感知和理解/认知。随着传感器灵敏度、分辨率和信号处理技术的发展,红外系统将可以像潜艇声呐一样工作,也就是将被探测目标与数据库中已有的特征信号数据进行匹配,从而探测停转的车辆或隐藏在树林中的狙击手,而且能够探测到被破坏的泥土,从而发现可能隐藏的简易爆炸装置;或实时探测和分类爆炸物,发现空中或其他地方存在的化学战剂和神经毒剂。为此,国外正在积极尝试开发相应的模型和红外特征信号数据库。在美国国家核安全局的资助下,美国布瑞汉姆·杨格大学的研究人员开发出了一种模型,能够区分出长波红外热像仪所拍摄图像中每个像素的材料。该研究成果将使红外技术在军事上用来安全地远程识别核武器制造基地。基于劳伦斯·利弗莫尔国家实验室提供的数据,布瑞汉姆·杨格大学已经利用红外热像对许多基础的材料进行了分析,并正在继续开发红外成像和分析技术,并期望能够利用其实现对可疑的、可能从事非法核生产的场所发射和接收到的化学物质和气体进行精确远程探测。

图 6.4 女怪凝视系统

6.5 推进广域持久监视技术开发，实现全景式感知

不论是从军事领域还是民事领域，目前对于红外热成像及微光夜视技术领域都提出了类似的需求：覆盖范围更广，能够获得更多的细节信息，能够持续工作。如果同时满足了上述要求，相应的装备或体系将不仅可以帮助作战人员实现对战场态势的"感知"，而且可以更进一步，实现对环境和目标的"认知"，更好地遂行后续的各种作战任务。

为了实现广域覆盖，目前主要有两种方式：一种是在单个平台周围或单个有效载荷上集成若干个有效载荷，构成分布式孔径系统，并通过图像拼接和信息处理来实现战场态势感知、威胁告警等各种功能；第二种方式则是以网络为纽带将分散的平台或有效载荷整合成一个侦察感知网络，不仅实现大范围覆盖，而且可以借助网络实现信息共享。目前，美国陆军正在积极地为地面战车以及空中有人和无人平台开发具有广域成像和监视功能的观瞄系统。根据美国陆军的设想，其新一代战车将采用第一种方式来实现全景式感知。未来将通过热像仪和普通的可见光摄像机实现 360°态势感知和敌方火力探测。美国海军研究办公室在 2016 年初也发布了关于态势感知用半球成像计划的信息需求，拟开发能够对舰船周围 360°水平和 90°垂直区域进行成像的可见光和红外传感器，提高舰船作战人员的态势感知能力，保护舰船免受导弹和其他可能的威胁。

第二种方式的典型代表则是无人值守地面传感器网络。美国东北大学在美国国防高级研究计划局"近乎零功耗射频和传感器工作"项目下开发的一种红外传感器（图 6.5）就在工作和使用时几乎不耗电，并且还可以从其探测的红外光中获取能量（Qian et al.，2017）。这种特性使其作为无人值守传感器时具有近乎无限的

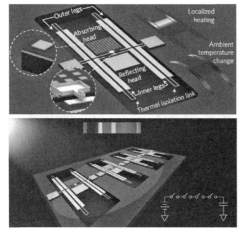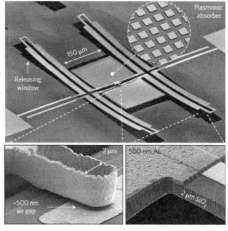

图 6.5 零功耗热红外探测器件示意图及微观照片（Qian et al.，2017）

工作时间。如果再能够具备联网工作能力,那么将能够真正实现广域持久监视,成为一种非常理想的战场感知手段。

6.6 积极推动产业整合和内外协作,全面提升竞争力

近年来,由于经济危机的影响以及由此带来的国防预算的下降,各国不论是从国家层面还是企业层面都开始加大了企业并购重组的力度,希望通过资源的结构调整和优化配置,争取获得更好的市场进入机会、优化成本和市场,全面提升竞争力。美国前视红外系统公司(FLIR)在前期快速扩张之后开始进行业务收缩。2013 年 10 月,该公司宣布关闭分布在美国和欧洲的 6 个分支机构,以削减成本。近年来,在法国政府的积极干预和推动下,法国主要光电信息研发机构开始了新一轮的机构调整,通过加强合作推动技术创新。2012 年 12 月初,为了进一步增强法国在光电技术领域的开发能力,法国泰利斯公司与赛峰集团达成战略合作协议,将各自红外探测器业务部门转让给双方的合资子公司 Sofradir 公司。为了满足业务扩张和增产的需求,Sofradir 公司决定将其总部从 Chatenay-Malabry 搬迁到同样位于巴黎附近的 Palaiseau 高技术区。此举将研究和生产能力更好地进行整合,同时利用当地在产业链以及相关工业基础方面的产业集群优势。Sofradir 公司还在加强与法国原子能委员会电子与信息技术实验室红外实验室、法国航空航天实验室(ONERA)等官方研究机构的合作。进一步,2019 年 Sofradir 与 Ulis 公司宣布组建新的红外技术企业 Lynred,以进一步巩固其在全球红外产品市场上的地位,推动公司的技术创新以及新产品的研制,更好地满足市场的需求。

6.7 调整产品经营策略,积极挖掘民品市场需求

红外热成像技术是一种典型的军民两用技术,但是由于相应装置成本居高不下,因此其应用主要局限在军用领域。但是,在各国不断削减军费预算的情况下,军用领域的需求有逐渐下降的趋势。为了适应这种变化,相关公司特别是私营公司开始主动调整生产经营策略。美国前视红外系统公司(FLIR)提出了"以商业方式开发军事合格(产品)"的开发理念,其基本原理是以商业的方式生产完全符合军事标准、满足任务要求的装备,根据这种理念,前视红外系统公司能够在避免长期而昂贵的成本拖累开发过程的同时为客户及时提供最新的技术。这种产品开发理念反映了前视红外公司在军用和民用市场协调发展的基本策略。

近年来,前视红外系统公司开始调整经营策略,试水消费市场和电子商务,期望通过挖掘新的应用需求为其技术和产品开拓新的潜在市场。该公司已经推出了适合于智能手机等应用的微型热成像模块。法国 Lynred 公司等其他一些红外探测器制造商也在开始生产低规格($<100\times100$)但是成本却要低很多的低端产品,

这些产品主要面向建筑智能化等应用领域。Lynred 公司也推出了基于非晶硅微测辐射热计技术的 80×80 元非制冷焦平面阵列红外探测器以及相应的产品。与军用产品相比,这些产品不论是在规格上还是产品性能上都要低很多,但是其价格或成本同样也低很多,因此更适合对价格更加敏感的各种民用需求,因此更适合大规模应用,例如车载红外探测应用(图 6.6)等。对于各种民用市场的重视以及发展思路的转变将进一步推动各种对于制冷要求低的新技术的发展和应用,加速推动各种红外探测器以及相应装备的大规模工业化生产,最终实现红外热成像技术应用的推广和普及。

图 6.6　车载红外探测器件将具有广泛的应用前景

参考文献

褚君浩.2005.窄禁带半导体物理学.北京：科学出版社.

崔锦峰,马永强,杨保平,等.2010.红外隐身材料的研究现状及发展趋势.表面技术,39(6)：
　71-74.

杜永,邢宏龙,陈水林.2007.热红外隐身涂料的研究进展.矿业科学技术,35(1)：51-55.

侯文学,张晓光.2003.可见光、激光、毫米波与红外的复合隐身技术.航天电子对抗,(3)：34-37.

金飚兵,单文磊,郭旭光,等.2013.太赫兹检测技术.物理,42(11)：770.

寇蔚,杨立.2001.热测量中误差的影响因素分析.红外技术,23(3)：32-34.

李波.2013.红外隐身技术的应用及发展趋势.中国光学,6(6)：818.

三井利夫.1969.铁电物理学导论.倪冠军译.北京：科学出版社.

宋淑芳,邢伟荣,刘铭.2013.量子级联激光器的原理及研究进展.激光与红外,43(9)：972-976.

汤定元.1976.碲镉汞作为红外探测器材料.红外物理与技术,4-5：53.

汤定元.1974.碲镉汞三元系半导体的性质.红外物理与技术,16：345.

汤定元,童斐明.1991.窄禁带半导体红外探测器//王守武.半导体器件研究与进展.北京：科学出
　版社：1-107.

王建宇,李春来,姬弘桢,等.2015.热红外高光谱成像技术的研究现状与展望.红外与毫米波学报,
　34(1)：51-59.

王守武.1988.半导体器件研究与进展.北京：科学出版社.

徐鹏.2009.红外隐身技术的发展动向与分析.舰船电子工程,29(7)：40-44.

杨立.1999.红外热像仪测温计算与误差分析.红外技术,21(4)：20-24.

杨立,杨桢.2012.红外热成像测温原理与技术.北京：科学出版社.

余怀之.2015.红外光学材料.2版.北京：国防工业出版社.

俞振中.1984.窄禁带半导体材料.上海：上海技术物理研究所.

张才根.1982.常温物体表面真实温度的亮度法测量.物理学报,31(9)：1191-1197.

张才根,张幼文.1981.环境辐射对目标热物理特性测试的影响.物理学报,30(7)：953-961.

Amingual D. 1991. Advanced infrared focal-plane arrays. SPIE proceedings, 1512：40-51.

Arias J M, Pasko J G, Zandian M, et al. 1993. MBE HgCdTe heterostructure p-on-n planar infrared
　photodiodes. J. Electron. Mater., 22：1049.

Arias J M, Pasko J G, Zandian M, et al. 1994. Molecular beam epitaxy HgCdTe infrared photovoltaic
　detectors. Opt. Engineering, 33：1422.

Arias J M, Shin S H, Pasko J G, et al. 1989. Long and middle wavelength infrared photodiodes fabricated with $Hg_{1-x}Cd_xTe$ grown by molecular-beam epitaxy. J. Appl. Phys., 65: 1747 – 1753.

Ari-Gur P, Benguigui L. 1974. X-ray study of the PZT solid solutions near the morphotropic phase transitions. Sol. Stat. Commun. DOI: 10.1016/0038 – 1098(74)90535 – 3.

Bastard G. 1988. Wave mechanics applied to semiconductor heterostructures. New York: Wiley.

Beck M, Hofstetter D, Aellen T, et al. 2002. Continuous wave operation of a mid-infrared semiconductor laser at room temperature. Science, 295: 301 – 305.

Blachnik R, Chu J, Galazka R R, et al. 1999. Landolt-böernstein: numerical data and functional relationships in science and technology III/41B semiconductors: II – VI and I – VII compounds; semimagnetic compounds. Berlin: Springer.

Blair J, Newnham R. 1961. Metallurgy of elemental and compound semiconductors. New York: Inter Science, 12: 19620130320.

Blom P W M, Smit C, Haverkort J E M, et al. 1993. Carrier capture into a semiconductor quantum well. Phys. Rev. B, 47: 2072 – 2081.

Bostrup G, Hess K L, Ellsworth J, et al. 2001. LPE HgCdTe on sapphire status and advancements. J. Electronic Mater, 30: 560. DOI: 10.1007/BF02665835.

Bowers J E, Schmit J L, Speerschneider C J, et al. 1980. Comparison of $Hg_{0.6}Cd_{0.4}Te$ LPE layer growth from Te-rich, Hg-rich, and HgTe-rich solutions. IEEE Transactions on Electron Devices, 27: 24 – 28.

Brill G, Velicu S, Boieriu P, et al. 2001. MBE growth and device processing of MWIR (Hg, Cd)Te on large-area Si substrates. J. Electron. Mater., 30: 717.

Caniou J. 1999. Passive Infrared detection: theory and applications. New York: Springer.

Capasso F. 1987. Band gap engineering: from physics and materials to new semiconductor devices. Science, 235(4785): 172 – 176.

Capper P. 1994. Properties of Cd-based Compounds. London: INSPECT.

Chapman C W. 1979. The state of the art in thermal imaging: Common modules. Electro-Optics/Laser 79' Conference and Exposition, Anaheim, California, USA: 49 – 57.

Charlton D E. 1982. Recent developments in cadmium mercury telluride infrared detectors. J. Crystal Growth, 59: 90310 – 4.

Chu J H, Sher A. 2010. Device physics of narrow gap semiconductors. Berlin: Springer.

Chu J H, Sher A. 2008. Physics and properties of narrow gap semiconductors. Berlin: Springer.

Colombelli R, Srini vasan K, Troccoli M, et al. 2003. Quantum cascade surface-emitting photonic crystal laser. Science, 302: 1374 – 1377.

Czochralski J. 1917. A new method of measuring the speed of cristilation in metals. Z. Phys. Chem., 92: 219.

Daruhaus R, Vimts G. 1983. The properties and applications of the $Hg_{1-x}Cd_xTe$ Alloy system. Narrow gap semiconductors: Springer Tracts in Modern Physics Vol 98: 119. Berlin: Springer.

Dean P J. 1977. III – V Compound Semiconductors//Pankove J I. Electroluminescence. Berlin: Springer: 63 – 132.

de Araujo C P, Scott J F, Taylor G W. 2004. Ferroelectric thin films Syn. B//Ferroelectricity and Related Phenomena, Vol 10. Abingdon: Taylor & Francis.

de Lyon T J, Rajavel R D, Jensen J E, et al. 1996. Heteroepitaxy of HgCdTe(112) infrared detector structures on Si(112) substrates by molecular-beam epitaxy. J. Electron. Mater., 25: 1341.

Dornhaus R, Nimtz G. 1983. The properties and applications of the HgCdTe alloy system//Narrow Gap Semiconductors, Spring Tracts in Modern Physics Vol 98: 119. Berlin: Springer.

Dresselhaus G. 1955. Spin-orbit coupling effects in zinc blende structures. Phys. Rev., 100: 580.

Elliott C T. 1981. New detector for thermal imaging systems. Electron. Lett., 17: 312 – 314.

Esaki L, Tsu R. 1970. Superlattice and negative differential conductivity in semiconductors. IBM J. RES. Develop, 14(1): 61.

Faist J, Beck M, Lellen T, et al. 2001. Quantum cascade Lasers based on a bound-to-continuum tran sition. Appl. Phys. Lett., 78(2): 147 – 149.

Faist J, Capasso F, Sirtori C, et al. 1995. Vertical transition quantum cascade with Bragg confined excited state. Appl. Phys. Lett., 66(5): 538 – 540.

Faist J, Capasso F, Sivco D L, et al. 1996. High power mid-infrrared ($\lambda \sim 5$ μm) quantum cascade laser operating above room temperature. Appl. Phys. Lett., 68(26): 3680.

Faist J, Capasso F, Sivco D L, et al. 1994. Quantum cascade laser. Science, 264 (5I58): 553 – 556.

Faurie J P, Million A, Jacquier G. 1982. Molecular beam epitaxy of CdTe and $Cd_xHg_{1-x}Te$. Thin Solid Films, 90: 107 – 112.

Faurie J P, Million A. 1981. Molecular-Beam Epitaxy of II – VI Compounds-$Cd_xHg_{1-x}Te$. J. Cryst. Growth. l54: 90516 – 9.

Feldmann J, Leo K, Shah J, et al. 1992. Optical investigation of Bloch oscillations in a semiconductor superlattice. Phys. Rev. B, 46: 7252 – 7257.

Fox A M. 2001. Optical properties of solids. Oxford: Clarendon.

Fox A M, Ispasoiu R G, Foxon C T, et al. 1993. Carrier escape mechanisms from $GaAs/Al_xGa_{1-x}As$ multiple-quantum wells in an electric-field. Appl. Phys. Lett., 63: 2917 – 2926.

Fox A M, Miller D A B, Livescu G, et al. 1991. Quantum-well carrier sweep out-relation to electro-absorption and exciton saturation. IEEE J. Quantum Electron, 27: 2281 – 2295.

Gasiorowicz S. 1996. Quantum physics. 2nd ed. New York: Wiley.

Goossens S, Navickaite G, Monasterio C, et al. 2017. Broadband image sensor array based on graphene – CMOS integration. Nature Photonics, 11: 366 – 371.

Harrington J A. 2004. Infrared Fibers and Their Applications. Los Angeles: SPIE Press.

Harris D C. 1999. Materials for infrared windows and domes: properties and performance. SPIE, Bellingham, Washington, USA.

He L, Wu Y, Wang S et al. 2000. MBE growth of HgCdTe and device applications. SPIE. DOI: 10.1117/12.408462.

He L, Yang J R, Wang S L, et al. 1998. MBE growth of HgCdTe for infrared focal plane arrays. SPIE. DOI: 10.1117/12.318080.

He X W, Wang X, Nanot S, et al. 2013. Photothermoelectric p-n junction photodetector with intrinsic broadband polarimetry based on macroscopic carbon nanotube films. ACS Nano, 7: 7271 – 7277.

Herbert K. 2007. Practical applications of infrared thermal sensing and imaging equipment. SPIE, Bellingham, Washington, USA.

Herman F, Kuglin C D, Cuff K F, et al. 1963. Relativistic corrections to band structure of tetrahedrally bonded semiconductors. Phys. Rev. Lett. DOI: 10.1103/PhysRevLett.11.541.

Herning P E. 1984. Experimental-determination of the mercury-rich corner of the HgCdTe phase-diagram. J. Electron. Mater. DOI: 10.1007/BF02659832.

Herschel F W. 1800. Experiments on the refrangibility of the invisible rays of the sun. Philosophical Transactions of the Royal Society of London, 90: 284－292.

Hilsum C, Harding W R. 1961. The theory of thermal imaging, and its application to the absorption-edge image tube. Infrared Physics, 1: 67－93.

Hooman M. 2008. Single-photon imaging inspired by human vision. Proceedings Volume 6806, Human Vision and Electronic Imaging XIII; Electronic Imaging, 2008, San Jose, California, United States. 680604.

Hu W D, Li Q, Chen X S, et al. 2019. Recent progress on advanced infrared photodetectors. Acta Physica Sinica. DOI: 10.7498/aps.68.20190281.

Hugi A, Maulini R, Faist J. 2010. External cavity quantum cascade laser. Semicond. Sci. Technol. DOI: 10.1088/0268－1242/25/8/083001.

Inagaki T, Okamoto Y. 1996a. Surface temperature measurement near ambient conditions using infrared radiometers with different detection wavelength bands by applying a grey-body approximation estimation of radiative properties for non-metal surfaces. NDT&E International, 29(6): 363－369.

Inagaki T, Okamoto Y. 1996b. Surface temperature measurement using infrared radiometer by applying a pseudo-grey-body approximation: Estimation of radiative properties for metal surface. Journal of Heat Transfer, 118: 73－78.

Irvine S J C, Mullin J B. 1981. The growth by MOVPE and characterization of $Cd_xHg_{1-x}Te$. J. Cryst. Growth., 55: 107－115.

Ispasoiu R G, Fox A M, Botez D. 2000. Carrier transport mechanisms in high-power InGaAs-InGaAsP-InGaP strained quantum-well lasers. IEEE J. Quantum Electron.DOI: 10.1109/3.848359.

Jaffe B, Cook Jr. W R, Jaffe H. 1971. Piezoelectric Ceramics. New York: Academic.

Jaros M. 1989. Physics and applications of semiconductor microstructures. Oxford: Clarendon.

Johnson S M, Avigil J, et al.1993. MOCVD grown CdZnTe/GaAs/Si substrates for large-area HgCdTe IRFPAs. J. Electr. Maters. DOI: 10.1007/BF02817494.

Johnson S M, Kalisher M H, Ahlgren W L, et al. 1990. HgCdTe 128×128 infrared focal plane arrays on alternative substrates of CdZnTe/GaAs/Si. Appl. Phys. Lett. DOI: 10.1063/1.102632.

Kane E O. 1966. Semiconductors and Semimetals Vol 1. London: Academic Press: 75.

Kane E O. 1957. Band structure of indium antimonide. J. Phys. Chem. Solids. DOI: 10.1016/0022－3697(57)90013－6.

Kasap S O. 2013. Optoelectronics and photonics: principles and practices. 2nd ed. Prentice Hall, Upper Saddle River.

Kasap S O, Capper P. 2007. Handbook of electronic and photonic materials. Berlin: Springer.

Kazarinov R F, Suris R A. 1971. Possibility of the amplification of electromagnetic waves in a semiconductor with a superlattice. Sov. Phys. Semicond., 5(4): 707－709.

Kelly M J. 1995. Low-Dimensional Semiconductors. Oxford: Clarendon.

Konnikov S G. 1975. Growth of mercury cadmium telluride by liquid phase epitaxy and the product thereof. US Patent 3, 902, 924.

Kruse P W. 1981. The emergence of ($Hg_{1-x}Cd_x$)Te as a modern infrared sensitive material// Willardson R K, Beer A C. Semiconductors and Semimetals. London: Academic Press.: 1－20.

Lawson W D, Nielsen S, Putley E H, et al. 1959. Preparation and properties of HgTe and mixed crystals of HgTe-CdTe. Journal of Physics and Chemistry of Solids, 9: 325 – 329.

Lee B G, Belkin M A, Pfluegl C, et al. 2009. OFB Quantum cascade laser arrays. IEEE Journal of Quantum Electronics, 45(5): 554 – 565.

Leo K, Bolivar P H, Brüuggemann F, et al. 1992. Observation of Bloch oscillations in a semiconductor superlattice. Solid State Communications. DOI: 10.1016/0038 – 1098(92)90798 – E.

Levine L, Sheaffer M. 1993. Wirebonding strategies to meet thin film packaging requirements. Part 1. Solid State Technol, 36: 63 – 70.

Liao G Q, Li Y T, Li C, et al. 2015. Bursts of terahertz radiation from large-scale plasmas irradiated by relativistic picosecond laser pulses. Physical Review Letters. DOI: 10. 1103/PhysRevLett. 114.255001.

Liu H C. 1988. A novel superlattice infrared source. J. Appl. Phys., 63(8): 2856 – 2858.

Long D, Schmit J L. 1973. 红外探测器. 北京: 国防工业出版社: 169.

Lovett D R. 1977. Semimetals & narrow-bandgap Semiconductors. London: Pion Limited.

Mann A. 2009. Infrared optics and zoom lenses. 2nd ed. Washington: SPIE.

Micklethwaite W F H. 1981. The crystal growth of cadmium mercury telluride//Willardson R K, Beer A C. Semiconductors and Semimetals. London: Academic Press: 70 – 84.

Miller D A B, Chemla D S, Eilenberger D J, et al. 1982. Large room-temperature optical nonlinearity in $GaAs/Ga_{1-x}Al_xAs$ multiple quantum well structures. Appl. Phys. Lett. DOI: 10.1063/1.93648.

Mitchell G R, Goldberg A E, Kurnick S W. 1955. InSb photovoltaic cell. Physical Review, 97: 239 – 240.

Moghimi M J, Lin G, Jiang H. 2018. Broadband and ultrathin infrared stealth sheets. Adv. Eng. Mater. DOI: 10.1002/adem.201800038.

Nakamura S, Pearton S, Fasol G. 2000. The blue laser diode. 2nd ed. Berlin: Springer.

Nelson D A, Higgins W M, Lancaster R A. 1980. Advances in (Hg, Cd) Te materials technology. SPIE IR Image Sensor Technology, 225: 48.

Noheda B, Cox D E, Shirane G, et al. 1999. A monoclinic ferroelectric phase in the $Pb(Zr_{1-x}Ti_x)O_3$ solid solution. Appl. Phys. Lett. DOI: 10.1063/1.123756.

Noheda B, Gonzalo J A, Caballero A C, et al. 2000. New features of the morphotropic phase boundary in the $Pb(Zr_{1-x}Ti_x)O_3$ system. Ferroelectrics, 237: 541 – 548.

Nordheim L. 1931. Electron theory of metals I. Ann. Physik., 9: 607 – 640.

O'Reilly E P. 1989. Valence band engineering in strained-layer structures. Semicond. Sci. Technol., 4: 121 – 137.

Pankove J I. 1977. Electroluminescence. Berlin: Springer.

Parmenter R H. 1955. Symmetry properties of the energy bands of the blende structure. Phys. Rev. DOI: 10.1103/PhysRev.100.573.

Phillips J, Kamath K, Bhattacharya P. 1998. Far-infrared photoconductivity in self-organized InAs quantum dots.Applied Physics Letters, 72: 2020 – 2022.

Phillips J C. 1973. Bonds and bands in semiconduotors. London: Academic Press: 212.

Pokorni S. 2004. Error analysis of surface temperature measurement by infrared sensor. International Journal of Infrared and Millimeter Waves, 25(10): 1523 – 1533.

Pultz G N, Norton P W, Krueger E E, et al. 1991. Growth and characterization of p-on-n HgCdTe liquid-phase epitaxy heterojunction material for 11 – 18mm applications. J. Vac. Sci. Technol. B. DOI：10.1116/1.585406.

Qian Z Y, Kang S H, Rajaram V, et al. 2017. Zero-power infrared digitizers based on plasmonically enhanced micromechanical photoswitches. Nature Nanotechnology. DOI：10. 1038/NNANO. 2017.147.

Rogalski A. 2019. Infrared and terahertz detectors.New York：CRC Press.

Rogalski A. 2017. Next decade in infrared detectors. Proc. SPIE 10433, Electro-Optical and Infrared Systems：Technology and Applications XIV, 104330L. DOI：10.1117/12.2300779.

Rogalski A. 2011. Infrared detectors. 2nd ed. New York：CRC Press.

Salihoglu O, Uzlu H B, Yakar O, et al. 2018. Graphene-based adaptive thermal camouflage. Nano Letters.DOI：10.1021/acs.nanolett.8b01746.

Scamarcio G, Capasso F, Sirtori C, et al. 1997. High-power infrared (8 μm wavelength) superlattice laser. Science. DOI：10.1126/science.276.5313.773.

Schmit J L, Bowers J E. 1979. LPE growth of $Hg_{0.60}Cd_{0.40}Te$ from Te-rich solution. Appl. Phys. Lett., 35：457 – 458.

Shah J. 1999. Ultrafast Spectroscopy of semiconductors and semiconductor nanostructures. 2nd ed. Berlin：Springer.

Sheng Z M, Mima K, Zhang J, et al. 2005. Emission of electromagnetic pulses from laser wakefields through linear mode conversion. Physical Review Letters. DOI：10.1103/PhysRevLett.94.095003.

Shimada Y, Hirakawa K, Lee S W. 2002. Time-resolved terahertz emission spectroscopy of wide miniband GaAs/AlGaAs superlattices. Appl. Phys. Lett. DOI：10.1063/1.1503401.

Shinada M, Sugano S. 1966. Interband optical transitions in extremely anisotropic semiconductors. I. Bound and unbound exciton absorption. J. Phys. Soc. Jpn.DOI：10.1143/JPSJ.21.1936.

Smith D L, Mailhiot C. 1987. Proposal for strained type II superlattice infrared detectors.Journal of Applied Physics, 62：2545 – 2548.

Stelzer E L, Schmit J L, Tufte O N. 1969. Mecury cadmium telluride as an infrared detector material. IEEE Trans. Electron Devices. DOI：10.1109/T-ED.1969.16874.

Tao G M, Ebendorff-Heidepriem H, Stolyarov A M, et al. 2015. Infrared fibers. Adv. Opt. Photon., 7：379 – 458.

Tielrooij K J, Song J C W, Jensen S A, et al. 2013. Photoexcitation cascade and multiple hot-carrier generation in graphene. Nature Physics. DOI：10.1038/NPHYS2564.

Tung T, Golonka L, Brebrick R F. 1981a. Thermodynamic analysis of the HgTe-CdTe-Te system using the simplified RAS model. J. Electrochem. Soc. DOI：10.1149/1.2127690.

Tung T, Golonka L, Brebrick R F. 1981b. Partial pressures over HgTe-CdTe solid-solutions. 2. Results for 10, 20, and 58 mole percent CdTe. J. Electrochem. Soc. DOI：10.1149/1.2127437.

Tung T, Kalisher M H, Stevens A P, et al. 1987. Materials for infrared detectors and sources. Mater. Res. Soc. Symp. Proc. Vol. 90, Pittsburgh：321.

Ulrickson M. 1986. Surface thermography. Journal of Vacuum Science & Technology A-Vacuum Surfaces and Films. DOI：10.1116/1.573944.

Varesi J B, Bornfreund R E, Childs A C, et al. 2001. Fabrication of high-performance large-format MWIR focal plane arrays from MBE-grown HgCdTe on 4″ silicon substrates. J. Electron. Mater. DOI：10.1007/BF02665836.

Vollmer M, Möllmann K P. 2018. Infrared thermal imaging: fundamentals, research and applications.2nd ed. New Jersey: Wiley.

Walser R M, Bene R W, Caruthers R E. 1971. Radiation detection with the pyromagnetic effect. IEEE Transactions on Electron Devices. DOI: 10.1109/T-ED.1971.17191.

Wang C C, Shin S H, Chu M, et al. 1980. Liquid-phase growth of HgCdTe epitaxial layers. J. Electrochem. Soc. DOI: 10.1149/1.2129611.

Waschke C, Roskos H G, Schwedler R, et al. 1993. Coherent submillimeter-wave emission from Bloch oscillations in a semiconductor superlattice. Phys. Rev. Lett.DOI: 10.1103/PhysRevLett.70.3319.

Weisbuch C, Vinter B. 1991. Quantum semiconductor structures. Academic: San Diego.

Willardson R K, Beer A C. 1981. Semiconductors and Semimetals (Vol. 18): Mercury Cadmium Telluride. New York: Academic Press.

Wolfe W L. 1996. Introduction to infrared system design. SPIE Press, Bellingham, Washington, USA.

Woolley J C, Ray B. 1960. Solid solution in A − II B − VI tellurides. J.Phys. Chem. Solids. DOI: 10.1016/0022 − 3697(60)90135 − 9.

Woolley J C, Smith B A. 1957. Solid solution in the GaAs-InAs system.Proceedings of the Physical Society: B, 70: 153 − 154.

Wu O K. 1993. HgCdTe MBE technology — a focus on chemical doping. Mat. Res. Soc. Symp. Proc. DOI: 10.1557/PROC − 302 − 423.

Yuan S X, He L, Yu J B, et al. 1991. Infrared photoconductor fabricated with a molecular-beam epitaxially grown CdTe/HgCdTe heterostructure. Appl. Phys. Lett. DOI: 10.1063/1.104475.

Zhang Y Z, Liu T, Meng B, et al. 2013. Broadband high photoresponse from pure monolayer graphene photodetector. Nature Communications. DOI: 10.1038/ncomms2830.